21世纪高等学校规划教材 | 计算机应用

SQL Server 2005
数据库原理及应用

叶潮流 杜奕智 主　编

刘登胜 吴伟 副主编

檀明 胡萍 编　著

清华大学出版社

北　京

内 容 简 介

在参考全国计算机等级考试四级数据库工程师考试大纲的基础上,本书以 SQL Server 2005 为平台,并以工程项目"教学管理系统"设计为主线,将整个知识体系模块化,并分解为关系数据库原理、SQL Server 2005 应用和数据库应用设计 3 个模块,各模块既能相对独立构成一个逻辑知识体系,又能前后衔接构成一个完备知识体系。三大模块知识体系教学不仅保证了应用型本科生掌握一定的理论知识水平,同时又能促进本科生实际操作能力的培养和数据库系统应用开发能力的塑造。

全书共分 13 章,第 1 章介绍数据库系统概述;第 2 章介绍关系数据库数学模型;第 3 章介绍 SQL Server 2005 概述;第 4 章介绍数据库的创建与管理;第 5 章介绍表的创建、管理和操作;第 6 章介绍数据操作与 SQL 语言;第 7 章介绍 T-SQL 程序设计;第 8 章介绍视图和游标;第 9 章介绍存储过程和触发器;第 10 章介绍备份和恢复;第 11 章介绍数据库的安全性控制;第 12 章介绍并发控制;第 13 章介绍数据库应用系统。另外,为便于教学,每一章都配有练习题和实践题,并附有参考答案和源代码。

本书可以作为高等院校应用型本科专业的通识教育课程(网络数据库)教材、高职高专院校计算机相关专业的网络数据库教材,也可以作为计算机网络技术课程的培训教材和自学参考资料,对信息管理人员和网站网页设计维护人员也有一定的参考价值。

图书在版编目(CIP)数据

SQL Server 2005 数据库原理及应用/叶潮流等主编. --北京:清华大学出版社,2012.6
(21 世纪高等学校规划教材·计算机应用)
ISBN 978-7-302-28556-4

Ⅰ. ①S… Ⅱ. ①叶… Ⅲ. ①关系数据库-数据库管理系统,SQL Server 2005-高等学校-教材
Ⅳ. ①TP311.138

中国版本图书馆 CIP 数据核字(2012)第 067030 号

责任编辑:高买花 王冰飞
封面设计:傅瑞学
责任校对:时翠兰
责任印制:何 芊

出版发行:清华大学出版社
   网   址:http://www.tup.com.cn,http://www.wqbook.com
   地   址:北京清华大学学研大厦 A 座   邮   编:100084
   社 总 机:010-62770175   邮   购:010-62786544
   投稿与读者服务:010-62776969,c-service@tup.tsinghua.edu.cn
   质 量 反 馈:010-62772015,zhiliang@tup.tsinghua.edu.cn
   课 件 下 载:http://www.tup.com.cn,010-62795954
印 刷 者:三河市君旺印装厂
装 订 者:三河市新茂装订有限公司
经   销:全国新华书店
开   本:185mm×260mm   印   张:21.5   字   数:525 千字
版   次:2012 年 6 月第 1 版   印   次:2012 年 6 月第 1 次印刷
印   数:1~3000
定   价:33.00 元

产品编号:045401-01

编审委员会成员

（按地区排序）

清华大学	周立柱	教授
	覃 征	教授
	王建民	教授
	冯建华	教授
	刘 强	副教授
北京大学	杨冬青	教授
	陈 钟	教授
	陈立军	副教授
北京航空航天大学	马殿富	教授
	吴超英	副教授
	姚淑珍	教授
中国人民大学	王 珊	教授
	孟小峰	教授
	陈 红	教授
北京师范大学	周明全	教授
北京交通大学	阮秋琦	教授
	赵 宏	副教授
北京信息工程学院	孟庆昌	教授
北京科技大学	杨炳儒	教授
石油大学	陈 明	教授
天津大学	艾德才	教授
复旦大学	吴立德	教授
	吴百锋	教授
	杨卫东	副教授
同济大学	苗夺谦	教授
	徐 安	教授
华东理工大学	邵志清	教授
华东师范大学	杨宗源	教授
	应吉康	教授
东华大学	乐嘉锦	教授
	孙 莉	副教授

出 版 说 明

随着我国改革开放的进一步深化,高等教育也得到了快速发展,各地高校紧密结合地方经济建设发展需要,科学运用市场调节机制,加大了使用信息科学等现代科学技术提升、改造传统学科专业的投入力度,通过教育改革合理调整和配置了教育资源,优化了传统学科专业,积极为地方经济建设输送人才,为我国经济社会的快速、健康和可持续发展以及高等教育自身的改革发展做出了巨大贡献。但是,高等教育质量还需要进一步提高以适应经济社会发展的需要,不少高校的专业设置和结构不尽合理,教师队伍整体素质亟待提高,人才培养模式、教学内容和方法需要进一步转变,学生的实践能力和创新精神亟待加强。

教育部一直十分重视高等教育质量工作。2007 年 1 月,教育部下发了《关于实施高等学校本科教学质量与教学改革工程的意见》,计划实施"高等学校本科教学质量与教学改革工程"(简称"质量工程"),通过专业结构调整、课程教材建设、实践教学改革、教学团队建设等多项内容,进一步深化高等学校教学改革,提高人才培养的能力和水平,更好地满足经济社会发展对高素质人才的需要。在贯彻和落实教育部"质量工程"的过程中,各地高校发挥师资力量强、办学经验丰富、教学资源充裕等优势,对其特色专业及特色课程(群)加以规划、整理和总结,更新教学内容、改革课程体系,建设了一大批内容新、体系新、方法新、手段新的特色课程。在此基础上,经教育部相关教学指导委员会专家的指导和建议,清华大学出版社在多个领域精选各高校的特色课程,分别规划出版系列教材,以配合"质量工程"的实施,满足各高校教学质量和教学改革的需要。

为了深入贯彻落实教育部《关于加强高等学校本科教学工作,提高教学质量的若干意见》精神,紧密配合教育部已经启动的"高等学校教学质量与教学改革工程精品课程建设工作",在有关专家、教授的倡议和有关部门的大力支持下,我们组织并成立了"清华大学出版社教材编审委员会"(以下简称"编委会"),旨在配合教育部制定精品课程教材的出版规划,讨论并实施精品课程教材的编写与出版工作。"编委会"成员皆来自全国各类高等学校教学与科研第一线的骨干教师,其中许多教师为各校相关院、系主管教学的院长或系主任。

按照教育部的要求,"编委会"一致认为,精品课程的建设工作从开始就要坚持高标准、严要求,处于一个比较高的起点上。精品课程教材应该能够反映各高校教学改革与课程建设的需要,要有特色风格、有创新性(新体系、新内容、新手段、新思路,教材的内容体系有较高的科学创新、技术创新和理念创新的含量)、先进性(对原有的学科体系有实质性的改革和发展,顺应并符合 21 世纪教学发展的规律,代表并引领课程发展的趋势和方向)、示范性(教材所体现的课程体系具有较广泛的辐射性和示范性)和一定的前瞻性。教材由个人申报或各校推荐(通过所在高校的"编委会"成员推荐),经"编委会"认真评审,最后由清华大学出版社审定出版。

目前,针对计算机类和电子信息类相关专业成立了两个"编委会",即"清华大学出版社计算机教材编审委员会"和"清华大学出版社电子信息教材编审委员会"。推出的特色精品教材包括:

(1) 21世纪高等学校规划教材·计算机应用——高等学校各类专业,特别是非计算机专业的计算机应用类教材。

(2) 21世纪高等学校规划教材·计算机科学与技术——高等学校计算机相关专业的教材。

(3) 21世纪高等学校规划教材·电子信息——高等学校电子信息相关专业的教材。

(4) 21世纪高等学校规划教材·软件工程——高等学校软件工程相关专业的教材。

(5) 21世纪高等学校规划教材·信息管理与信息系统。

(6) 21世纪高等学校规划教材·财经管理与应用。

(7) 21世纪高等学校规划教材·电子商务。

(8) 21世纪高等学校规划教材·物联网。

清华大学出版社经过三十多年的努力,在教材尤其是计算机和电子信息类专业教材出版方面树立了权威品牌,为我国的高等教育事业做出了重要贡献。清华版教材形成了技术准确、内容严谨的独特风格,这种风格将延续并反映在特色精品教材的建设中。

清华大学出版社教材编审委员会
联系人:魏江江
E-mail:weijj@tup.tsinghua.edu.cn

前 言

随着计算机网络技术的迅猛发展,数据库与网络紧密结合,并广泛应用于各个领域,如小到工资管理系统,大到电子商务平台和金融交易平台等。作为主流数据库管理系统之一,SQL Server 已经成为基于 Web 开发的首选数据库平台。与此同时,SQL Server 数据库被列入专业基础课或通识教育课程是大势所趋,不仅是广大师生的共识,也是行业发展的需求。

在参考全国计算机等级考试四级数据库工程师考试大纲的基础上,本书以 SQL Server 2005 为平台,并以工程项目"教学管理系统"设计为主线,将整个知识体系模块化,并分解为关系数据库原理、SQL Server 2005 应用和数据库应用设计 3 个模块,各模块既能相对独立构成一个逻辑知识体系,又能前后衔接构成一个完备的知识体系。三大模块知识体系教学不仅保证了应用型本科生掌握一定的理论知识水平,同时又能促进本科生实际操作能力的培养和数据库系统应用开发能力的塑造。

全书共分 13 章:第 1 章介绍数据库系统概述;第 2 章介绍关系数据库数学模型;第 3 章介绍 SQL Server 2005 概述;第 4 章介绍数据库的创建与管理;第 5 章介绍表的创建、管理和操作;第 6 章介绍数据操作与 SQL 语言;第 7 章介绍 T-SQL 程序设计;第 8 章介绍视图和游标;第 9 章介绍存储过程和触发器;第 10 章介绍备份和恢复;第 11 章介绍数据库的安全性控制;第 12 章介绍并发控制;第 13 章介绍数据库应用系统。其中,带"＊"的内容为选修内容。

本书在内容的选择和深度的把握上力求做到言简意赅、通俗易懂和循序渐进,与其他教材相比,本书具有以下特色。

1. 工程导向

本书紧密围绕"教学管理系统"的设计,通过大量的案例,深入浅出、循序渐进、系统地介绍了关系数据库的理论和 SQL Server 2005 的基本应用,打破了一般教材"重理论轻实践"的片面知识结构。

2. 习题丰富

为便于教学,每章都配有习题,而且题型多样,一方面强化指导学生加强自我学习,并巩固所学内容;另一方面强化塑造学生提高动手能力,并培养实践技能。

3. 塑造能力

本书以 SQL Server 2005 功能为中心,着眼于技术的具体操作,探寻用它来解决问题的方法。结合教学过程中的心得体会和工程实践中的经验教训,我们在讲解案例的过程中,不仅给出问题的解决办法,还提醒读者注意一些事项,力求做到在授人以鱼的同时授人以渔,并在第 13 章结合 Visual Basic 讲解数据库应用系统的开发,突出了应用能力的培养。

　　本书由叶潮流、杜奕智任主编,刘登胜、吴伟任副主编,檀明、胡萍参编。其中,杜奕智编写第 1 章和第 4 章,刘登胜编写第 5 章,檀明编写第 6 章,吴伟编写第 2 章和第 3 章,胡萍编写第 11 章,其他章节由叶潮流编写。本书的编写参考了国内外的相关资料,在此对相关作者一并感谢。

　　本书可以作为高等院校应用型本科专业的通识教育课程(网络数据库)教材、高职高专院校计算机相关专业的网络数据库教材,也可以作为计算机网络技术课程的培训教材和自学参考资料,对信息管理人员和网站网页设计维护人员也有一定的参考价值。

　　由于作者水平有限,加之时间仓促,书中的疏漏和不足之处在所难免,敬请广大师生和专家学者批评指正,以便在将来的修订过程中进一步完善。如有问题或需要课件及源代码,均可与作者联系,作者邮箱:yechaoliu@hfuu.edu.cn。

作　者

2012 年 3 月于合肥

目 录

数据库系统概述

本章导读:

在当今信息时代,计算机应用的80%以上都是数据处理。数据处理的重要环节是数据管理,而数据库技术是数据管理的最新技术,其主要研究如何科学地组织和存储数据,高效地使用和管理数据,业已发展成为数据库应用系统开发与应用的核心和基础技术。

知识要点:

* 基本概念
* 数据模型
* 模式结构
* 数据库设计
* 数据库保护

1.1 基本概念

数据库技术的发展是人类信息处理活动的客观要求,它极大地提高了信息处理能力,已成为信息时代重要的特征之一。在介绍数据库基本理论之前,先了解几个相关概念。

1.1.1 数据与信息

1. 数据

数据是指存储在某一种媒体上,能够被计算机识别的物理符号。描述数据的物理符号有多种表现形式,如文本、图形、声音、视频等,这些物理符号必须是经过数字化且能存入计算机的物理符号。数据是数据库中存储的基本对象,用型(Type,数据类型)和值(Value,数据值)来表征,型是指对某一类数据的结构和属性的说明,值是型的一个具体赋值。例如,型:学生(学号,姓名,性别,年龄,系别);值:('090201','李欣','女',23,'管理系')。

数据既能描述客观事物,如一本书的情况:名称,作者,定价等;也能描述抽象事物,如一段文本描述设计思想,一幅图片描述一个设计蓝图。数据的语义是人为解释的,同一数据可能有不同的解释含义。换句话说,数据与其语义是密不可分的,如某一数据记录(黑土,61)可以是一个人的姓名、成绩等内容,也可以表示原料黑土重61kg等内容。

2．信息

信息是现实世界中各种事物的特征及其联系等在人脑中的反映,是经过加工提炼,用于决定行为、计划,或具有一定语义的数据。通俗地说,信息是对数据的解释,只有经过提炼和抽象之后,变得有意义的数据才能成为信息。

3．联系与区别

数据和信息既有区别又有联系:数据是信息的载体或符号表示,是信息的具体表现形式;信息是数据的内涵,是对数据语义的解释。数据彼此独立,是尚未组织起来的符号集合;信息是按照要求以一定格式组织起来的数据。同一信息可以有不同的数据表现形式,而同一数据可能有不同的信息解释含义。

1.1.2　数据处理与数据管理

1．数据处理

数据处理也称信息管理,简单地说,就是将数据转换成信息的过程,包括对数据的收集、存储、加工、分类、统计、检索和传输等一系列活动。数据处理的目的是从原始的或杂乱无章的数据出发,根据事物之间的固有联系和运动规律,采用分析、推理、归纳等手段,推导出对人们有用的数据或信息作为决策的依据。或者说,数据是输入,是原料,而信息是产出,是输出的结果。数据处理的真正含义是为输出信息而做的处理过程,如图 1-1 所示。

图 1-1　数据处理

简单地说,数据、信息和数据处理之间的关系可以表示为:信息＝数据＋数据处理。

2．数据管理

数据管理是指对数据进行分类、组织、存储、检索及维护等各种操作,是数据处理的核心环节和首要问题。数据库技术本质上就是数据管理技术。

1.1.3　数据管理技术的发展

数据管理技术是应数据管理任务的需要而产生的,伴随着计算机硬件、软件的发展,数据管理技术的发展经历了 3 个阶段,分别是人工管理阶段、文件系统阶段和数据库系统阶段。

1．人工管理阶段

20 世纪 50 年代中期以前,一方面由于计算机硬件系统没有可直接存储的外存储器,无法保存大量的数据;另一方面由于计算机软件系统还没有出现操作系统,也就没有管理数据的软件。一组数据对应一个应用程序管理,数据和应用程序直接绑定在一起,即使两个应用程序涉及某一组相同数据,仍然需要各自定义和组织数据。这个阶段的数据是以人工管理的方式进行的,其典型特征包括:数据不能被保存;数据不能独立于应用程序;数据不能被共享,即不同程序不能直接交换数据。

2．文件系统阶段

20世纪50年代中后期,计算机硬件方面出现了存储设备,如磁盘和磁鼓;软件方面出现了操作系统、高级程序设计语言、数据文件管理系统。数据和应用程序有了相对独立性,而且数据结构的改变不一定反映到应用程序上。相关数据是以文件形式出现的,可以被不同应用程序重复调用,但文件系统中的数据仍然没有结构,不同文件之间的数据缺少联系。这个阶段的数据是以文件系统管理的方式进行的,其典型特征包括:数据可长期保存在磁盘上;文件管理数据;数据共享性差;数据冗余度大;数据独立性差。

3．数据库系统阶段

20世纪60年代中后期开始,计算机硬件方面出现了大容量存储设备,计算机用于管理数据的规模不断扩大。为了解决多用户、多应用共享数据的需求,人们开始研制一种新型的数据管理软件——数据库管理系统。

数据库管理系统的出现标志着数据管理技术进入了数据库系统阶段。数据库系统是在文件系统的基础上发展起来的,因而同样需要操作系统的支持才能工作。其典型特征包括:数据结构化,描述数据时不仅要描述数据本身,还要描述数据之间的联系;数据由DBMS统一管理;数据共享性好;数据独立性好,不会因为系统存储结构与逻辑结构的变化而影响应用程序,即保持物理独立性和逻辑独立性。

1.1.4　数据库系统的组成

广义上讲,数据库系统(Database System,DBS)是指引入数据库后的计算机系统,一般由数据库、数据库管理系统、数据库应用系统、数据库管理员构成。在不引起混淆的情况下,数据库系统也简称数据库。

1．数据库

简单地说,数据库(Database,DB)就是管理数据的"仓库",一般指长期存储在计算机内可共享的相关数据集合。

2．数据库管理系统

数据库管理系统(Database Management System,DBMS)是数据库的组织机构,它是一种系统软件,负责数据库中的数据组织、数据操纵、数据维护、控制和保护及数据服务等。数据库管理系统是数据库系统的核心。

数据库管理系统是位于用户与操作系统之间的一层数据管理软件,其主要功能包括以下几个方面:

1) 数据定义功能

DBMS提供了数据定义语言(Data Definition Language,DDL),用户通过它可以方便地对数据库中的数据对象进行定义,如外模式、模式、内模式,数据的完整性约束和用户权限等。

2）数据操纵功能

DBMS还提供数据操纵语言（Data Manipulation Language，DML），用户可以使用DML操纵数据实现对数据的基本操作，如查询、插入、删除和修改等。

3）数据库的运行和控制功能

DBMS的核心工作是对数据库的运行管理，包括数据的安全性控制、完整性控制和多用户环境下的并发控制、权限控制。

4）数据库的建立和维护功能

包括数据库中数据的输入、转换功能，数据库的转储、恢复功能，数据库的重组功能和性能监视、分析功能等，这些功能通常由一些实用程序完成。

5）数据字典

数据字典存放着对实际数据各级模式所做的定义，即对数据结构的描述、对数据库的使用和操作都要通过查阅数据字典来进行。如SQL Sever数据库系统中，其数据字典中存放着用户建立的表和索引，系统建立的表和索引，以及用于恢复数据的信息等。

3．数据库应用系统

是用户利用数据库管理系统开发的应用软件。

4．数据库管理人员

是指设计、开发、维护和使用数据库的人员。

1.2　数据模型

模型是对现实世界的抽象，数据模型是对现实世界数据特征的抽象，数据库系统是建立在数据模型的基础之上。现实世界的具体事物及其联系必须转换成计算机可识别和存储的数据，才能被计算机处理。转换后的数据不仅能反映数据本身的原意，还要反映数据之间的联系。

在数据库中，常用数据模型这个工具来数字化模拟和抽象现实世界与信息世界中的数据、信息及联系。数据模型是数据库系统的核心和基础。

1.2.1　三种世界

目前，任何一门科学技术手段都不可能将现实世界原样复制和管理，只能抽取事物的某些局部要素，构造反映事物的本质特征及其内在联系，帮助人们理解和表述数据处理的静态和动态特征。数据模型是用户对现实世界中的数据和信息进行抽象、表示和处理的工具。

要把现实世界中的客观事物及其联系转换成能被计算机处理的、识别的数据，一般要涉及三种世界并对其建立某种数据模型，分别是现实世界、信息世界（概念模型）、数据世界（逻辑模型和物理模型）。也就是说，首先把现实世界中的客观对象抽象为某信息结构，这种结构不依赖于具体的计算机系统，不是某个DBMS支持的数据模型，而是概念模型，然后把概念模型转化为计算机上某 DBMS 支持的数据模型。抽象和转换过程如图 1-2 所示。

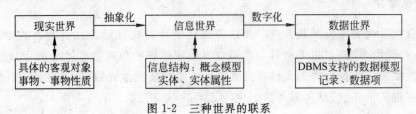

图 1-2　三种世界的联系

数据在每一种世界都有其相应的概念和术语。

1. 现实世界

现实世界是指客观存在的事物及其联系。在现实世界中,客观存在并可以区分的事物称为个体。个体的总和称为总体。个体与个体之间相区别的特征称为特性。在现实世界中,事物内部和事物之间存在的相关性称为联系。

2. 信息世界

信息世界是指现实世界在人脑中反映,又称概念世界。现实世界的个体被抽象成信息世界的实体;现实世界的特性被抽象成信息世界的属性。每一属性的取值范围,称为值域。能唯一标识一个实体的属性及属性组,称为关键字。现实世界的总体被抽象成信息世界的实体集。现实世界的联系反映到信息世界,表现为实体(型)内部的联系和实体(型)之间的联系。实体内部的联系通常是组成实体的各属性之间的联系;实体之间的联系通常是不同实体集之间的联系。

实体集间的联系总是错综复杂的,但就两个实体的联系来说,有以下 3 种。

(1) 一对一联系:对于实体集 A 中的每一个实体,实体集 B 中至多有一个(也可以没有)实体与之联系,反之亦然,则称 A 与 B 具有一对一联系,记为 1:1,如图 1-3 所示。例如,学生与学号、图书与 ISBN、国家与总统。

(2) 一对多联系。对于实体集 A 中的每一个实体,实体集 B 中有多个实体与之联系,反之,对于实体集 B 中的每一个实体,实体集 A 中至多有一个实体与之联系,则称 A 与 B 有一对多的联系,记为 1:n,如图 1-4 所示。例如,学校与学生、公司与职员、省与市。

(3) 多对多联系($m:n$)。对于实体集 A 中的每一个实体,实体集 B 中有多个实体与之联系,而对于实体集 B 中的每一个实体,实体集 A 中也有多个实体与之联系,则称 A 与 B 之间有多对多的联系,记为 $m:n$,如图 1-5 所示。例如,教师与课程、学生与课程、学生与教师、考生与志愿院校。

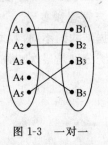

图 1-3　一对一

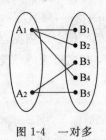

图 1-4　一对多

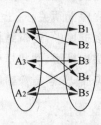

图 1-5　多对多

3. 数据世界

将信息世界的实体及其联系进一步抽象成便于计算机存储的二进制方式,称为数据世界,又称为存储世界,或者机器世界。信息世界的实体被抽象成数据世界的记录;信息世界的实体集被抽象成数据世界的文件;信息世界的属性被抽象成数据世界的字段(数据项)。

信息在现实世界、信息世界和数据世界之间的对应关系如表1-1所示。

表 1-1　信息的三种世界术语对应表

现 实 世 界	信 息 世 界	数 据 世 界
个体	实体	记录
特性	属性	数据项
总体	实体集	数据或文件
个体间的联系	实体间的联系	数据间的联系
客观事物及联系	概念模型	逻辑或物理模型

1.2.2　组成要素

一般而言,数据的描述包括两个方面:一方面是数据的静态性,包括数据的基本结构、数据间的联系和数据的约束;另一方面是数据的动态性,即对数据的操纵。因此,数据模型也可以说是严格定义的一组概念的集合,这些概念精确地描述了系统的静态特征(数据结构)、动态特征(数据操纵)和完整性约束条件,这就是数据模型的三要素。

1. 数据结构

数据结构是实体对象存储在数据库中的记录型的集合,表示数据库的显示视图(逻辑结构)和存储方式(物理结构),即将基本的数据项组织成较大的数据单位的规则,用来描述数据的类型、内容、性质和数据之间的相互关系。它是数据模型最基本的组成部分,是对系统静态特征的描述,包括以下两个方面。

(1) 数据本身:类型、内容、性质,例如关系模型中的域、属性、关系等。

(2) 数据之间的联系:数据之间是如何相互关联的,例如关系模型中的主码、外码等。

数据结构包括逻辑结构和物理(存储)结构,逻辑结构和物理结构是相互独立的。

数据的逻辑结构是指用户看到的和直接操作数据的视图结构。逻辑结构又分为局部逻辑结构(外模式)和全局逻辑结构(概念模式)。应用程序直接与数据局部逻辑结构有关。

数据的物理结构是指数据在数据库内的物理存储方式。物理结构独立于外模式,用户或应用程序无须关心;也独立于具体的物理存储设备,由 DBMS 来管理和实现。

在数据库中,逻辑结构是数据模型的核心。依据全局逻辑数据结构的不同,数据模型可以分为层次模型、网状模型、关系模型,与之对应的数据库管理系统分别是层次型数据库、网状型数据库、关系型数据库。

2. 数据操纵

数据操纵是指对数据模型中各种对象的操作及其操作规则的集合。在数据库中,主要指查询和更新(插入、删除、修改)两类操作。数据模型必须定义这些操作的确切含义、操作符号、操作规则(如优先级)及实现操作的语言。数据操纵是对系统动态特性的描述。

3. 完整性约束

完整性约束是指对数据模型中的数据及其联系赋予的制约和依存规则的集合,用来限定数据模型的数据状态及状态变化所应满足的条件,以保证数据的正确性、有效性和兼容性。

1.2.3 三层模型

数据模型是反映客观事物及其联系的组织结构(逻辑结构和物理结构),是数据库系统中用于提供信息表示和操作手段的形式框架。

数据模型的选择应满足 3 个方面的要求:一是比较真实地模拟事物及其联系;二是为人所理解;三是便于在计算机上实现。在数据库的设计过程中,往往根据使用对象和应用目的的不同,采用不同层次的数据模型分级描述数据。数据模型通常分为三层:概念数据模型、逻辑数据模型、物理数据模型。

1. 概念数据模型(Conceptual Data Model)

概念数据模型简称概念模型,也称信息模型,它是一种独立于计算机系统的数据模型,完全不涉及信息在计算机中的表示,是现实世界到信息世界的第一层抽象,也是现实世界到机器世界的一个中间层次。

概念模型是按照用户的观点对信息世界的建模,不注重数据的组织结构,强调数据模拟的语义表达能力,使数据更接近现实世界,便于用户理解,是用户和数据库设计人员之间交流的工具。

概念模型主要用于数据库的设计,通过实体、联系和约束描述现实世界的静态、动态和时态特征,不和具体的 DBMS 相关,只是用来描述某个特定组织所关心的信息结构。

概念模型的表示方法很多,其中最著名的、最为常用的方法是 E-R 模型(Entity-Relationship Approach,实体-联系模型),也称 E-R 图。

2. 逻辑数据模型(Logical Data Model)

逻辑数据模型简称逻辑模型,是按照计算机系统的观点对数据的建模,也是用户从数据库中看到的数据模型,主要用于数据库的实现。

逻辑数据模型直接面向数据的逻辑结构,它是现实世界的第二层次的抽象,着重描述数据的组织结构,很少考虑数据语义和用户对数据库的理解。

DBMS 常以其所用的逻辑数据模型(数据的逻辑结构)来分类,如网状数据模型、层次数据模型和关系数据模型等。逻辑数据模型既要面向用户,又要面向系统。

在关系数据库的设计过程中,用概念模型(E-R 图)表示的数据必须转换成逻辑模型(关系模型)表示的数据,才能在 DBMS 中实现。

3. 物理数据模型（Physical Data Model）

物理数据模型是按照计算机系统的观点对数据的建模，是对数据最低层次的抽象，描述数据在计算机系统内的存储结构。它不仅与具体的 DBMS 有关，还与操作系统和硬件有关。每一种逻辑数据模型在数据库存储时都有对应的物理数据模型。

从现实世界到概念世界的转换是由数据库设计人员完成的，从概念模型到逻辑模型的转换可以由数据库设计人员完成，也可以用数据库设计工具辅助完成。从逻辑模型到物理模型的转换一般是由 DBMS 自动完成的。

1.2.4　E-R 模型

E-R 模型是 P. P. Chen 于 1976 年首先提出的一种面向问题的概念模型，即用简单的图形方式描述世界中的数据及其联系。E-R 模型问世后，经历了许多修改和扩充，在此仅介绍基本的 E-R 模型。

1. 描述方法

E-R 模型的组成要素包括实体、实体的属性和实体之间的联系，其表示方法如下。

（1）实体：用矩形框表示，矩形框内写上实体名。

（2）属性：用椭圆框表示，椭圆框内写上属性名，并用无向边与其实体相连。

【例 1-1】　如学生实体具有学号、姓名、性别、出生日期、入学时间、籍贯等属性，用 E-R 图表示如图 1-6 所示。

（3）联系：用菱形框表示，菱形框中写上联系名，用无向连线将参加联系的实体矩形框分别与菱形框相连，并在连线上标明联系的类型，如 $1:1$、$1:m$ 或 $m:n$。

【例 1-2】　如学生实体和课程实体之间存在选修联系（$m:n$），其选修联系附带属性为成绩，其 E-R 模型如图 1-7 所示。

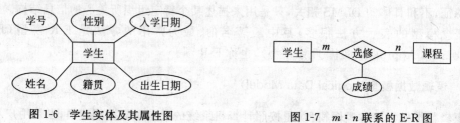

图 1-6　学生实体及其属性图　　　　　图 1-7　$m:n$ 联系的 E-R 图

注意：如果一个联系具有属性，则属性仍用椭圆框表示，并用无向边将这些属性与该联系连接起来。

2. E-R 模型的作图步骤

1）确定实体和实体的属性

实体及其属性的划分可参考两个原则：一是作为实体属性的事物本身没有再需要刻画的特征，而且和其他实体没有联系；二是属性的一个值可以和多个实体对应，而不是相反。尽管 E-R 模型中的属性可以是单值属性也可以是多值属性，但为了简单表示，多值属性常被作为多个属性或作为一个实体。

　　2）确定实体之间的联系及联系的类型

　　当描述发生在实体之间的行为时，最好采用联系。例如，读者和图书之间的借、还书行为，顾客和商品之间的购买行为，均应该作为联系。

　　3）给实体和联系加上属性

　　划分联系的属性也可参考两个原则：一是发生联系的实体的标识属性应作为联系的默认属性；二是和联系中的所有实体都有关的属性。例如，学生和课程的选课联系中的成绩属性，顾客、商品和雇员之间的销售联系中的商品数量等。

　　【例 1-3】　如某学校学生公寓管理系统有系、学生、宿舍和宿管 4 个实体集，其 E-R 模型如图 1-8 所示。

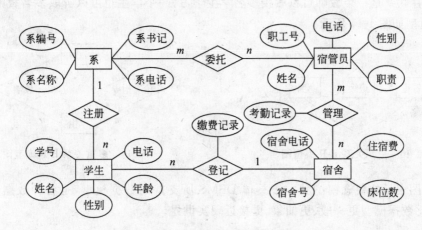

图 1-8　学校公寓管理系统 E-R 模型图

　　分析：在这个模型中，一个系有多个学生，而一个学生仅属于一个系，所以系和学生之间是一对多的联系；一个宿舍可以容纳多个学生，而一个学生只能登记住宿一个宿舍，所以宿舍和学生之间是一对多的联系；一个宿管员可以接受一个系委托，一个系也可以委托多个宿管员，所以系和宿管员之间是多对多的联系。同理，一个宿管员可以管理多个宿舍，一个宿舍也可以接受多个宿管员管理，所以宿管员和宿舍之间是多对多的联系。

3. 实体内部联系

　　实际上，同一实体集内部也存在着一对一、一对多、多对多的联系，如图 1-9 所示。

图 1-9　实体内部联系 E-R 模型图

4. 三元实体联系

E-R 模型除了可以明确表示两个实体集之间的 $1:1$、$1:m$ 或 $m:n$ 联系之外,还可以表示 3 个以上的实体集之间的联系。

【例 1-4】 一个教师可以为一个班级讲授若干门课程,也可以对多个班级只讲授一门课程,而能讲授某门课程的教师可能有多位。教师、课程和班级 3 个实体集之间的联系是多对多的三元联系,其 E-R 模型如图 1-10 所示。

5. 实体间的多重联系

例如,教师和学生之间可以有多种联系,一种联系是一个教师可以指导多名学生毕业论文;另一种联系是一个教师可以教授多名学生学习,一个学生也可以听取多名教师的教学,其 E-R 模型如图 1-11 所示。

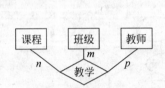
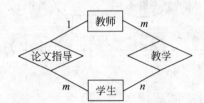

图 1-10　三元关系 E-R 模型图　　　　　图 1-11　多重关系 E-R 模型图

E-R 图表示的概念模型独立于具体 DBMS 所支持的数据模型,是各种数据模型的基础,因此比数据模型更一般、更抽象、更接近现实世界。

1.2.5　三种模型

不同的数据模型有不同的数据结构,不同的描述工具对应不同的数据管理系统,现有的数据库管理系统都是基于某种数据模型的。根据逻辑模型的不同,DBMS 通常分为层次型、网状型、关系型、面向对象模型等。

1. 层次模型(Hierarchical Data Model)

现实世界中,很多事物之间的联系本身就是一种很自然的层次关系,如组织机构、家族关系、物种分类等。层次数据模型的提出,首先是为了模拟这种按层次组织起来的事物。层次模型是最早用于商品数据库管理系统的数据模型。最著名、最典型的层次数据库系统是 IBM 公司于 1969 年开发的大型商品数据库管理系统 IMS(Information Management System)。

1) 层次模型的基本概念和数据结构

层次模型:用上下分层的有向树形结构来描述实体及实体间联系的数据模型。树是由结点和连线组成的,结点表示实体集,连线表示实体之间的联系,树形结构只能对应描述实体联系中的一对多($1:n$)联系。

树的每个结点表示一个实体(记录),它是同类实体集合的(结构)定义,每个记录包含若干字段,用来描述实体的属性。上一层记录和下一层记录表现为父(双亲)子(子女)结点,上下层父子结点必须是不同的实体(记录),实体(记录)之间的一对多联系用结点之间的连线(有向边)表示。各记录及其字段都必须有唯一的命名。

例如,图 1-12 是由某学校的系、专业、班级、教师和课程组成的层次数据模型。

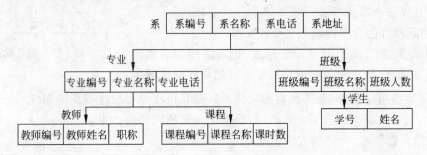

图 1-12 某学校的层次模型图

从层次模型的定义和结构来看,层次模型需要满足以下两个基本条件:

(1) 有且仅有一个结点没有父结点(这个结点称为根结点)。

(2) 根结点以外的其他结点有且仅有一个父结点。

2) 层次模型的数据操纵和完整性约束

在层次模型中,任何一个给定值只有按其路径查看时,才能得到它的全部意义。数据操纵时,任何一个子结点的值不能脱离其父结点独立存在,其完整性约束如下:

(1) 在插入时,如果没有双亲结点就不能插入子结点的值,如新来的教师未分配专业教研室,则无法插入到数据库中。

(2) 在删除时,如果删除双亲结点,其相应的子结点也会被同时删除。

(3) 在更新时,如果更新某个值,则应该更新所有需要修改的值,以保持数据的一致性。

(4) 在查询时,需要考虑层次模型的存取路径,仅允许自顶向下的单向查询,如可以直接查询某课程的基本信息、某教师的基本信息,但不能直接查询某教师的学生信息。而对于实体集之间多对多联系的处理,解决的方法是引入冗余结点。

2. 网状模型(Network Data Model)

现实世界中,事物之间的联系大多数是网状的、非层次的联系,网状数据模型比层次模型更能直接描述现实世界中事物之间的复杂联系。世界上第一个网状数据库管理系统,也是第一个 DBMS,是美国通用电气公司 Bachman 等人在 1964 年开发的 IDS(Integrated Data Store)。

1) 网状模型的基本概念和数据结构

网状模型:用有向图结构表示实体类型及实体间联系的数据结构模型。同层次模型一样,该模型也是由结点和连线组成的,结点表示实体集,连线表示实体之间的联系。网状模型的结点间允许存在两条或多条连线,但是每一连线只能表示 1:n 联系。

网状模型中,记录为数据的存储单位,记录包含若干数据项。所有的实体记录都具有一个以其为始点和终点的循环链表,而每一个联系都处在两个链表中。

网状数据库的数据项可以是多值的和复合的数据。每个记录都有一个唯一地标识它的内部标识符,称为码(DataBaseKey,DBK),它在一个记录存入数据库时由 DBMS 自动赋予,可看做记录的逻辑地址,可看作记录的替身。网状模型实例如图1-13所示。

网状模型是层次模型的拓展,满足以下两个基本条件。

图 1-13　网状模型

(1) 允许一个以上的结点没有双亲结点。

(2) 至少一个结点有多个双亲结点。

2) 网状模型的数据操纵和完整性约束

在网状模型中,每个记录单独存放,记录之间的联系用指针和链表实现,从而构成导航式数据库。用户在操纵数据库时,除了要指明对象外,还要规定存取路径。网状模型没有层次模型中那样严格的完整性约束条件,只对数据操纵加了一些限制,提供了一定的完整性约束。

(1) 插入数据时,允许插入无父结点的子结点。

(2) 删除数据时,允许只删除父结点,其子结点仍在。

(3) 修改数据时,更新操作较简单,只需更新指定记录即可。

(4) 查询方便,对称结构,查询格式相同。

3. 关系模型(Relational Data Model)

层次数据模型和网状数据模型都缺少坚实的理论基础,因此,其数据模型有较多的限制,实际使用时也不太方便。目前广泛使用的关系数据模型,是建立在严格的数学理论基础之上的,并可以方便地向其他数据模型转换。关系数据库管理系统是基于关系模型的数据库系统。

1) 关系模型的基本概念和数据结构

关系模型:用二维表格结构表示实体及实体联系的模型。在关系模型中,表中的每一行表示一个实体对象,表的每一列对应一个实体属性。每一个二维表称为一个关系,对应一个实体集或者实体集之间的联系。关系模型实例如表1-2所示。

表 1-2　关系模型

学　号	姓　名	性　别	手　机	指导老师
0713011001	徐同学	男	159551＊＊＊＊＊	金老师
0713011002	卢同学	女	137392＊＊＊＊＊	李老师
0713011003	江同学	男	136456＊＊＊＊＊	刘老师
0713011004	戴同学	女	136456＊＊＊＊＊	郭老师
0713011005	华同学	男	158056＊＊＊＊＊	王老师
0713011006	王同学	男	138560＊＊＊＊＊	吴老师
0713011007	吴同学	女	138550＊＊＊＊＊	吴老师

关系数据模型既能反映实体集之间的一对一联系,也能反映一对多和多对多联系。

尽管关系与传统的二维表格、传统的数据文件具有类似之处,但是它们又有区别。严格地说,关系是一种规范化的二维表格,具有以下性质:

(1) 属性值具有原子性,不可分解。

(2) 每一个属性必须有不同的名称,但可以有相同的值域。

(3) 关系中任何两行不能完全相同。

（4）理论上没有行序，但是有时可以有行序。

（5）理论上属性次序也可以交换，但是使用时应考虑定义的属性的次序。

2）关系模型的数据操纵和完整性约束

在关系模型中，操作对象和操作结果都是关系，即若干元组的集合；关系的数据操作是高度的、非过程化的，用户只需要给出查询什么，而不必给出怎样查询。

关系型完整性约束包括实体完整性、参照完整性、用户定义的完整性，具体含义及其定义方式将在后面章节中介绍。

1.3　数据库体系结构

随着时间的推移和需求的变化，数据库中的数据也在不断变化着，数据库中整体数据的逻辑结构、存储结构的变化也是有可能的、正常的和必需的，但所有这些变化都不应该影响用户数据的局部逻辑结构，否则，应用程序必须重写。

1.3.1　数据模式与体系结构

1．数据模式的概念

数据模型是对数据的模拟和抽象，如同数据一样，也有型和值之分。数据模式是一个数据库基于特定数据模型的结构定义，是数据模型中有关数据结构及其相互关系的描述。数据模式描述数据模型的"型"，不涉及具体的值。某数据模式下的一组具体的数据值称为数据模式的一个实例。一个模式可以有许多实例，模式是相对稳定的，反映的是数据的结构及其联系；而实例是相对变动的，反映的是数据库某一时刻的状态。

2．体系结构的概念

数据库系统的体系结构是数据库系统的一个总体框架。考查数据库系统的体系结构可以从不同的层次或不同的角度。

从数据库管理系统（DBMS）角度来看，数据库系统通常采用三级模式结构，这是数据库系统内部的体系结构，通常称为数据库体系结构。

从数据库最终用户角度来看，数据库系统的结构可以分为单机结构、主从式结构、分布式结构、C/S 结构和 B/S 结构等，它是数据库系统外部的体系结构，简称数据库系统体系结构。

1.3.2　三级模式结构和两层映像

虽然数据库管理系统软件种类繁多，应用环境不同，其依赖的逻辑数据模型不尽相同，其数据的存储结构也各不相同，但是，为了确保用户数据的局部逻辑结构不受整体数据的全局逻辑结构和存储结构的影响，数据库管理系统普遍采用三级模式结构和两层映像。

1．三级模式结构

从数据库系统安全的角度考虑，数据库系统的物理（存储）结构设计总是倾向越复杂越安全；而从便于用户操作数据的角度考虑，数据库系统必须屏蔽复杂的物理存储结构，呈现简单的逻辑结构。为了实现用户数据到系统数据的转换，需要按照数据间的逻辑关系进行精确的描述，通过 DBMS 将数据的逻辑结构转换为数据的物理结构，并存放到外存储介质上。三级模式结构由外（子）模式、概念模式和内（物理）模式组成，如图 1-14 所示。

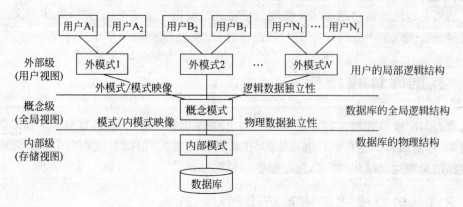

图 1-14   数据库系统的模式结构

1）外模式（External Schema）

外模式又称子模式，或用户模式，是对数据局部逻辑结构和特征的描述，是用户看到的和直接操作的部分数据视图。应用程序按数据局部逻辑结构进行设计，每个应用程序或用户对应不同的外模式，一个数据库有多个外模式。外模式是用户与数据库系统的接口，用户对数据的操作，实质是对外模式数据的操作。外模式负责定义用户数据，或者从概念模式导出数据。

2）概念模式（Conceptual Schema）

概念模式简称模式，又称逻辑模式，是对数据全局逻辑结构和特征的描述，是所有用户共同的逻辑数据视图，是数据库所有外模式的联合。数据库是按照数据全局逻辑结构设计的，一个数据库只有一个概念模式。概念模式是外模式和内模式的中间环节和隔离层，是保证数据独立性的关键部分。概念模式不仅负责定义数据的逻辑结构（数据项的名称、类型、值域），还负责定义实体之间的关系、数据的完整性约束等。

3）内模式（Internal Schema）

内模式又称物理模式，或存储模式，是对数据物理存储结构和存储方式的描述，是数据在数据库内部的表示方式。内模式负责定义所有数据的物理存储策略和访问控制方法，包括记录的存储顺序、文件的组织方式、索引的组织方式等，但不涉及物理记录在磁盘上的存储，对物理数据的存储和读取是由操作系统的文件系统实现的。

内模式依赖于全局逻辑结构，DBMS 提供内模式描述语言（内模式 DDL，或者存储模式 DDL）来严格地定义内模式，一个数据库只有一个内模式。

2. 二级映像

三级模式对应数据的 3 级抽象，它把数据的具体组织留给 DBMS 管理，使用户能逻辑地抽象处理数据，不用关心数据在计算机中的表示和存储。为了实现这 3 级抽象的联系和转换,数据库系统在三级模式中提供了两层映像:外模式/模式映像、模式/内模式映像。

　　1) 外模式/模式映像

　　外模式/模式映像,定义并保证了外模式与模式之间的对应关系。外模式/模式映像定义通常保存在外模式中。当模式发生变化时,如新增关系、改变关系的属性等,DBA 可以通过修改映像(外模式/模式)使外模式不发生改变。由于应用程序是根据外模式进行设计的,只要外模式不变,应用程序就不需要修改。数据库系统的外模式/模式之间的映像技术不仅建立了用户数据库与全局逻辑数据库之间的对应关系,使得用户能够按照外模式进行程序设计,同时也保证了数据与应用程序的逻辑独立性,简称数据的逻辑独立性。

　　2) 模式/内模式映像

　　模式/内模式之间的映像,定义并保证了数据的概念模式与内模式之间的对应关系,说明了数据的记录、数据项在计算机内部是如何组织和表示的。当数据库的存储结构改变时,如新增一个数据文件、改变文件的增长方式等,DBA 可以通过修改模式/内模式之间的映像使概念模式保持不变。由于用户或程序是按数据的外模式使用数据的,只要概念模式不变,用户仍可以按原来的方式使用数据,应用程序也不需要修改。模式/内模式的映像技术不仅使用户或应用程序能够按数据的逻辑结构使用数据,还提供了内模式变化、应用程序不变的方法,从而保证了数据与应用程序的物理独立性,简称数据的物理独立性。

　　数据与应用程序之间的独立性,使得数据的定义和描述可以从应用程序中分离出去。另外,由于数据的存取由 DBMS 管理,用户不必考虑存取路径等细节,从而简化了应用程序的编制,大大减少了应用程序的维护和修改。

1.4　数据库设计

　　数据库设计是一项基础性工作,不仅要考虑合理的数据库结构,还要考虑其他相关因素,如计算机软/硬环境、DBMS 性能、用户信息和处理要求、数据完整性和安全约束等。

1.4.1　数据设计概述

　　数据库设计是指在给定应用环境下和现有 DBMS 基础上,构造最优的数据库模型、建立数据库及其应用系统,使之能有效地存储和管理数据,从而满足各种用户的应用需求。通俗地说,是把现实世界的信息按现有 DBMS 所支持的数据模型转化为计算机世界的数据存储过程。

　　数据库设计主要包含两个方面的内容:一是结构设计,也就是设计数据库框架或数据结构;二是行为设计,即设计应用程序、事务处理等。

　　根据规范设计法规定,数据库设计一般经过以下 6 个阶段。

　　(1) 需求分析:全面、准确地了解并分析用户需求,以便系统能够满足用户需求。

　　(2) 概念设计:将需求分析得到的用户需求进行综合、归纳与抽象,形成一个独立、具体 DBMS 的概念模型(E-R 图)。

　　(3) 逻辑设计:将概念模型(E-R 图)转换为 DBMS 支持的逻辑模型(关系模型)。

　　(4) 物理设计:为逻辑模型选择最适合应用环境的物理结构,即确定存储结构和存取方法,包括数据的存放位置、存取路径及系统配置。

(5) 数据库实施:建立数据库、组织数据入库、编制和调试应用程序并进行试运行。

(6) 数据库运行和维护:在数据库系统运行过程中不断地对其进行评价、调整与修改。

在数据库设计过程中,需注意以下两点:

(1) 充分调动用户的积极性。用户最了解自己的业务和需求,用户的积极配合能够缩短需求分析的进程,帮助设计人员尽快熟悉业务,从而更加准确地抽象出用户的需求,减少反复,也使得设计出的系统与用户的最初设想更为符合。

(2) 充分考虑系统的扩充性。应用环境的改变和新需求的出现,不会对现有的应用程序和数据造成大的影响,而只是在原设计基础上做一些扩充即可满足新的要求。

1.4.2　E-R 模型向关系模型的转换

在数据库设计过程中,将 E-R 图转换为关系模型的实质就是将实体、实体的属性及实体之间的联系转换为关系模式。

1. 实体及属性的转换

当一个实体转换为关系模型中的一个关系时,实体的属性就是关系的属性,实体的码就是关系的键。

2. 联系的转换

1) 1∶1 联系的转换

1∶1 联系可以通过与该联系所涉及的任意一方对应的关系模式合并来完成转换。具体做法是,在该关系模式的属性中加入另一方实体的码和联系本身的属性。

2) 1∶n 联系的转换

转换 1∶n 联系,需要将该联系与 n 方对应的关系模式合并。具体做法是,将一方实体的码及联系本身的属性(如果联系具有属性)添加到 n 方对应的关系模式中。

3) $m∶n$ 联系的转换

一个 $m∶n$ 联系转换为一个独立的关系模式,与该联系相连的各实体的码以及联系本身的属性(如果联系具有属性)均转换为关系的属性,而关系的键为各实体码的组合。

【例 1-5】　学生和课程之间是 $m∶n$ 联系,则其联系类型的关系模式为:

选修(学号,课程号,成绩)

1.5　数据库保护

为了适应数据共享的环境,保证数据的安全可靠和正确有效,DBMS 必须提供数据的安全性、完整性、并发控制和数据库恢复等数据保护能力。

1. 安全性

安全性是指防止非法用户非法操作数据造成的数据泄露、更改或破坏。在数据库中,用于安全性控制的方法主要有用户标识和鉴定、存取控制、定义视图、审计跟踪和数据加密等。

2．完整性

完整性是防止合法用户使用数据时加入不符合语义的数据。在数据库中，用于完整性控制的方法主要是通过实体完整性、参照完整性和用户自定义的完整性（含域完整性）约束实现的，其中，域完整性、实体完整性和参照完整性是关系模型必须满足的完整性约束条件。

3．并发控制

并发控制就是要用正确的方式调度并发操作，避免造成数据的不一致，使一个用户事务的执行不受其他事务的干扰。

并发控制的主要方法是采用封锁机制。封锁就是事务 T 在对某个数据对象（如表、记录等）操作之前，先向系统发出请求，对其加锁。加锁后事务 T 就对该数据对象有了一定的控制，在事务 T 释放它的锁之前，其他事务不能更新此数据对象。

4．数据库恢复

恢复就是利用存储在其他地方的冗余数据来重建或修复数据库中被破坏的或不正确的数据。数据库的恢复包括两步：一是建立冗余数据；二是利用冗余数据进行数据库恢复。

本章小结

数据技术不仅应用于事物处理，而且进一步应用到情报检索、人工智能、专家系统、计算机辅助设计等领域。本章主要讲述了数据库系统的基本概念和基本理论，包括数据、信息、数据模型、E-R 模型、关系模型、数据模式等，此外还介绍了数据库设计和数据库保护等方面的知识。

习题 1

一、选择题

1. DB、DBMS、DBS 三者之间的关系是（　　）。
　　A. DBMS 包含 DB 和 DBS　　　　B. DBS 包含 DB 和 DBMS
　　C. DB 包含 DBS 和 DBMS　　　　D. DBS 就是 DB，也就是 DBMS

2. 数据库系统的核心是（　　）。
　　A. 数据库　　　B. 操作系统　　　C. 数据库管理系统　　　D. 文件

3. 关系数据库中的视图属于数据库三级模式中的（　　）范畴。
　　A. 外模式　　　B. 概念模式　　　C. 逻辑模式　　　　D. 内模式

4. 数据库技术是从 20 世纪（　　）年代中期开始发展的。
　　A. 60　　　　　B. 70　　　　　C. 80　　　　　D. 90

5. 相关数据按照一定的联系方式组织排列，并构成一定的结构，这种结构为（　　）。

A. 数据模型
B. 数据库

C. 关系模型
D. 数据库管理系统

6. 关系模型中实现实体间 $m:n$ 联系是通过增加一个（　　）实现的。

A. 关系
B. 关系或属性

C. 属性
D. 关系和属性

7. 关系数据库系统中,表的结构信息存储在（　　）。

A. 表中　　　　B. 数据字典中　　　　C. 关系中　　　　D. 指针中

8. 数据库系统达到了数据独立性,是因为采用了（　　）。

A. 层次模型
B. 网状模型

C. 关系模型
D. 三级模式结构

9. 在 DBS 中,DBMS 和 OS 的关系是（　　）。

A. 相互协调
B. DBMS 调用 OS

C. OS 调用 DBMS
D. 互不调用

10. 要保证数据库的逻辑数据独立性,需要修改的是（　　）。

A. 模式与外模式之间的映像
B. 模式与内模式之间的映像

C. 模式
D. 三级模式

11. 在数据管理技术发展阶段中,相对人工管理而言,文件系统的主要优点是（　　）。

A. 数据共享性好
B. 数据可长期保存

C. 采用数据结构
D. 数据独立性好

12. 在数据库技术中,实体—联系模型是一种（　　）。

A. 概念数据模型
B. 结构数据模型

C. 物理数据模型
D. 逻辑数据模型

13. 在人工管理阶段,数据是（　　）。

A. 有结构的
B. 无结构的

C. 整体结构化
D. 整体无结构,记录内有结构

14. 在数据库中存储的是（　　）。

A. 数据　　　　B. 数据模型　　　　C. 信息　　　　D. 数据及其联系

15. 在数据库三级模式结构中,描述数据库中全体数据的逻辑结构和特征的是（　　）。

A. 外模式　　　　B. 内模式　　　　C. 模式　　　　D. 存储模式

16. 数据库管理系统的（　　）功能实现数据的查询、插入、修改和删除等操作。

A. 数据定义功能
B. 数据管理功能

C. 数据操纵功能
D. 数据控制功能

17. 在数据库系统中,用（　　）描述所有数据的整体逻辑结构。

A. 外模式　　　　B. 存储模式　　　　C. 内模式　　　　D. 概念模式

18. 在数据库三级模式结构中,用户使用的数据视图用（　　）描述,它是用户与数据库之间的接口。

A. 外模式　　　　B. 存储模式　　　　C. 内模式　　　　D. 概念模式

19. 数据库系统达到了数据独立性,是因为采用了（　　）。

A. 层次模型
B. 网状模型

　　C. 关系模型　　　　　　　　　　D. 三级模式结构

20. 在关系数据库系统中,当关系的型改变时,用户程序也可以不变,这是( )。

　　A. 数据的物理独立性　　　　　　B. 数据的逻辑独立性

　　C. 数据的位置独立性　　　　　　D. 数据的存储独立性

21. 关系数据模型的主要特征是用( )形式表示实体类型和实体间联系。

　　A. 关键字　　　B. 指针　　　　C. 键表　　　　　　D. 表格

22. 物理数据独立性是指( )。

　　A. 概念模式改变,内模式不变　　B. 概念模式改变,外模式和应用程序不变

　　C. 内模式改变,概念模式不变　　D. 内模式改变,外模式和应用程序不变

23. 在一个数据库中,模式与内模式的映像个数是( )。

　　A. 1个　　　　　　　　　　　　B. 与用户个数相同

　　C. 由系统参数决定　　　　　　　D. 任意多个

24. 在数据库中,产生数据不一致的根本原因是( )。

　　A. 数据存储量太大　　　　　　　B. 未对数据进行完整性控制

　　C. 没有严格保护数据　　　　　　D. 数据冗余

25. 数据库中,数据的物理独立性是由( )映射所支持。

　　A. 外模式/模式　　　　　　　　B. 外模式/内模式

　　C. 模式/内模式　　　　　　　　D. 子模式/逻辑模式

二、填空题

1. 数据库管理技术经历了人工管理、文件系统管理、( )3个阶段。

2. 数据管理系统是管理( )的软件,简称 DBMS,它总是基于某种模型。

3. 根据模型的应用目的不同,可将数据模型分为概念模型、( )、物理模型。

4. 对现实世界进行第一层抽象的模型,称为( )模型。

5. 在 DBS 中,最接近于物理存储设备一级的结构,称为( )。

6. 实体之间的联系可以有一对一、一对多和( )3 种形式。

7. 在关系数据模型中,二维表的列称为属性,二维表的行称为( )。

8. 数据库系统在三级模式之间提供了( )和模式/内模式映像两层映像。

9. 层次模型是一种( )结构,而关系模型是一个二维表结构。

10. 数据模型由数据结构、( )和完整性约束三要素组成。

11. 数据管理基本环节是( )。

12. 一个结点可以有多个双亲,结点之间可以有多种联系的模型是( )。

13. 在信息世界中,将现实世界中客观存在并可相互识别的事物称为( )。

14. 能唯一标识实体集中各实体的一个属性或一组属性,称为该实体的( )。

15. 以一定的组织结构保存在辅助存储器中的数据集合称为( )。

16. 在( )中,一个结点可以有多个双亲,结点之间可以有多种联系。

17. 概念模型是现实世界的第一层抽象,该类模型中最著名的模型是( )。

18. 概念模型是按( )的观点对数据建模,强调其语义表达能力。

19. 数据库在磁盘上的基本组织形式是( )。

20. 在信息世界中,现实世界客观存在并可相互区别的事务称为( )。

第2章

关系数据库数学模型

本章导读：

关系数据库建立在关系模型的基础上，基于离散数学集合论中的两个基本理论：集合和关系。关系数据库对数据的操作除了包括集合代数的并、差等运算之外，还定义了一组专门的关系运算：选择、投影、连接。关系操作的特点是运算的对象和结果都是关系。

知识要点：

* 关系原理
* 关系代数
* 关系演算
* 关系规范化

2.1 关系模型概述

关系数据库系统是支持关系模型的数据库系统。关系数据模型由关系数据结构、关系操作和完整性约束3部分组成。

2.1.1 关系模型的数据结构

关系模型的数据结构非常简单，实体及实体之间的联系均是单一的数据结构——关系。在用户看来，关系模型中的数据逻辑结构就是一张二维表，由行和列组成。表格每一行称为元组，每一列称为属性，关系也可以说是元组的集合。在支持关系模型的数据物理组织中，二维表以表的形式存储在数据库中，所以其属性又称为列或字段，元组又称为行或记录。

2.1.2 关系模型的数据操作

在关系模型中，操作对象和操作结果都是关系，操作关系的行为定义关系语言，关系语言根据其所反映的数学含义可分为两类：关系代数语言和关系演算语言。

关系代数语言和关系演算语言均是抽象的语言，这些语言与具体 DBMS 中实现的实际语言并不完全一致，但它们能作为评估实际数据库系统查询语言能力的基础和标准，而实际的查询语言除了提供关系代数或关系演算的功能外，还提供了许多附加的功能。

关系操作语言还提供了一种介于关系代数和关系演算之间的语言——SQL 语言（Structure Query Language，结构化查询语言）。SQL 语言集数据查询（DQL）、数据定义

(DDL)、数据操纵(DML)、数据控制(DCL)于一体,是关系数据库的标准语言。

关系语言是一种高度非过程化的语言,关系的3种语言在表达能力上是完全等价的。

2.1.3 关系模型的完整性约束

为了防止合法用户使用数据时加入不合语义的数据,关系数据模型通过完整性约束实现数据的正确性和相容性,其完整性约束包括实体完整性、参照完整性和用户定义完整性。

其中,实体完整性和参照完整性是关系模型必须满足的完整性约束条件,被称为关系的两个不变性,由关系数据库系统自动支持。

1. 键及其相关概念

键(Key)是由一个或几个属性组成,在实际应用中,有下列几种键(关键字)。

1) 超键

超键也称超码,在一个关系中,若一个属性或属性组的值能够唯一标识关系中的不同元组,则称该属性或属性组为关系的超键。超键虽然能唯一确定元组,但是它所包含的属性可能有多余的。例如,学号和性别组合在一起可以唯一确定一个元组,是一个超键,但其中包含的属性"性别"则是多余的。

2) 候选键

候选键也称候选码,如果一个属性或属性组的值能够唯一标识关系中的不同元组而不含有多余的属性,则称该属性或属性组为关系的候选键(Candidate Key)。与超键的区别是:候选键既能唯一确定元组,又不包含多余的属性,关系中至少含有一个候选键。

3) 主键

主键也称主码,一个关系中,候选键可有多个,而选定其中一个作为标识元组的候选键则称为主键(Primary Key)。主键的各个分量均不能为空。

4) 外键

外键也称外码,设 F 是基本关系 R 的一个或一组属性,但不是 R 的键(主键或候选键),如果 F 与基本关系 S 的主键 K 相对应,则称 F 是 R 的外键(Foreign Key),并称 R 为参照关系(Referencing Relation),S 为被参照关系(Referenced Relation)或目标关系(Target Relation)。

可以这么理解:如果一个属性是其所在关系之外的另外一个关系的主键,该属性就是它所在当前关系的外键。外键实质就是外部关系的主键。

5) 主属性和非主(码)属性

候选码中的诸属性称为主属性(Primary Attribute);不包含在任何候选码中的属性称为非码属性(Non-key Attribute)。

6) 全码

在最简单的情况下,候选键只包含一个属性。在最极端的情况下,关系模式的所有属性组是这个关系模式的候选键,称为全码(All-key)。

2. 完整性约束

1) 实体完整性（Entity Integrity）

【规则 2.1】 实体完整性规则：若属性组（或属性）K 是基本关系 R 的主码（主键），则所有元组 K 的取值唯一，并且 K 中属性不能全部或部分取空值。

对于实体完整性规则说明如下：

（1）实体完整性规则是针对基本关系而言的，一个基本表通常对应现实世界中的一个实体集。例如，课程关系对应于所有课程实体的集合。

（2）现实世界中实体是可区分的，即它们具有某种唯一性标识。相应地，关系模型中以主码作为其唯一性标识。

（3）主码中的属性（即主属性）不能取空值，所谓空值就是"不知道"或"无意义"的值。如果主属性取空值，则说明存在不可标识的实体，即存在不可区分的实体，这与客观世界中实体要求唯一标识相矛盾，因此这个规则不是人们强加的，而是现实世界的客观要求。

2) 参照完整性（Referential Integrity）

现实世界中的实体之间往往存在某种联系，在关系模型中，实体与实体之间的联系是用关系来描述的，这样就自然存在着关系与关系间的参照。

参照完整性规则就是定义外键与主键之间的引用规则。

【规则 2.2】 参照完整性规则：若属性（或属性组）F 是基本关系 R 的外码，它与基本关系 S 的主码 Ks 相对应（基本关系 R 和 S 可能是相同的关系），则对于 R 中每个元组在 F 上的值必须取空值（F 的每个属性值均为空值）或者等于 S 中某个元组的主码值。

外键并不一定与相应的主键同名，但在实际应用中，为了便于识别，当外键与相应的主键属于不同关系时，往往取相同的名字。当关系 R 和 S 是相同的关系时，称为自身参照。

3) 用户定义的完整性（User-defined Integrity）

用户定义的完整性是根据应用环境的要求和实际的需要，对关系中的数据所定义的约束条件，它反映的是某一具体应用所涉及的数据必须满足的语义要求。关系模型只提供定义并检验这类完整性的机制，以便于系统用统一的方法来满足用户的需求，而关系模型自身并不去定义任何这类完整性规则。

用户定义的完整性包括字段有效性（属性值域的约束）和记录有效性两类，其中，对属性值域的约束也称域完整性规则（Domain Integrity Rule），是指对关系中除主键和外键之外的其他属性取值范围的约束定义，包括数据类型、精度、取值范围、是否空值等。

例如，选课关系中"成绩"的值域是 0～100，学生关系中"性别"的值域为"男"或"女"。

2.2　关系代数的原理

从关系的逻辑结构特征来看，直观上可以将关系看做一个若干元组的集合，关系运算也可以转换成集合的运算。事实上，关系模型的理论基础是集合代数。下面从集合论角度给出关系数据结构的形式化定义。

2.2.1 关系的数学定义

1. 域(Domain)

域是一组具有相同数据类型的值的集合,又称为值域(用 D 表示)。例如,{整数}、{男,女}、{10,100,1000}等都可以是域。域中所包含的值的个数称为域的基数(用 m 表示)。在关系中用域来表示属性的取值范围。例如,下列集合:

D_1 ={赵敏,钱锐,孙阳,李丽},表示姓名的集合,其基数为 4;

D_2 ={男,女},表示性别的集合,其基数为 2;

D_3 ={专科,本科,硕研,博研},表示学历的集合,其基数为 4。

2. 笛卡儿积(Cartesian Product)

笛卡儿积是域上的一种集合运算。假定一组域 $D_1, D_2, \cdots, D_n$,这些域可以完全不同,也可以部分或全部相同(包含相同的元素),则 $D_1, D_2, \cdots, D_n$ 的笛卡儿积定义为:

$$D_1 \times D_2 \times \cdots \times D_n = \{(d_1, d_2, \cdots, d_n) \mid d_i \in D_i, i = 1, 2, \cdots, n\}$$

由定义可以看出,笛卡儿积也是一个集合。其中,

(1) 每一个元素$(d_1, d_2, \cdots, d_n)$称为一个 n 元组(n-tuple),或简称为元组(Tuple)。但元组不是 d_i 的集合,元组由 d_i 按序排列而成。

(2) 元素中的每一个值 d_i 称为一个分量(Component),分量 d_i 必须是对应域 D_i 中的一个值。

(3) 若 $D_i(i=1,2,\cdots,n)$为有限集,其基数(Cardinal number)为 $m_i(i=1,2,\cdots,n)$,则 $D_1 \times D_2 \times \cdots \times D_n$ 的基数为 n 个域的基数累乘之积。笛卡儿积基数的运算表达式为:

$$M = \prod_{i=1}^{n} m_i$$

(4) 笛卡儿积可表示为一个二维表,表中的每行对应一个元组,表中的每列对应一个域。

【例 2-1】 设有域 D_1 ={赵敏,钱锐,孙阳,李丽},D_2 ={男,女},D_3 ={专科,本科,硕研,博研},则 $D_1 \times D_2 \times \cdots \times D_n$ 的笛卡儿积共有 32 个元组,如表 2-1 所示。

表 2-1 $D_1 \times D_2 \times \cdots \times D_n$ 的笛卡儿积

D_1	D_2	D_3	D_1	D_2	D_3	D_1	D_2	D_3	D_1	D_2	D_3
赵敏	男	专科	钱锐	男	专科	孙阳	男	专科	李丽	男	专科
赵敏	男	本科	钱锐	男	本科	孙阳	男	本科	李丽	男	本科
赵敏	男	硕研	钱锐	男	硕研	孙阳	男	硕研	李丽	男	硕研
赵敏	男	博研	钱锐	男	博研	孙阳	男	博研	李丽	男	博研
赵敏	女	专科	钱锐	女	专科	孙阳	女	专科	李丽	女	专科
赵敏	女	本科	钱锐	女	本科	孙阳	女	本科	李丽	女	本科
赵敏	女	硕研	钱锐	女	硕研	孙阳	女	硕研	李丽	女	硕研
赵敏	女	博研	钱锐	女	博研	孙阳	女	博研	李丽	女	博研

3. 关系(Relation)

从表 2-1 中可以看出,笛卡儿积中有许多元组无实际意义,应取消这些无意义的元组。笛卡儿积 $D_1 \times D_2 \times \cdots \times D_n$ 中任一有意义的子集称为域 $D_1,D_2,\cdots,D_n$ 上的关系。记作:

$$R(D_1,D_2,\cdots,D_n)$$

其中,R 表示关系名,n 表示关系的度或目,D_i 是域组中的第 i 个域名。当 $n=1$ 时,称关系为一元关系;当 $n=2$ 时,称关系为二元关系;以此类推,关系中有 n 个域,则称关系为 n 元关系。关系中的每个元素是关系中的元组,通常用 t 表示,$t \in R$ 表示 t 是 R 中的元组。

从值域的角度来看,关系就是值域笛卡儿积的一个子集,也是一个二维表,表的每一行对应一个元组,表的每一列对应一个域。由于域可以相同,为了加以区分,必须对关系中的每列起一个唯一的名字,称为属性(Attribute)。n 目关系必有 n 个属性。

任何关系都具备以下特性:

(1) 关系中每一属性分量必须取原子值,即每个分量必须是不可再分的数据项。

(2) 关系中每一列的各分量是同一数据类型,来自同一域,即列是同质的。

(3) 不同属性应给予不同的属性名。

(4) 关系中的任意两个元组不能完全相同。

(5) 关系中行的顺序、列的顺序可以任意互换,不会改变关系的意义。

在例 2-1 所示的笛卡儿积($D_1 \times D_2 \times D_3$)中,对于每个人来说,性别只有一种,最高学历也只有一个,因而只存在 4 个元组,其他元组没有实际意义,实用的关系如表 2-2 所示。

表 2-2　$D_1 \times D_2 \times \cdots \times D_n$ 的关系

D_1	D_2	D_3	D_1	D_2	D_3
赵敏	女	专科	钱锐	男	本科
孙阳	男	硕研	李丽	女	博研

2.2.2　关系模式

关系模式基本上遵循数据库的三级模式结构,概念模式是关系模式的集合,外模式是关系子模式的集合,内模式是存储模式的集合。

关系模式是关系模型的内涵,是对关系模型逻辑结构(数据及其完整性约束)的描述,通常要描述一个关系的关系名,组成该关系的各属性名,这些属性的值域,以及属性和值域之间的映像,属性间的数据依赖和关系的主键等。关系模式的完整描述为:

$$R(U,D,DOM,F)$$

其中,R 表示关系模式名,U 表示关系的属性名,D 表示属性集合 U 对应的值域,DOM 表示属性向值域的映像,F 表示属性间的数据依赖。关系模式简记为:

$$R(U) \text{ 或 } R(A_1,A_2,A_3,\cdots,A_n)$$

其中,R 表示关系模式名,A_1、A_2、A_3、$\cdots$、A_n 表示属性名,而域名及属性向值域的映像常常直接描述为属性的数据类型和存储空间。

关系是关系模型的外延,是关系模式在某一时刻的状态或内容。也就是说,关系模式是型,关系是值。关系模式是相对静止的、稳定的;而关系是动态的,受用户操作影响而随时变化。关系是元组的集合,一个关系的所有元组值构成所属关系模式的一个值;而一个关系模式可取任意多个值,关系的每一次变化结果都是关系模式的一个新的具体关系。

2.2.3 关系数据库

在关系模型中,实体及实体间的联系是用关系来表示的。在一个给定的应用领域中,所有实体与实体间联系的集合便构成了关系数据库。

关系数据库也有型和值之分。关系数据库的型也称为关系数据库模式,是对关系数据库的逻辑结构描述,是所有关系模式的集合。关系数据库的值也称为关系数据库,是这些关系模式在某一时刻对应的关系的集合。数据库的型称为数据库的内容,数据库的值称为数据库的外延。关系数据库模式与关系数据库通常统称为关系数据库。

2.3 关系代数

关系代数是一种抽象的查询语言,是关系数据库操纵语言的一种传统表达方式,也是用关系的集合运算来表达查询的方式,其运算对象和运算结果都是关系。关系代数用到的运算符包括 4 类:集合运算符、专门的关系运算符、比较运算符和逻辑运算符,如表 2-3 所示。

表 2-3　关系代数运算符

运　算　符		含　义	运　算　符	含　义
集　合 运算符	∪	并	>	大于
	∩	交	≥	不小于
	−	差	<	小于
	×	广义笛卡儿积	≤	不大于
专门的 关　系 运算符	σ	选择	≠	不等于
	π	投影	¬	非
	∞	连接	∧	与
	÷	除	∨	或

注: 比较运算符列标题为"比较运算符",逻辑运算符列标题为"逻辑运算符"

比较运算符和逻辑运算符是用来辅助专门的关系运算符进行操作的,所以,关系运算按运算符的不同分为传统的集合运算和专门的关系运算。

2.3.1 传统的集合运算

传统的集合运算是二目运算,包括并、交、差、广义笛卡儿积 4 种运算。除关系的笛卡儿积以外,参加运算的两个关系必须是相容的,即关系 R 和关系 S 具有相同的目(属性)n,且相应的属性取自同一个域。

1. 并(Union)

设关系 R 和关系 S 具有相同的目 n(两关系都有 n 个属性),且相应的属性取自同一个域,则关系 R 与关系 S 的并由属于 R 或属于 S 的所有元组组成,其结果仍为 n 目关系。

记作：
$$R \cup S = \{t \mid t \in R \vee t \in S\}$$
关系的并操作对应于关系的插入记录的操作，俗称"＋"操作，是关系代数的基本操作。

2. 差（Difference）

设关系 R 和关系 S 具有相同的目 n，且相应的属性取自同一个域，则关系 R 与关系 S 的差由属于 R 而不属于 S 的所有元组组成，其结果关系仍为 n 目关系。记作：
$$R - S = \{t \mid t \in R \wedge t \notin S\}$$
关系的差操作对应于关系的删除记录的操作，是关系代数的基本操作。

3. 交（Intersection）

设关系 R 和关系 S 具有相同的目 n，且相应的属性取自同一个域，则关系 R 与关系 S 的交由既属于 R 又属于 S 的所有元组组成，其结果关系仍为 n 目关系。记作：
$$R \cap S = \{t \mid t \in R \wedge t \in S\}$$
关系的交操作对应于寻找两关系共有记录的操作，是一种关系查询操作。关系的交操作能用差操作来代替，因此不是关系代数的基本操作，即 R∩S＝R－(R－S)或 R∩S＝S－(S－R)。可以用文氏图来验证其正确性，如图 2-1 所示。

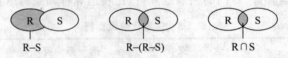

图 2-1　文氏图

【例 2-2】　设关系 R 和关系 S 分别如表 2-4 和表 2-5 所示，则 R∩S、R∪S、R－S 的运算结果分别如表 2-6～表 2-8 所示。

表 2-4　关系 R

编号	品名	产地	单位	单价
09001	南山	湖南	袋	36
09002	蒙牛	安徽	袋	45
09003	光明	上海	袋	44
09004	伊利	内蒙	袋	39
09005	白帝	四川	袋	42

表 2-5　关系 S

编号	品名	产地	单位	单价
09001	南山	湖南	袋	36
09003	光明	上海	袋	45
09004	伊利	内蒙	袋	44
09006	三鹿	河北	袋	36
09007	圣元	河北	袋	40

表 2-6 R∩S

编号	品名	产地	单位	单价
09001	南山	湖南	袋	36
09003	光明	上海	袋	45
09004	伊利	内蒙	袋	44

表 2-7 R∪S

编号	品名	产地	单位	单价
09001	南山	湖南	袋	36
09002	蒙牛	安徽	袋	45
09003	光明	上海	袋	44
09004	伊利	内蒙	袋	39
09005	白帝	四川	袋	42
09006	三鹿	河北	袋	36
09007	圣元	河北	袋	40

表 2-8 R−S

编号	品名	产地	单位	单价
09002	蒙牛	安徽	袋	45
09005	白帝	四川	袋	42

4. 广义笛卡儿积（Extended Cartesian Product）

两个分别为 n 目和 m 目的关系 R 和 S 的广义笛卡儿积是一个 $(n+m)$ 列的元组的集合。元组的前 n 列是关系 R 的一个元组，后 m 列是关系 S 的一个元组。记作：

$$R \times S = \{t_r t_s \mid t_r \in R \land t_s \in S\}$$

若 R 有 k_1 个元组，S 有 k_2 个元组，则关系 R 和关系 S 的广义笛卡儿积有 $k_1 \times k_2$ 个元组。

关系的广义笛卡儿积操作对应于两个关系记录横向合并的操作，俗称"×"操作，是关系代数的基本操作。关系的广义笛卡儿积是多个关系相关联操作的最基本操作。

2.3.2 专门的关系运算

专门的关系运算包括选择、投影、连接、除等。为了叙述方便，在此首先引入几个概念。

（1）分量。设关系模式为 $R(A_1, A_2, \cdots, A_n)$，它的一个关系为 R。$t \in R$ 表示 t 是 R 的一个元组，$t[A_i]$ 表示元组 t 中相应属性 A_i 的一个分量。

（2）属性列或域列。若 $A = \{A_{i1}, A_{i2}, \cdots, A_{ik}\}$，其中，$A_{i1}, A_{i2}, \cdots, A_{ik}$ 是 $A_1, A_2, \cdots, A_n$ 中的一部分，则 A 称为属性列或属性组。$t[A] = (t[A_{i1}], t[A_{i2}], \cdots, t[A_{ik}])$，表示元组 t 在属性列 A 上诸分量的集合。$\overline{A}$ 表示 $\{A_1, A_2, \cdots, A_n\}$ 中去掉 $\{A_{i1}, A_{i2}, \cdots, A_{ik}\}$ 后剩余的属性组。

（3）元组的连接。R 为 n 目关系，S 为 m 目关系。$t_r \in R, t_s \in S, \widehat{t_r t_s}$ 称为元组的连接。

它是一个 $(n+m)$ 列的元组,前 n 个分量为 R 中的一个 n 元组 t_r,后 m 个分量为 S 中的一个 m 元组 t_s。

(4) 象集(Images Set)。给定一个关系 R(X,Z),X 和 Z 为属性组,当 $t[X]=x$ 时,属性组 X 的分量 x 在关系 R 中的象集为:

$$Z_x = \{t[Z] \mid t \in R, t[X] = x\}$$

表示关系 R 中属性组 X 上的分量值为 x 时的诸元组在属性组 Z 上分量的集合。

假设现有关系 R(X,Z),如表 2-9 所示。

表 2-9　关系 R(X,Z)

X	Z	X	Z
x_1	z_1	x_2	z_1
x_1	z_2	x_2	z_2
x_1	z_3	x_3	z_1

其中,属性组 X 上存在以下象集。

分量值 x_1 在关系 R 上的象集为:$Z_{x1}=\{z_1,z_2,z_3\}$;

分量值 x_2 在关系 R 上的象集为:$Z_{x2}=\{z_1,z_2\}$;

分量值 x_3 在关系 R 上的象集为:$Z_{x3}=\{z_1\}$。

表 2-10 和表 2-11 是有关教师信息的两个关系,关系名分别为 R 与 S。下面的专门关系运算,如果没有特殊说明,则均以这两个关系作为运算对象。

表 2-10　关系 R

教师编号	姓名	性别	学历	职称	基本工资
05001	宋玉	女	本科	教授	2800
05002	刘强	男	本科	副教授	2300
05003	万琳	女	硕士	副教授	2300
05004	方菲	女	研士	助教	1300
05006	杨军	男	本科	讲师	1800
05007	王欣	男	本科	讲师	1800

表 2-11　关系 S

教师编号	姓名	额定课酬	教师编号	姓名	额定课酬
05002	刘强	1100	16001	刘香	1300
05004	方菲	1400	16004	朱燕	1500
05007	王欣	1900	16006	丁雷	1200

下面对专门的关系运算进行介绍。

1. 选择(selection)

选择又称为限制(restriction)。它是根据给定的条件对关系进行水平分解,在关系 R 中选择满足给定条件的诸元组,组成一个新的关系。记作:

$$\sigma_F(R) = \{t \mid t \in R \wedge F(t) = \text{"真"}\}$$

选择实际上是从关系 R 中选取使逻辑表达式 F 为真的元组。其中,σ 表示选择符号,F 为条件,是由常数、变量、属性名、算术运算符、关系运算符及逻辑运算符组成的逻辑表达式,R 是关系名。表达式 F 中使用的运算符主要有比较运算符和逻辑运算符。

比较运算符:$>$、$\geqslant$、$<$、$\leqslant$、$=$、$\neq$;

逻辑运算符:$\neg$(非)、$\wedge$(与)、$\vee$(或)。

选择是从行的角度进行的运算,关系的选择操作对应于关系元组的选取操作(横向选择),是关系查询操作的重要内容之一,是关系代数的基本操作。

【例 2-3】 要从表 2-10 所示的关系 R 中找出所有的女教师,请写出相应的关系表达式。

解:本题是从关系中选出符合条件的元组,因此适合用选择运算。可表示如下:

$$\sigma_{\text{性别}=\text{"女"}}(R)$$

运算结果如表 2-12 所示。

表 2-12 $\sigma_{\text{性别}=\text{"女"}}(R)$

教师编号	姓名	性别	职称	学历	基本工资
05001	宋玉	女	教授	本科	2800
05003	万琳	女	副教授	硕士	2300
05004	方菲	女	助教	研士	1300

2. 投影(projection)

选择运算是从某个关系中选取一个满足给定条件的行的子集,而投影运算是对关系中的列进行垂直分解运算,是从关系 R 中选取一个或多个属性列,构成一个新的关系。记作:

$$\pi_A(R) = \{t[A] \mid t \in R\}$$

其中,π 表示投影符号,A 是关系 R 的属性集的一个子集,R 是关系名,$t[A]$ 表示只取元组 t 中相应属性 A 中的分量。

投影是从列的角度进行的运算,关系的投影操作对应于关系属性的选取操作(纵向选择),也是关系查询操作的重要内容之一,是关系代数的基本操作。

【例 2-4】 列出表 2-10 所示的关系 R 的所有性别、职称和基本工资列的信息。

解:要查询某些列的信息,适合用投影运算。投影表达式如下:

$$\sigma\pi_{\text{性别},\text{职称},\text{基本工资}}(R)$$

运行结果如表 2-13 所示。

表 2-13 $\pi_{\text{性别},\text{职称},\text{基本工资}}(R)$

性别	职称	基本工资	性别	职称	基本工资
女	教授	2800	女	助教	1300
男	副教授	2300	男	讲师	1800
女	副教授	2300			

注意:投影之后不仅取消了原关系中的某些列,而且还有可能取消某些元组,因为取消了某些属性列后,可能会出现重复行,应取消这些完全相同的行。

3. 连接(join)

也称为 θ 连接。它是从两个关系的笛卡儿积中选取属性间满足一定条件的元组。记作:

$$R \underset{A\theta B}{\infty} S = \{\widehat{t_r t_s} \mid t_r \in R \wedge t_s \in S \wedge t_r[A]\theta t_s[B]\}$$

其中,A 和 B 分别为 R 和 S 上度数相等且有可比的属性组。θ 是比较运算符,取值可以是>、≥、<、≤、=、≠ 中的任何一个。$t_r[A]$ 表示元组 t_r 相应于属性 A 的一个分量。$t_s[B]$ 表示元组 t_s 相应于属性 B 的一个分量。

换句话说,连接运算是从 R 和 S 的笛卡儿积 R×S 中选取(R 关系)在 A 属性组上的值与(S 关系)在 B 属性组上的值满足比较关系 θ 的元组。因此,θ 连接能用关系的笛卡儿积和选择的合成形式表示为:

$$R \underset{A\theta B}{\infty} S = \sigma_{A\theta B}(R \times S)$$

根据运算符号的不同,连接运算分为等值连接和不等值连接两类。

1) 不等值连接

θ 为除等号(=)运算符以外的其他比较运算符的连接。这些运算符包括>、> =、<=、<、! >、! <、<>和 ! =。

【例 2-5】 写出表 2-10 和表 2-11 所示的两个关系中满足 R. 基本工资<S.额定课酬的元组。

解:要查询某些列的信息,适合用连接运算。连接表达式如下:

$$R \underset{\text{R. 基本工资<S. 额定课酬}}{\infty} S = \{\widehat{t_r t_s} \mid t_r \in R \wedge t_s \in S \wedge t_r[\text{基本工资}] < t_s[\text{额定课酬}]\}$$

运行结果如表 2-14 所示。

表 2-14　R∞S

R. 教师编号	R. 姓名	性别	学历	职称	基本工资	S. 教师编号	S. 姓名	额定课酬
05004	方菲	女	研士	助教	1300	05004	方菲	1400
05004	方菲	女	研士	助教	1300	05007	王欣	1900
05004	方菲	女	研士	助教	1300	16004	朱燕	1500
05006	杨军	男	本科	讲师	1800	05007	王欣	1900
05007	王欣	男	本科	讲师	1800	05007	王欣	1900

2) 等值连接

θ 为等号(=)的连接运算称为等值连接。它是从关系 R 与 S 的笛卡儿积中选取 A、B 属性值相等的元组。等值连接表示为:

$$R \underset{A=B}{\infty} S = \{\widehat{t_r t_s} \mid t_r \in R \wedge t_s \in S \wedge t_r[A] = t_s[B]\}$$

【例 2-6】 写出表 2-10 和表 2-11 两个关系中满足 R. 基本工资=S. 额定课酬的等值连接关系。

解:要查询某些列的信息,适合用连接运算。连接表达式如下:

$$R \underset{\text{R. 基本工资=S. 额定课酬}}{\infty} S = \{\widehat{t_r t_s} \mid t_r \in R \wedge t_s \in S \wedge t_r[\text{基本工资}] = t_s[\text{额定课酬}]\}$$

运行结果如表 2-15 所示。

表 2-15 等值连接

R. 教师编号	R. 姓名	性别	学历	职称	基本工资	S. 教师编号	S. 姓名	额定课酬
05004	方菲	女	研士	助教	1300	16001	刘香	1300

根据比较运算符和输出列的不同,等值连接又分为两种:内连接(自然连接)和外连接。

(1) 内连接(inner join):内连接(inner join)是一种特殊的等值连接,要求两个关系中进行比较的分量必须是相同的属性组。若 R 和 S 具有相同的属性(组)B,则内连接可记作:

$$R \infty S = \{\widehat{t_r, t_s} \mid t_r \in R \wedge t_s \in S \wedge t_r[B] = t_s[B]\}$$

【例 2-7】 写出表 2-10 和表 2-11 两个关系中满足 R. 教师编号=S. 教师编号的内连接关系。

解:内连接是按照同名属性进行等值连接,且在连接的结果中不消除重复属性。故运行结果如表 2-16 所示。

表 2-16 R 和 S 内连接

R. 教师编号	R. 姓名	性别	学历	职称	基本工资	S. 教师编号	S. 姓名	额定课酬
05002	刘强	男	本科	副教授	2300	05002	刘强	1100
05004	方菲	女	研士	助 教	1300	05004	方菲	1400
05007	王欣	男	本科	讲 师	1800	05007	王欣	1900

(2) 自然连接(natural join):自然连接(natural join)是一种特殊的内连接,要求两个关系中进行比较的分量必须是相同的属性(组),并且要在结果中把重复的属性(组)去掉。

【例 2-8】 写出表 2-10 和表 2-11 两个关系中满足 R. 教师编号=S. 教师编号的自然连接关系。

解:自然连接是在内连接的基础上去掉重复属性。本题的结果如表 2-17 所示。

表 2-17 自然连接

教师编号	R. 姓名	性别	学历	职称	S. 姓名	基本工资	额定课酬
05002	刘强	男	本科	副教授	刘强	2300	1100
05004	方菲	女	研士	助教	方菲	1300	1400
05007	王欣	男	本科	讲师	王欣	1800	1900

(3) 外连接(outer join):关系 R 和关系 S 在做等值连接时,总是选择两个关系的公共属性值相等的元组构成一个新的关系。在新关系的产生过程中,关系 R 中的某些元组可能因在关系 S 中不存在公共属性值相等的元组而被舍弃;同样,S 中的某些元组也有可能被舍弃。

如果关系 R 和关系 S 在做连接时,保留舍弃的元组,并将其连接的另一关系中的对应属性值填上“空值”(null),那么这种连接称为外连接,外连接有 3 种。

① 左外连接(left outer join):在实际运算过程中,有时需要在连接的结果中,保留左边关系与连接条件不相匹配的元组,这种连接称为左外连接,记作:R * ∞ S。

【例 2-9】 写出表 2-10 和表 2-11 两个关系中关于教师编号的左外连接。

解：左外连接是在内连接的基础上加上左边与连接条件不匹配的元组,不匹配的元组右边的属性补空值。本题的结果如表 2-18 所示。

表 2-18　左外连接

R. 教师编号	S. 姓名	性别	学历	职称	基本工资	S. 教师编号	S. 姓名	额定课酬
05001	宋玉	女	本科	教授	2800	null	null	null
05002	刘强	男	本科	副教授	2300	05002	刘强	1100
05003	万琳	女	硕士	副教授	2300	null	null	null
05004	方菲	女	研士	助教	1300	05004	方菲	1400
05006	杨军	男	本科	讲师	1800	null	null	null
05007	王欣	男	本科	讲师	1800	05007	王欣	1900

② 右外连接(right outer join)：在实际运算过程中,也可能需要在连接的结果中,保留右边关系与连接条件不相匹配的元组,这种连接称为右外连接,记作：$R \infty * S$。

【例 2-10】 写出表 2-10 和表 2-11 两个关系中关于教师编号的右外连接。

解：右外连接是在内连接的基础上加上右边与连接条件不匹配的元组,不匹配的元组左边的属性补空值。本题的结果如表 2-19 所示。

表 2-19　右外连接

R. 教师编号	S. 姓名	性别	学历	职称	基本工资	S. 教师编号	S. 姓名	额定课酬
05002	刘强	男	本科	副教授	2300	05002	刘强	1100
05004	方菲	女	研士	助教	1300	05004	方菲	1400
05007	王欣	男	本科	讲师	1800	05007	王欣	1900
null	null	null	null	null	null	16001	刘香	1300
null	null	null	null	null	null	16004	朱燕	1500
null	null	null	null	null	null	16006	丁雷	1200

③ 全外连接(full outer join)：是左外连接与右外连接的组合,并去掉其中重复的元组,记作：$R * \infty * S$。

【例 2-11】 写出表 2-10 和表 2-11 两个关系中关于教师编号的全外连接。

解：全外连接是在内连接的基础上加上左边及右边与连接条件不匹配的元组,不匹配的其他元组的属性补空值,并去掉重复元组。本题的结果如表 2-20 所示。

表 2-20　全外连接

R. 教师编号	S. 姓名	性别	学历	职称	基本工资	S. 教师编号	S. 姓名	额定课酬
05001	宋玉	女	本科	教授	2800	null	null	null
05002	刘强	男	本科	副教授	2300	05002	刘强	1100
05003	万琳	女	硕士	副教授	2300	null	null	null
05004	方菲	女	研士	助教	1300	05004	方菲	1400
05006	杨军	男	本科	讲师	1800	null	null	null
05007	王欣	男	本科	讲师	1800	05007	王欣	1900
null	null	null	null	null	null	16001	刘香	1300
null	null	null	null	null	null	16004	朱燕	1500
null	null	null	null	null	null	16006	丁雷	1200

4. 除（division）

给定关系 R(X,Y) 和 S(Y,Z)，其中，X、Y、Z 为属性组。关系 R 中的属性组 Y 与关系 S 中的属性组 Y 可以有不同的属性名，但必须出自相同的域。关系 R 与关系 S 的除运算得到一个新的关系 P(X)，关系 P 是关系 R 中满足下列条件的元组在属性组 X 上的投影：关系 R 中的象集 Y_x（关系 R 中元组在属性组 X 上的分量值 x 的象集）包含关系 S 中的投影 $\pi_Y(S)$（关系 S 在属性组 Y 上的投影）。记作：

$$R \div S = \{t_r[X] \mid t_r \in R \land Y_x \supseteq \pi_Y(S), t_r[X] = x\}$$

除操作同时从行和列的角度进行运算，适合包含"对于所有的，全部的"要求的查询。除操作的具体计算过程如下：

(1) 求出关系 R 中属性组 X 的各个分量的象集 Y_x。

(2) 求出关系 S 在属性组 Y 上投影的集合 $\pi_Y(S)$。

(3) 比较 Y_x 与 $\pi_Y(S)$，当 $Y_x \supseteq \pi_Y(S)$ 时，选取 Y_x 对应的分量值 x，记作 X'。

(4) $R \div S = \{X'\}$。

【例 2-12】 设关系 R 和 S 分别如表 2-21 和表 2-22 所示，则 R÷S 的结果如表 2-23 所示。

表 2-21　关系 R

姓名	商品	价值	姓名	商品	价值
周安	南瓜	1.0	王瑞	葡萄	10
武红	牛奶	2.3	武红	牛肉	10
郑涛	酱油	3.5	周安	牛肉	14
周安	红酒	12			

表 2-22　关系 S

商品	单价	产地
南瓜	1.0	安徽
红酒	12	新疆
牛肉	10	内蒙

表 2-23　关系 R÷S

姓名
周安

求解过程如下：

(1) 在关系 R 中，姓名取 4 个值{周安，武红，郑涛，王瑞}，其中，

周安的象集为{(南瓜,1.0),(红酒,12),(牛肉,14)}；

武红的象集为{(牛奶,2.3),(牛肉,10)}；

郑涛的象集为{(酱油,3.5)}；

王瑞的象集为{(葡萄,10)}。

(2) 关系 S 在(商品,单价)上的投影为{(南瓜,1.0),(红酒,12),(牛肉,14)}。

(3) 比较步骤(1)中的象集与步骤(2)中的投影，显然，只有周安的象集包含了 S 在(商品,单价)上的投影，所以 R÷S={周安}。

除操作不是关系代数的基本操作，而是由基本操作复合而成的查询操作，利用关系代数

的基本操作(广义笛卡儿积、差、投影运算),可以导出除运算的直接计算方法,推导如下:

(1) $T = \pi_X(R)$;

(2) $P = \pi_Y(S)$;

(3) $Q = (T \times P) - R$;

(4) $W = \pi_X(Q)$;

(5) $R \div S = T - W$。

即 $R \div S = \pi_X(R) - \pi_X(\pi_X(R) \times \pi_Y(S) - R)$。

说明:

(1) 在 $R \div S$ 的结果关系中,属性由属于 R 但不属于 S 的所有属性构成。

(2) 在 $R \div S$ 的结果关系中,任一元组都是 R 中某元组的一部分,且任取属于 $R \div S$ 的一元组 t,t 与 S 的任一元组连接后,结果都为 R 中的一个元组。

(3) $R(X, Y) \div S(Y, Z) = R(X, Y) \div \pi_Y(S)$。

2.4* 关系演算

关系演算是用数理逻辑中的谓词(计算机术语的条件表达式)来表达查询的方式。关系演算按其谓词变元的不同,分为元组关系演算和域关系演算。元组关系演算以元组为变量,域关系演算以域为变量,它们分别简称为元组演算和域演算。

2.4.1 元组关系演算

元组关系演算的典型语言代表是 ALPHA 和 QUEL 语言,元组演算表达式的一般形式如下:

$$\{t \mid P(t)\}$$

其中,t 是元组变量;$P(t)$ 是公式,即由原子公式和运算符组成的元组关系演算公式;$\{t \mid P(t)\}$ 表示使 $P(t)$ 为真的所有元组的集合 R。

1. 元组关系原子公式

原子公式,即 $P(t)$ 公式的基本形式,一般有 3 种形式。

(1) $R(t)$:表示元组 t 是关系 R 中的一个元组,即 $t \in R$,关系 R 可以用 $\{t \mid R(t)\}$ 来表示。

(2) $t[i]\theta u[j]$:表示元组 t 的第 i 个分量与元组 u 的第 j 个分量满足关系 θ 运算。

(3) $t[j]\theta C$:表示元组 t 的第 j 个分量与常数 C 之间满足关系 θ 运算。

在定义关系演算的运算时,可同时定义"自由"元组变量和"约束"元组变量。在一个公式中,一个元组变量的前面如果没有存在量词($\exists$)或全称量词($\forall$),则称这个元组变量为自由的元组变量(Free),否则称为约束的元组变量(Bound)。

2. 元组关系递归定义

(1) 每一个原子公式是一个公式,其中的元组变量是自由变量。

（2）如果 P_1 和 P_2 是公式，那么 $\lnot P_1$、$P_1 \lor P_2$、$P_1 \land P_2$、$P_1 \Rightarrow P_2$ 都是公式。

① 当 P_1 为真时，$\lnot P_1$ 为假，否则为真。

② 当 P_1 和 P_2 同时为真时，$P_1 \land P_2$ 为真，否则为假。

③ 当 P_1 和 P_2 中有一个为真，或同时为真时，$P_1 \lor P_2$ 为真；仅当 P_1 和 P_2 同时为假时，$P_1 \lor P_2$ 为假。

④ 当 P_1 为真时，P_2 为真。

（3）如果 P_1 是公式，S 是元组变量，那么 $(\exists S)(P_1)$ 也是公式，表示"存在一个元组 S 使得公式 P_1 为真"。

（4）如果 P_1 是公式，S 是元组变量，那么 $(\forall S)(P_1)$ 也是公式，表示"对于所有元组 S 使得公式 P_1 为真"。

（5）公式中的运算符优先级为：算术运算符 θ 最高，量词 $\exists$ 和 $\forall$ 次之，然后依次为逻辑运算符 $\lnot$、$\land$、$\lor$，如果有括号，则括号中的优先级最高。

公式只能是上述 5 种形式，除此之外构成的都不是公式。

3. 关系演算等价规则

在元组关系演算公式中，有下列 3 个等价规则：

（1）$P_1 \land P_2$ 等价于 $\lnot(\lnot P_1 \lor \lnot P_2)$，$P_1 \lor P_2$ 等价于 $\lnot(\lnot P_1 \land \lnot P_2)$。

（2）$(\forall S)(P_1(S))$ 等价于 $\lnot(\exists S)(\lnot P_1(S))$，$(\exists S)(P_1(S))$ 等价于 $\lnot(\forall S)(\lnot P_1(S))$。

（3）$P_1 \Rightarrow P_2$ 等价于 $\lnot P_1 \lor P_2$。

4. 关系代数式和元组演算公式之间的转换

关系代数表达式都可以用元组关系演算表达式来表达，反之亦然。

1）并

$$R \cup S = \{t \mid R(t) \lor S(t)\}$$

2）交

$$R \cap S = \{t \mid R(t) \land S(t)\}$$

3）差

$$R - S = \{t \mid R(t) \land \lnot S(t)\}$$

4）笛卡儿积

设 R 和 S 分别是 r 目和 s 目关系，则有：

$R \times S = \{t^{(r+s)} \mid (\exists u^{(r)})(\exists v^{(r)})(R(u) \land S(v) \land t[1] = u[1] \land \cdots \land t[r] = u[r] \land t[r+1]$
$= v[1] \land \cdots \land t[r+s] = v[s])\}$

关系 $R \times S$ 是这样的一些元组的集合：存在一个 u 和 v，u 在 R 中，v 在 S 中，并且 t 的前 r 个分量构成 u，后 s 个分量构成 v。

5）投影

$\pi_{i1,i2,i3,\cdots,ik}(R) = \{t^{(k)} \mid (\exists u)(R(u) \land t[1] = u[i1] \land \cdots \land t[k] = u[ik])\}$

6）选择

$$\sigma_F(R) = \{t \mid R(t) \lor F'\}$$

在公式中，F 是由 F' 得到的等价公式。

7）连接

假设现有关系 $R(A_1 A_2 A_3)$ 和关系 $S(A_3 A_4 A_5)$，则连接表示如下：

$$R \infty S = \{t[A_1 A_2 A_3 A_4 A_5] \mid t[A_1 A_2 A_3] \in R \land t[A_3 A_4 A_5] \in S\}$$

5. 元组演算示例

【例 2-13】 已知关系 R、S 如表 2-24 和表 2-25 所示，求下列元组演算表达式的运算结果。

<table>
<tr><td colspan="3">表 2-24 关系 R</td><td colspan="3">表 2-25 关系 S</td></tr>
<tr><td>A_1</td><td>A_2</td><td>A_3</td><td>A_1</td><td>A_2</td><td>A_3</td></tr>
<tr><td>1</td><td>a</td><td>1</td><td>1</td><td>a</td><td>1</td></tr>
<tr><td>3</td><td>a</td><td>5</td><td>7</td><td>f</td><td>8</td></tr>
<tr><td>4</td><td>c</td><td>4</td><td>9</td><td>e</td><td>9</td></tr>
<tr><td>2</td><td>b</td><td>0</td><td>0</td><td>c</td><td>5</td></tr>
</table>

1) $R_1 = \{t \mid (\exists u)(R(t) \land S(u) \land t[1] < u[3] \land t[2] \neq b)\}$

解：根据题意，表达式有两个元组变量 t 和 u，t 是关系 R 的元组变量，u 是关系 S 的元组变量，满足条件 $t[1] < u[3]$ 且 $t[2] \neq b$ 的 R 的元组构成 R_1。其运算结果如表 2-26 所示。

2) $R_2 = \{t \mid (\exists u)(R(u) \land t[1] = u[3] \land t[2] = u[1])\}$

解：根据题意，表达式有两个元组变量 t 和 u，t 是关系 R_2 的元组变量，u 是关系 R 的元组变量。另外，t 有两个分量，第一个分量等于 u 的第 3 个分量，第二个分量等于 u 的第一个分量值。其运算结果如表 2-27 所示。

3) $R_3 = \{t \mid (\forall u)(S(t) \land R(u) \land t[3] > u[3])\}$

解：根据题意，表达式有两个元组变量 t 和 u，t 是关系 S 的元组变量，u 是关系 R 的元组变量，如果 $t[3]$ 大于关系 R 所有元组的第 3 个分量的值，则 t 成为 R_3 的一个元组。其运算结果如表 2-28 所示。

<table>
<tr><td colspan="3">表 2-26 关系 R_1</td><td colspan="2">表 2-27 关系 R_2</td><td colspan="3">表 2-28 关系 R_3</td></tr>
<tr><td>A_1</td><td>A_2</td><td>A_3</td><td>A_3</td><td>A_1</td><td>A_1</td><td>A_2</td><td>A_3</td></tr>
<tr><td>3</td><td>a</td><td>5</td><td>1</td><td>1</td><td>7</td><td>f</td><td>8</td></tr>
<tr><td>4</td><td>c</td><td>4</td><td>5</td><td>3</td><td>9</td><td>e</td><td>9</td></tr>
<tr><td></td><td></td><td></td><td>4</td><td>4</td><td></td><td></td><td></td></tr>
<tr><td></td><td></td><td></td><td>0</td><td>2</td><td></td><td></td><td></td></tr>
</table>

【例 2-14】 设有以下 3 个关系模式：

教师关系 T（教师编号，姓名，性别，职称，基本工资）

课程关系 C（课程编号，课程名称，学时数，学分）

授课关系 TC（教师编号，课程编号，教室，班级）

分别用关系代数（A）和关系演算（B）两种方式表示以下各种查询。

（1）查询基本工资大于或等于 1000 的教师的编号和姓名。

① $\pi_{教师编号,姓名}(\sigma_{基本工资 \geqslant 1000}(T))$；

② $\{t|(\exists u)(T(u) \land t[5] \geqslant 1000 \land t[1]=u[1] \land t[2]=u[2])\}$。

(2) 查询教师的姓名及职称。

① $\pi_{姓名,职称}(T)$;

② $\{t|(\exists u)(T(u) \land t[1]=u[2] \land t[2]=u[4])\}$。

(3) 查询主讲课程编号为 1001 的教师的编号和姓名。

① $\pi_{教师编号,姓名}(T) \infty \pi_{教师编号}(\sigma_{课程编号='1001'}(TC))$;

② $\{t|(\exists u)(\exists v)(T(u) \land TC(v) \land v[2])='1001' \land u[1]=v[1] \land t[1]=u[1] \land t[2]=u[2])\}$。

(4) 查询主讲过全部课程的教师的编号和姓名。

① $(\pi_{教师编号,课程编号}(TC) \div \pi_{课程编号}(C)) \infty \pi_{教师编号,姓名}(T)$;

② $\{(t|(\exists u)(\forall v)(\exists w)(T(u) \land C(v) \land TC(w) \land u[1]=w[1] \land w[2]=v[1] \land t[1]=u[1] \land t[2]=u[2])\}$。

注意: 求解元组演算关系时, 一定要分清已知关系的元组变量和所求关系的元组变量, 并根据两者之间各个分量的联系条件, 求所求关系的元组值。

2.4.2 域关系演算

域关系演算类似于元组关系演算, 不同之处在于用域变量代替元组变量。域变量的变化范围是某个值域而不是一个关系, 域关系演算的结果是符合给定条件的域变量值序列的集合, 也是一个关系。域关系演算的典型语言代表是 QBE 语言, 域关系演算表达式的一般形式是:

$$\{t_1,t_2,t_3,\cdots,t_k \mid P(t_1,t_2,t_3,\cdots,t_k)\}$$

其中, $t_1,t_2,t_3,\cdots,t_k$ 是元组变量的 t 的各个分量, 都称为域变量; P 是一个公式, 由原子公式和各种运算符构成。

1. 域关系原子公式

(1) $R(t_1,t_2,\cdots,t_k)$: 表示以 $t_1,t_2,\cdots,t_k$ 为分量的元组在关系 R 中, 其中, R 是一个 K 元关系, t_i 是常量或域变量。

(2) $t_i \theta c$ 或 $c \theta t_i$: t_i 为元组变量 t 的第 i 个分量, c 为常量, θ 为算术比较运算符。

(3) $t_i \theta u_j$: t_i 为元组 t 的第 i 个分量, u_j 为元组 u 的第 j 个分量, θ 同上。

在域关系演算的公式中可以使用 $\neg$、$\land$、$\lor$ 运算符, 也可以使用 $(\exists x)$ 和 $(\forall x)$ 形成新的公式, 但变量 x 是域变量, 不是元组变量。

自由变量、约束变量等概念和元组演算一样, 这里不再赘述。

2. 域关系递归定义

(1) 每个原子公式是公式。

(2) 设 P_1 和 P_2 是公式, 则 $\neg P_1$、$P_1 \land P_2$、$P_1 \lor P_2$ 也是公式。

(3) 若 $P(t_1,t_2,\cdots,t_k)$ 是公式, 则 $(\exists t_i)(P)(i=1,2,\cdots,k)$ 和 $(\forall t_i)(P)(i=1,2,\cdots,k)$ 也是公式。

（4）域演算公式的优先级同元组演算的优先级。

3. 域演算示例

【例 2-15】　现有 3 个关系，如表 2-29～表 2-31 所示，求下列各域演算表达式的关系。

表 2-29　关系 R			
姓名	年龄	工资
钱一	20	1300
李四	25	1600
陈七	38	3900

表 2-30　关系 S			
姓名	年龄	工资
钱一	20	1300
张三	40	1600
王五	36	3900

表 2-31　关系 W		
利息	房贷
75	1500
90	1800

1）$R_1 = \{xyz \mid R(xyz) \wedge y > 20 \wedge z > 1300\}$

解：根据题意，R_1 有 3 个域变量 x、y、z，它们也是关系 R 的域变量，在关系 R 的所有元组中取满足条件 $y > 20$ 和 $z > 1300$ 的元组构成 R_1。运算结果如表 2-32 所示。

2）$R_2 = \{xyz \mid R(xyz) \vee (S(xyz) \wedge y = 40)\}$

解：根据题意，R_2 有 3 个域变量 x、y、z，它们也是关系 R 和关系 S 的域变量，取关系 R 的所有元组和关系 S 满足条件 $y = 40$ 的元组构成 R_2。运算结果如表 2-33 所示。

3）$R_3 = \{xyz \mid (\exists u)(\exists v)(R(zxu) \wedge W(yv) \wedge u > v)\}$

解：根据题意，R_3 有 5 个域变量 x、y、z、u 和 v，其中，x、y、z 也是关系 R_3 的域变量；z 是 R 的第 1 个域变量，x 是 R 的第 2 个域变量，u 是 R 的第 3 个域变量；y 是 W 的第 1 个域变量，v 是 W 的第 2 个域变量；当 $u > v$，即关系 R 中的第 3 个分量值大于 W 关系中的第 2 个分量值时，取 R 关系中的第 2 个分量值（x 值）、W 关系中的第 1 个分量值（y 值）和 R 关系中的第 1 个分量值（z 值）构成关系 R_3 的元组值。运算结果如表 2-34 所示。

表 2-32　关系 R_1			
姓名	年龄	工资
李四	25	1600
陈七	38	3900

表 2-33　关系 R_2			
姓名	年龄	工资
钱一	20	1300
李四	25	1600
陈七	38	3900
张三	40	1600

表 2-34　关系 R_3		
年龄	利息	姓名
25	75	李四
38	75	陈七
38	90	陈七

注意：求解域演算关系时，一定要分清已知关系的域变量和所求关系的域变量，并根据两者之间各个分量的联系条件，求所求关系的元组值。

2.4.3　关系运算的安全性和等价性

1. 关系的安全性

关系代数的基本操作包括并、交、差、笛卡儿积、投影和选择，不存在集合的"补"操作，因而总是安全的。关系演算则不然，可能会出现无限关系和无穷验证问题。例如，元组演算表达式 $\{t \mid \neg R(t)\}$ 表示所有不存在于关系 R 中的元组集合，这是一个无限关系。验证公式 $(\forall u)(P1(u))$ 为真时，必须对所有可能的元组 u 进行验证，当所有 u 都使 $P1(u)$ 为真时，才能断定公式 $(\forall u)(P1(u))$ 为真，这在实际中是不可行的，因为在计算机上进行无穷验证永远得不到结果。因此,必须采取措施,防止无限关系和无穷验证的出现。

【定义 2.1】　在数据库技术中,不产生无限关系和无穷验证的运算称为安全运算,相应的表达式称为安全表达式,所采取的措施称为安全约束。

在关系演算中,必须有安全约束的措施,关系演算表达式才是安全的。

对于元组演算表达式 $\{t|P(t)\}$,将公式 $P(t)$ 的域定义为出现在公式 $P(t)$ 所有属性值组成的集合,记为 DOM(P),它是有限集。

安全的元组表达式 $\{t|P(t)\}$ 应满足下列 3 个条件:

(1) 表达式的元组 t 中出现的所有值均来自 DOM(P)。

(2) 对于 $P(t)$ 中每一个形如 $(\exists u)(P_1(u))$ 的子公式,若 u 使得 $P_1(u)$ 为真,则 u 的每个分量是 DOM(P) 的元素。

(3) 对于 $P(t)$ 中每个形如 $(\forall u)(P_1(u))$ 的子公式,若使 $P_1(u)$ 为假,则 u 的每个分量必属于 DOM(P)。换言之,若 u 的某一个分量不属于 DOM(P),则 $P_1(u)$ 为真。

类似地,也可以定义安全的域演算表达式。

2. 关系的等价性

关系运算主要有关系代数、元组关系演算和域关系演算 3 种,相应的关系查询语言也早已研制出来。它们的典型代表是 ISBL 语言、QUEL 语言和 QBE 语言。

并、交、差、笛卡儿积、投影和选择是关系代数的基本操作,并构成了关系代数运算的最小完备集。已经证明了以下 3 项内容:

(1) 每一个关系代数表达式有一个等价的、安全的元组演算表达式。

(2) 每一个安全的元组演算表达式有一个等价的安全域演算表达式。

(3) 每一个安全的域演算表达式有一个等价的关系代数表达式。

2.5* 关系的规范化

规范化理论是数据库逻辑设计的理论基础和工具,其主要内容包括 3 个方面:数据依赖、范式、模式设计方法。其中,数据依赖起着核心作用,因为它是解决数据库数据冗余和操作(插入、删除和更新)异常问题的关键所在。关系规范化是数据库设计的手段,不是目的。

2.5.1 存储异常

在现实世界中,事物往往是相关的,例如一个学生的学号总是包含入学年份、院系编号等相关信息;又如通过查找一个课程编号,可以确定该课程的名称及其学时信息;再如通过学号和课程编号可以确定一个学生一门课的成绩。

在关系模式的设计过程中,同样一个问题的求解,不同人抽象出来的数据库模式可能有所不同。如何设计和评价一个合理的关系模式,使之既能准确反映现实世界,又能适合实际应用,是关系数据库设计的主要内容。

例如,设计一个教学管理系统,有学生、教师、课程 3 个对象。对象具有的属性如下。

(1) 学生:学号、姓名、年龄、籍贯等。

（2）教师：职工编号、姓名、职称、课酬标准等。

（3）课程：课程编号、课程名称、学时等。

由现实世界的已知事实可以得到以下语义。

（1）一个学生的学号是唯一的。

（2）一个教师的职工编号是唯一的。

（3）一门课程的课程编号是唯一的。

（4）一个学生可以选修多门课程，每门课程可由多个学生学习。

（5）每个学生的每门课程均有一个成绩。

（6）每个教师可以讲授多门课程。

根据以上分析，可以采用单一的数据库模式，即：

Jxgl(学号,学生姓名,年龄,籍贯,职工编号,教师姓名,职称,课酬标准,课程编号,课程名称,学时,成绩)

对应这种单一的模式，数据库可能会存在以下几个问题。

（1）数据冗余：如果某个学生选修多门课程，则学生的信息会重复出现多次，造成数据冗余。同理，多个学生选修一门课程，则该门课程及授课教师的信息也会重复出现多次。

（2）更新异常：由于数据的冗余，当更新数据库中的数据时，系统需要付出很大的代价来维护数据库的完整性，否则会造成数据不一致。如果更新某门课程的主讲教师，则要更新所有选修该门课程的主讲教师的信息。

（3）插入异常：如果某个学生还没有选课，课程号为空，但是根据实体完整性规则——主属性不能为空，无法插入主属性取空值的学生信息。同理，也不能插入主属性取空值的课程信息和教师信息。

（4）删除异常：如果删除某个教师信息，由于主属性不能为空，必然要删除包含教师信息的整个元组，同时删除学生和课程信息，从而删除不应该删除的信息，但事实上学生和课程信息应该予以保留。同理，删除学生信息或者课程信息，也会存在这个问题。

鉴于以上问题，jxgl模式不是一个很好的模式。异常问题的根本原因在于数据冗余，即没有考虑模式内部属性之间的内在相关性，简单地把无直接联系的属性放在一起构成关系模式，造成了不必要的数据冗余。

一个好的模式不会存在这些异常问题。如果将单一的模式jxgl改造成以下5个模式，就会解决以上存储异常的问题。

（1）学生(学号,姓名,年龄,籍贯)。

（2）教师(职工编号,姓名,职称,课酬标准)。

（3）课程(课程编号,课程名称,学时)。

（4）选课(学号,课程编号,成绩)。

（5）授课(职工编号,课程编号,课酬)。

2.5.2　函数依赖

关系模式中各属性之间相互依赖、相互制约的联系称为数据依赖。数据依赖是信息世界属性间相互联系的抽象，是数据内在的性质，是语义的体现。数据依赖一般分为函数依赖、多值依赖和连接依赖。

【**定义 2.2**】 设有关系模式 $R(A_1, A_2, A_3, \cdots, A_n)$,简记为 $R(U)$,X 和 Y 是属性集 U 的子集,如果对于 $R(U)$ 的任意一个可能的关系 r,对于 X 的每一个具体值,Y 都有唯一的具体值与之对应,则称 X 函数决定 Y,或 Y 函数依赖于 X,记为 $X \rightarrow Y$。其中,X 称为这个函数依赖的决定属性集或决定因素,与之相对应,Y 称为被决定因素。

函数依赖如同数学中的函数一样,自变量 x 确定以后,相应的函数值 $f(x)$ 也就唯一确定了。对于函数依赖有以下几点说明:

(1) 函数依赖不是指关系模式 R 的某个或某些关系满足的约束条件,而是指 R 的所有关系均要满足的约束条件。

(2) 函数依赖是语义范畴的概念,只能根据语义来确定函数依赖。例如,函数依赖"姓名→所在系",只有在学生不重名的情况下成立,如果允许重名,则"所在系"不能依赖于"姓名"。

(3) 函数依赖是属性关联的客观存在和数据库设计者的人为强制相结合的产物。

(4) 若 Y 函数不依赖于 X,记作 $X \nrightarrow Y$。

(5) 若 $X \rightarrow Y$,且 $Y \rightarrow X$,则记作 $X \leftrightarrow Y$。

函数依赖根据其性质可分为完全函数依赖、部分函数依赖、传递函数依赖、平凡函数依赖和非平凡函数依赖等。

1. 平凡函数依赖和非平凡函数依赖

1) 非平凡函数依赖

设有关系模式 $R(U)$,X 和 Y 是属性集 U 的子集,如果对于 $R(U)$ 的任意一个可能的关系 r,若 $X \rightarrow Y$,且 Y 不属于 X 的子集,则称 $X \rightarrow Y$ 是非平凡函数依赖。

2) 平凡函数依赖

若 $X \rightarrow Y$,且 Y 属于 X 的子集,则称 $X \rightarrow Y$ 是平凡函数依赖。平凡函数依赖总是成立的,它不反映新的语义,没有特别说明,总是讨论非平凡函数依赖。

例如,在关系模式 R(学号,姓名,课程号,成绩)中,(学号,课程号)→成绩是非平凡函数依赖,(学号,课程号)→学号、(学号,课程号)→课程号是平凡函数依赖。

2. 完全函数依赖和部分函数依赖

1) 完全函数依赖

设有关系模式 $R(U)$,X 和 Y 是属性集 U 的子集,如果对于 $R(U)$ 的任意一个可能的关系 r,若 $X \rightarrow Y$,且对 X 中的任何真子集 Z 都有 $Z \nrightarrow Y$,则称 Y 完全函数依赖于 X,记作 $X \xrightarrow{f} Y$。

例如,在关系模式 R(教师编号,姓名,职称,课酬标准,课程号,课程名称,学时,课酬)中,因为教师编号↛课酬,且课程号↛课酬,所以(教师编号,课程号)$\xrightarrow{f}$课酬。

2) 部分函数依赖

设有关系模式 $R(U)$,X 和 Y 是属性集 U 的子集,如果对于 $R(U)$ 的任意一个可能的关系 r,若 $X \rightarrow Y$,且 X 中存在一个真子集 Z 满足 $Z \rightarrow Y$,则称 Y 部分函数依赖于 X,记作 $X \xrightarrow{P} Y$。

例如,在关系模式 R(教师编号,姓名,职称,课酬标准,课程号,课程名称,学时,课酬)中,因为教师编号→姓名,且课程号→课程名称,所以(教师编号,课程号)$\xrightarrow{P}$姓名,(教师编号,课程号)^P→课程名称。

换言之,在一个函数依赖关系中,只要决定属性集中不包含多余的属性,即从决定属性集中去掉任何一个属性,函数依赖关系都不成立,就是完全函数依赖,否则就是部分函数依赖。由此可知,决定属性集中只包含一个属性的函数依赖一定是完全函数依赖。

3. 传递函数依赖

设有关系模式 R(U),X、Y 和 Z 是属性集 U 的子集,如果对于 R(U)的任意一个可能的关系 r,若 X→Y,Y→Z,且Y↛X,Z－X、Z－Y 和 Y－X 均不为空,则称 Z 传递函数依赖于 X,记作 X^t→Z。

例如,在关系模式 R(教师编号,姓名,职称,课酬标准,课程号,课程名称,学时,课酬)中,因为教师编号→职称,职称→课酬标准,职称↛教师编号,所以教师编号^t→课酬标准是课酬标准传递函数依赖教师编号。

2.5.3 数据依赖的公理系统

数据依赖的公理系统是模式分解算法的理论基础,函数依赖的一个有效而完备的公理系统是 Armstrong 系统,它是 Armstrong 于 1974 年提出的一套从函数依赖推导逻辑蕴含的推理规则。

1. Armstrong 公理系统

【定义 2.3】 对于满足一组函数依赖 F 的关系模式 R,其任何一个关系 r,若函数依赖 X→Y 都成立(即 r 中的任意两元组 t 和 s,若 $t[X]=s[X]$,则 $t[Y]=s[Y]$),则称 F 逻辑蕴含 X→Y。

为了求得给定关系模式的码,从一组函数依赖中求得其蕴含的函数依赖,需要使用 Armstrong 公理系统。Armstrong 公理系统对关系模式 R<U,F>来说,有以下推理规则。

(1) 自反律(平凡函数依赖):若 Y⊆X⊆U,则 X→Y 为 F 所蕴含。

(2) 增广律:若 X→Y 为 F 所蕴含,且 Z⊆U,则 XZ→YZ 为 F 所蕴含。

(3) 传递律:若 X→Y 和 Y→Z 为 F 所蕴含,则 X→Z 为 F 所蕴含。

注意:由自反律所得到的函数依赖均是平凡的函数依赖,自反律的使用并不依赖于 F。根据以上推理规则可以得到下面 3 条很有用的导出规则。

(1) 合并规则:由 X→Y,X→Z,有 X→YZ(由增广律、传递律导出)。

(2) 伪传递规则:由 X→Y,WY→Z,有 XW→Z(由增广律、传递律导出)。

(3) 分解规则:由 X→Y 及 Z⊆Y,有 X→Z(由自反律、传递律导出)。

【引理 2.1】 X→$A_1 A_2 \cdots A_k$ 成立的充分必要条件是 X→A_i 成立($i=1,2,\cdots,k$)。

【定义 2.4】 设 F 为属性集 U 上的一组函数依赖,X⊆U,$X_F^+ = \{A | X→A\}$,X_F^+ 称为属性集 X 关于函数依赖集 F 的闭包。

【引理 2.2】 设 F 为属性集 U 上的一组函数依赖,X、Y⊆U,X→Y 能由 F 根据 Armstrong 公理导出的充分必要条件是 Y⊆X_F^+。

于是,判定 X→Y 是否能由 F 根据 Armstrong 公理导出的问题,就转化为求出 X_F^+,判定 Y 是否为 X_F^+ 的子集的问题。这个问题可以使用算法 2.1 解决。

2. 求解函数依赖集的闭包

【算法 2.1】 求属性集 $X(X \subseteq U)$ 关于 U 上的函数依赖集 F 的闭包 X_F^+。

输入：X,F；输出：X_F^+。

步骤如下：

(1) 令 $X^{(0)} = X, i = 0$。

(2) 求 B,这里 $B = \{A | (\exists V)(\exists W)(V \rightarrow W \in F \wedge V \subseteq X^{(i)} \wedge A \in W)\}$。

(3) $X^{(i+1)} = B \cup X^{(i)}$。

(4) 判断 $X^{(i+1)} = X^{(i)}$。

(5) 若相等或 $X^{(i+1)} = U$,则 $X^{(i+1)}$ 就是 X_F^+,算法终止。

(6) 若否,则 $i = i + 1$,返回第(2)步。

【例 2-16】 已知关系模式 R<U,F>,其中,U = {A,B,C,D,E},F = {AB→C,B→D,C→E,EC→B,AC→B},求 $(AB)_F^+$。

解：设 $X^{(0)} = AB$。

(1) 计算 $X^{(1)}$。逐一扫描 F 集合中的各个函数依赖,找左部为 A、B 或 AB 的函数依赖,得到两个：AB→C,B→D。于是,$X^{(1)} = AB \cup CD = ABCD$。

(2) 因为 $X^{(0)} \neq X^{(1)}$,所以再找出左部为 ABCD 的子集的函数依赖,又得到 AB→C,B→D,C→E,AC→B。于是,$X^{(2)} = X^{(1)} \cup BCDE = ABCDE$。

(3) 因为 $X^{(2)} = U$,算法终止。

得到结果：$(AB)_F^+ = ABCDE$。

【例 2-17】 关系模式 R<U,F>,U = {A,B,C,D,E},函数依赖集 F = {AB→CE,E→AB,C→D},试问 R 最高属于第几范式？

(1) 求函数依赖集中决定因素是否为候选码,即求 AB_F^+、E_F^+、C_F^+。得到：$AB_F^+ = U$、$E_F^+ = U$；求 A_F^+ 和 B_F^+,判断是否为 U,$A_F^+ \neq U,B_F^+ \neq U$,所以 AB 和 E 是候选码。

(2) 由候选码判断主属性为 A、B、E,非主属性为 C 和 D。

(3) 判断非主属性对候选码有没有部分函数依赖。

① 候选码 E 只有一个属性,不可分,所以不必判断。

② 判断候选码 AB,决定因素中没有 A 或 B,所以不存在非主属性对候选码的部分函数依赖,达到 2NF。

(4) 判断非主属性对候选码有没有传递函数依赖。

在函数依赖集中有 AB→CE,C→D,所以 AB→C,C→D,存在非主属性 D 对候选码 AB 的传递函数依赖,只能达到 2NF。

得到结论：关系模式 R 只能达到第二范式。

3. 最小依赖集

从蕴含的概念出发,又引出了最小依赖集的概念。每一个函数依赖集 F 均等价于一个极小函数依赖集 F_m,此 F_m 称为 F 的最小依赖集。求得最小函数依赖集是模式分解的基础。下面就给出求 F 的最小依赖集的算法。

【算法 2.2】 分 3 步对 F 进行"极小化处理",找出 F 的一个最小依赖集。

(1) 逐一检查 F 中的各函数依赖 FD_i:$X \rightarrow Y$。

若 $Y = A_1 A_2 \cdots A_k$,$k > 2$,则用 $\{X \rightarrow A_j | j=1,2,\cdots,k\}$ 来取代 $X \rightarrow Y$。

(2) 逐一检查 F 中的各函数依赖 FD_i:$X \rightarrow A$,令 $G = F - \{X \rightarrow A\}$,若 $A \in X_G^+$,则从 F 中去掉此函数依赖。

(3) 逐一取出 F 中的各函数依赖 FD_i:$X \rightarrow A$,设 $X = B_1 B_2 \cdots B_m$,逐一考查 $B_i (i=1,2,\cdots,m)$,若 $A \in (X - B_i)_F^+$,则以 $X - B_i$ 取代 X。

最后剩下的 F 就一定是极小依赖集。

【例 2-18】 $F = \{AB \rightarrow C, B \rightarrow D, C \rightarrow E, EC \rightarrow B, AC \rightarrow B\}$,求其极小函数依赖集。

解:

首先分解右端,F 不变。

$F = \{AB \rightarrow C, B \rightarrow D, C \rightarrow E, EC \rightarrow B, AC \rightarrow B\}$

第二步:

(1) 去掉 $AB \rightarrow C$,得到 $G = \{B \rightarrow D, C \rightarrow E, EC \rightarrow B, AC \rightarrow B\}$,求 AB_G^+,AB_G^+ 中不包含 C,不可以去掉 $AB \rightarrow C$。F 不变。

(2) 去掉 $B \rightarrow D$,得到 $G = \{AB \rightarrow C, C \rightarrow E, EC \rightarrow B, AC \rightarrow B\}$,求 B_G^+,B_G^+ 中不包含 D,不可以去掉 $B \rightarrow D$。F 不变。

(3) 去掉 $C \rightarrow E$,得到 $G = \{AB \rightarrow C, B \rightarrow D, EC \rightarrow B, AC \rightarrow B\}$,求 C_G^+,C_G^+ 中不包含 E,不可以去掉 $C \rightarrow E$。F 不变。

(4) 去掉 $EC \rightarrow B$,得到 $G = \{AB \rightarrow C, B \rightarrow D, C \rightarrow E, AC \rightarrow B\}$,求 EC_G^+,EC_G^+ 中不包含 B,不可以去掉 $EC \rightarrow B$。F 不变。

(5) 去掉 $AC \rightarrow B$,得到 $G = \{AB \rightarrow C, B \rightarrow D, C \rightarrow E, EC \rightarrow B\}$,求 AC_G^+,AC_G^+ 中包含 B,可以去掉 $AC \rightarrow B$。

$F = G = \{AB \rightarrow C, B \rightarrow D, C \rightarrow E, EC \rightarrow B\}$。

第三步:

(1) 判断 $AB \rightarrow C$。

求 $A_F^+ = A$,不包含 C,不能去掉 B。

求 $B_F^+ = BD$,不包含 C,不能去掉 A。

(2) 判断 $EC \rightarrow B$。

求 $E_F^+ = E$,不包含 B,不能去掉 C。

求 $C_F^+ = BCDE$,包含 B,可以去掉 E。

F 变为 $F = \{AB \rightarrow C, B \rightarrow D, C \rightarrow E, C \rightarrow B\}$

最终得到的就是 F 的最小函数依赖集。

注意:F 的最小函数依赖集不一定是唯一的,它与对各函数依赖 FD_i 及 $X \rightarrow A$ 中 X 各属性的处理顺序有关。

2.5.4 规范化

在设计关系数据库模式的过程中,为了避免由数据依赖引起的数据冗余以及插入、删除和更新异常问题,必须对关系模式进行合理分解。也就是说,将低一级范式的关系模式转换成若干个高一级范式的关系模式的集合,即将关系规范化。

1. 范式概念

在关系规范化理论中,将满足特定要求的约束条件划分成若干等级标准,这些标准统称为范式(Normal Formula,NF)。

通常按照属性间数据依赖程度的高低将关系规范化等级划分为 1NF、2NF、3NF、4NF、5NF。各范式之间存在低级包含高级的包含关系,即 1NF⊃2NF⊃3NF⊃4NF⊃5NF。范式的级别越高,分解就越细,所得关系的数据冗余就越小,异常情况也就越少。但是,在减少关系数据冗余和消除异常的同时,也加大了系统对数据检索的开销,降低了数据检索的效率。

从 1971 年 E.F.Codd 提出关系规范化理论开始,人们对数据库模式的规范化问题进行了长期的研究,并已经取得了很大进展。关系设计的一般原则包括:

(1) 数据冗余量小。

(2) 对关系的更新、插入、删除不要出现异常问题。

(3) 尽量能如实反映现实世界的实际情况,而且易懂。

2. 范式类型

1) 第一范式(1NF)

对于给定的关系 R,如果 R 中的所有行、列交点处的值都是不可再分的数据项,则称关系 R 属于第一范式,记作:R∈1NF。

在关系数据库中,1NF 是对关系模式的最低要求,它是由关系的基本性质决定的,任何一个关系模式都必须遵守,不满足第一范式的关系模式不能称为关系数据库。

2) 第二范式(2NF)

如果关系 R∈1NF,并且 R 的每一个非主属性完全函数依赖于 R 的候选键,则称 R 属于第二范式,记作:R∈2NF。

换言之,不存在部分函数依赖的第一范式称为第二范式。显然,主码只包含一个属性的关系模式,如果属于 1NF,那么一定属于 2NF。

例如,在关系模式 R(教师编号,姓名,性别,职称,课酬标准,课程号,课程名称,学时,课酬)中,由属性组(教师编号,课程号)构成一个关键字,姓名、职称、课酬标准、课程名称、学时和课酬属性为非主属性。只有课酬对关键字完全函数依赖,而其他非主属性仅是部分函数依赖主关键字,所以 R∉2NF。

为了消除非主属性对主关键字的部分函数依赖,采用投影运算,将部分函数依赖的属性和完全函数依赖的属性分离,分别组成不同的关系模式,向高一级范式转化,模式分解如下:

教师(教师编号,姓名,性别,职称,课酬标准);

课程(课程号,课程名称,学时);

课酬(教师编号,课程号,课酬)。

其中,教师的主键为教师编号,课程的主键为课程号,课酬的主键为(教师编号,课程号),它们分别为具有以下属性的函数依赖。

教师:教师编号$\xrightarrow{f}$姓名,教师编号$\xrightarrow{f}$姓名,教师编号$\xrightarrow{f}$性别,教师编号$\xrightarrow{f}$职称,教师

编号^f→课酬标准。

　　课程：课程编号^f→课程名称，课程编号^f→学时。

　　课酬：(教师编号，课程号)^f→课酬。

　　分解后的三个关系模式中不存在非主属性对主关键字的部分函数依赖，故属于第二范式。

　　3）第三范式(3NF)

　　如果关系R∈2NF，并且R的每一个非主属性都不传递函数依赖于R的候选键，则称R属于第三范式，记作：R∈3NF。

　　换言之，不存在部分函数依赖和传递函数依赖的第一范式称为第三范式。

　　考查上面分解的3个关系：

　　关系模式"课酬"中，非主属性课酬既不部分函数依赖于关键字，也不传递函数于关键字，所以课酬∈3NF。同理，关系模式"课程"中，非主属性课程名称和学时既不部分函数依赖于关键字，也不传递函数于关键字，所以课程∈3NF。而关系模式"教师"中，由于教师编号→职称，职称→课酬标准，职称↛教师编号，所以教师编号^f→课酬标准。因此，教师∉3NF。

　　同样，为了消除非主属性对主关键字的传递依赖，也可以通过投影运算将关系模式"教师"进行分解，得到以下两个关系模式：

　　教师(教师编号，姓名，性别)

　　职称(职称编号，职称，课酬标准)

　　分解后的关系模式中不存在非主属性对关键字的传递函数依赖，故属于第三范式。

　　3NF只是规定了非主属性对主键的数据依赖关系，但没有限制主属性对主键的数据依赖关系。如果存在主属性对主键的部分函数依赖和传递函数依赖，同样会出现数据冗余、操作异常问题。在实际应用中，一般达到了3NF的关系就可以认为是较为优化的关系。

　　4）BCNF

　　如果关系R∈1NF，并且R的每一个属性都不传递函数依赖于R的候选键，则称R属于BCNF范式，记作：R∈BCNF。

　　从BCNF定义可知，一个满足BCNF的关系模式存在如下关系：

　　(1) 所有非主属性对键是完全函数依赖。

　　(2) 所有主属性对不包含它的键是完全函数依赖。

　　(3) 没有属性完全函数依赖于非键的任何属性组。

　　从函数依赖的角度考虑，一个关系模式如果达到了BCNF，数据冗余和操作(插入、删除和更新)异常问题就已经彻底消除了。不过数据依赖除了函数依赖以外，还有多值依赖和连接依赖，即使达到BCNF范式的关系模式仍有可能存在冗余等问题，也是范式理论存在4NF、5NF等范式的缘由。

　　3. 模式分解

　　关系规范化实质就是模式分解，按照一定的原则，将关系模式不断地分解为若干个关系模式的集合，通过模式分解使关系模式逐步达到较高范式。任何一个非规范化的关系模式经过分解，都可以达到3NF，但不一定要达到BCNF。模式分解的基本思想是从低到高，逐步规范，权衡利弊，适可而止。模式的分解步骤如图2-2所示。

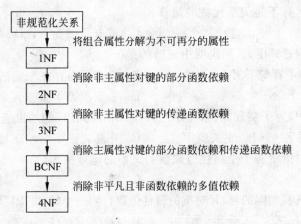

图 2-2　关系分解过程

　　在实际应用中,数据库设计人员应根据具体情况灵活掌握,不能在消除操作异常的情况下,产生其他新的问题。关系模式的分解满足以下两个基本原则:

　　(1) 关系分解后必须具有无损连接性。所谓无损连接是指通过分解后的关系进行某种连接运算,能够还原出分解前的关系。

　　设关系模式 $R<U,F>$ 被分解为若干个关系模式 $R_1(U_1,F_1),R_2(U_2,F_2),\cdots,R_n(U_n,F_n)$(其中 $U=U_1\cup U_2\cup\cdots\cup U_n$,且不存在 $U_i\subseteq U_j$,R_i 为 R 在 U_i 上的投影),若 R 与 R_1,$R_2,\cdots,R_n$ 自然连接的结果相等,则称关系模式 R 的这个分解具有无损连接性。

　　(2) 关系分解后要保持函数依赖。保持函数依赖是指分解过程不能破坏或丢失原来关系中存在的函数依赖。

　　设关系模式 $R<U,F>$ 被分解为若干个关系模式 $R_1(U_1,F_1),R_2(U_2,F_2),\cdots,R_n(U_n,F_n)$(其中 $U=U_1\cup U_2\cup\cdots\cup U_n$,且不存在 $U_i\subseteq U_j$,F_i 为 F 在 U_i 上的投影),若 F 所逻辑蕴含的函数依赖一定也由分解得到的某个关系模式中的函数依赖 F_i 所逻辑蕴含,则称关系模式 R 的这个分解是保持函数依赖的。

　　如果一个分解具有无损连接,则能够保证不丢失信息。如果一个分解保持了函数依赖,则可以减轻或解决各种异常情况。

本章小结

　　本章主要讲述了关系数据库的基本概念,探讨了关系的数学定义、关系代数、关系演算、函数依赖、范式等关系数据库的基本理论。其中,关系代数和关系规范化是本章的重点。

习题 2

一、选择题

1. 关系数据库中的关系必须满足每一属性都是(　　)。

　　A. 互不相关的　　B. 不可分解的　　C. 长度不变的　　D. 互相关联的

2. 下列( )运算不是关系代数的运算。

　　A. 连接　　　　　　B. 投影　　　　　　C. 笛卡儿积　　　　D. 映射

3. 当关系模式 R∈3NF,下列说明中正确的是( )。

　　A. 一定消除了存储异常　　　　　　　B. 仍有可能存在一定的存储异常

　　C. 一定属于 BCNF　　　　　　　　　　D. 一定消除了数据冗余

4. 在关系模型中,为了实现"关系中不允许出现相同元组"的约束应使用( )。

　　A. 临时关键字　　　B. 主关键字　　　C. 外部关键字　　　D. 索引关键字

5. 从关系模式中指定若干个属性组成新的关系的运算称为( )。

　　A. 连接　　　　　　B. 投影　　　　　　C. 选择　　　　　　D. 排序

6. 设关系 R、S 具有相同的目,且对应的属性值取自同一个域,则 R∩S 可记作:( )。

　　A. $\{t|t\in R\lor t\in S\}$　　　　　　　　B. $\{t|t\in R\land t\notin S\}$

　　C. $\{t|t\in R\land t\in S\}$　　　　　　　　D. $\{t|t\in R\lor t\notin S\}$

7. 关于传统的集合运算,说法正确的是( )。

　　A. 并、交、差　　　　　　　　　　　　B. 选择、投影、连接

　　C. 连接、自然连接、查询连接　　　　　D. 查询、更新、定义

8. 在关系模型概念中,不含有多余属性的超键称为( )。

　　A. 候选键　　　　　B. 对键　　　　　　C. 内键　　　　　　D. 主键

9. 设 R、S 为两个关系,R 的元数为 4,S 的元数为 5,则与 $R\underset{3<2}{\infty}S$ 等价的操作是( )。

　　A. $\sigma_{3<6}(R\times S)$　　B. $\sigma_{3<2}(R\times S)$　　C. $\sigma_{3>6}(R\times S)$　　D. $\sigma_{7<2}(R\times S)$

10. 参与自然连接运算时,两个关系进行比较的分量,要求遵循( )。

　　A. 必须是相同的属性组　　　　　　　B. 可以是不同的属性组,但属性值域相同

　　C. 无限制　　　　　　　　　　　　　D. 必须是相同的关键字

11. 关系代数语言是用对( )的集合运算来表达查询要求的方式。

　　A. 实体　　　　　　B. 域　　　　　　　C. 属性　　　　　　D. 关系

12. 关系演算语言是用( )来对关系表达查询要求的方式。

　　A. 关系　　　　　　B. 谓词　　　　　　C. 代数　　　　　　D. 属性

13. 在基本关系中,任意两个元组值( )。

　　A. 可以相同　　　B. 必须完全相同　　C. 必须完全不同　　D. 不能完全相同

14. 实体完整性规则为:若属性 A 是基本关系 R 的主属性,则属性 A 是( )。

　　A. 可取空值　　　B. 不能取空值　　　C. 可取某定值　　　D. 都不对

15. 对于某一指定的关系可能存在多个候选键,但只能选中其中的一个为( )。

　　A. 替代键　　　　　B. 候选键　　　　　C. 主键　　　　　　D. 关系

16. 下面对于关系的叙述中,不正确的是( )。

　　A. 关系中的每个属性是不可分解的　　B. 在关系中元组的顺序是无关紧要的

　　C. 任何一个二维表都是一个关系　　　D. 每一个关系只有一种记录类型

17. 设关系 R、S 具有相同的目,且对应的属性值取自相同域,则 R−(R−S)等于( )。

　　A. R∪S　　　　　B. R∩S　　　　　　C. R×S　　　　　　D. R÷S

18. 数据依赖讨论的问题是( )。

　　A. 关系之间的数据关系　　　　　　　B. 元组之间的数据关系

C. 属性之间的数据关系　　　　　　D. 函数之间的数据关系

19. 下列叙述中,不正确的是(　　　)。

　　A. 一个二维表就是一个关系,二维表的名就是关系的名

　　B. 关系中的列称为属性,属性的个数称为关系的元或度

　　C. 关系中的行称为元组,对关系的描述称为关系模式

　　D. 属性的取值范围称为值域,元组中的一个属性值称为分量

20. 设关系 R 和 S 的度分别为 20 和 30,广义笛卡儿积 T＝R×S,则 T 的度为(　　　)。

　　A. 10　　　　　　B. 20　　　　　　C. 30　　　　　　D. 50

21. 设关系 R 和 S 具有相同的度,且相应的属性取自同一个域。与集合 $\{t \mid t \in R \wedge t \in S\}$ 等价的集合运算是(　　　)。

　　A. R∪S　　　　　B. R－S　　　　　C. R×S　　　　　D. R∩S

22. 关系规范化是为了解决关系数据库中的(　　　)问题而引入的理论和技术。

　　A. 插入、删除异常和数据冗余　　　B. 查询速度

　　C. 数据操作的复杂性　　　　　　　D. 函数之间的数据关系

23. 在关系运算中,不要求关系 R 与 S 具有相同的目(属性及个数)的运算是(　　　)。

　　A. R×S　　　　　B. R∪S　　　　　C. R∩S　　　　　D. R－S

24. 如果在一个关系中,存在多个属性(或属性组)能用来唯一标识该关系的元组,且其任何子集都不具有这一特性,这些属性(或属性组)被称为该关系的(　　　)。

　　A. 候选码　　　　B. 主码　　　　　C. 外码　　　　　D. 连接码

25. 下列关于规范化理论说法正确的是(　　　)。

　　A. 满足二级范式的关系模式一定满足一级范式

　　B. 对于一个关系模式来说,规范化越深越好

　　C. 一级范式要求非主码属性完全函数依赖关键字

　　D. 规范化一般是通过分解各个关系模式实现的,但有时也通过合并

26. 关系规范化中的插入异常是指(　　　)。

　　A. 应该删除的数据未被删除　　　　B. 应该插入的数据未被插入

　　C. 不应该删除的数据被删除　　　　D. 不应该插入的数据被插入

27. 关系规范化中的删除异常是指(　　　)。

　　A. 应该删除的数据未被删除　　　　B. 应该插入的数据未被插入

　　C. 不应该删除的数据被删除　　　　D. 不应该插入的数据被插入

28. 下面关于函数依赖的叙述中,不正确的是(　　　)。

　　A. 若 X→Y,Y→Z,则 X→YZ　　　　B. 若 X→Y,Y→Z,则 X→Z

　　C. 若 X Y→Z,X→Z,则 Y→Z　　　　D. 若 X→Y,Y'是 Y 的子集,则 X→Y'

29. 下列不属于非平凡函数依赖的是(　　　)。

　　A. (customerid, providerid, buydate)→goodsname

　　B. (customerid, providerid, buydate)→goodsname, providerid

　　C. (customerid, providerid, buydate)→goodsclassid

　　D. (customerid, providerid, buydate)→providerid

30. DBMS 通过加锁机制允许多用户并发访问数据库,这属于 DBMS 提供的(　　　)。

　　A. 数据定义功能　　　　　　　　　　B. 数据操纵功能

　　C. 数据库运行管理与控制功能　　　　D. 数据库建立与维护功能

二、填空题

1. 设 D_1、D_2 和 D_3 域的基数分别为 2、3 和 4，则 $D_1 \times D_2 \times D_3$ 的每个元组有（　　）个分量。

2. 关系中的码可分为超码、主码、候选码、（　　）和外码 5 种。

3. 学生关系中的班级号属性与班级关系中的班级号主码属性相对应，则班级号为学生关系中的（　　）。

4. 在关系模型中，（　　）是关系模型必须满足由 DBMS 自动支持的完整性。

5. 如果一个关系模式 R 的每一个属性的域都包含单一的值，则称 R 满足（　　）。

6. 在关系模式 R 中，若每一个决定因素包含键，则关系模式 R 属于（　　）。

7. 设关系模式为 R(A，B，C)，关系内容为 R＝{{1,10,50},{2,10,60},{3,20,72}, {4,30,60}}，则 $\pi_A(\sigma_{A>3}(R))$ 的运算结果中包含（　　）个元组，每个元组中包含（　　）个分量。

8. 关系 R 和关系 S 所有元组合并组成的集合，再删除重复的元组是（　　）运算。

9. 在概念模型中，一个实体集对应于关系模型中的一个（　　）。

10. 用二维表数据来表示实体之间联系的数据模型称为（　　）。

11. 在关系模型中，"关系中不允许出现相同元组"的约束是通过（　　）实现的。

12. 在连接运算中，（　　）连接是去掉重复属性的等值连接。

13. 设关系模式 R 满足 1NF，且所有非主属性完全函数依赖候选键，则 R 满足（　　）。

14. 关系模型的特点是把实体和联系都表示为（　　）。

15. 当主键是（　　）时，只能是完全函数依赖。

16. 设有关系模式 R(A，B，C) 和 S(E，A，F)，若 R.A 是 R 的主码，S.A 是 S 的外码，则 S.A 的值或者等于 R 中某个元组的主码值，或者取空值(null)，这是（　　）完整性规则。

17. 用值域的概念来定义关系，关系是属性值域笛卡儿积的一个（　　）。

18. 如果关系模式 R 满足（　　），而且它的任何一个非主属性都不传递完全函数依赖候选键，则 R 满足（　　）。

19. 在关系代数中，从两个关系的笛卡儿积中选取它们的属性或属性组间满足一定条件的元组的操作称为（　　）。

20. 关系代数是关系操纵语言的一种传统表示方式，以集合代数为基础，其运算对象和运算结果均为（　　）。

21. 在关系数据库的所有规范化理论中，起核心作用的是（　　）。

22. 设一个学生关系为 S(学生号，姓名)，课程关系为 C(课程号，课程名)，选课关系为 X(学生号，课程号，成绩)，则姓名为变量 K 的值的学生所选修的全部课程信息所对应的运算表达式为（　　）$\infty \pi_{课程号}$（_____∞（$\pi_{姓名=K}$（_____）））。

23. 设有学生关系 S(学号，姓名)，课程关系 C(课程号，课程名)，选课关系 X(学号，课程号，成绩)，求出所有选课的学生信息的运算表达式为（　　）与（　　）的自然连接。

24. 在关系 R 中，若存在"学号→系号，系号→系主任"，则存在（　　）函数决定（　　）。

25. 若关系 R∈3NF，有且只有一个候选码，则表明它同时也达到了（　　）范式，该关系中所有属性的（　　）都是候选码。

三、计算题

1. 已知关系 R 和 S 如图 2-3 和图 2-4 所示,计算 $\{t \mid S(t) \wedge \neg R(t)\}$。

A	B	C
g	5	d
a	4	h
b	6	h
b	2	h
c	3	e

A	B	C
a	4	d
b	2	h

图 2-3　关系 R　　　　　　　图 2-4　关系 S

2. 已知关系 R 和 S 如图 2-3 和图 2-4 所示,计算 $\{t \mid S(t) \wedge t[2] \geqslant 2 \wedge t[3] = h\}$。

3. 已知关系 R、S 和 W 如图 2-5～图 2-7 所示,求出下列域演算表达式的结果。

(1) $R_1 = \{XYZ \mid R(XYZ) \wedge Y \leqslant 5 \wedge Z = f\}$;

(2) $R_2 = \{XYZ \mid R(XYZ) \vee (S(XYZ) \wedge Y \neq 6 \wedge Z \neq 7)\}$;

(3) $R_3 = \{YZVU \mid (\exists X)(S(XYZ) \wedge W(UV) \wedge Y \leqslant 6 \wedge V = 7)\}$。

A	B	C
a	2	f
d	5	h
g	3	f
b	7	f

A	B	C
b	6	e
d	5	h
b	4	f
g	8	e

D	E
e	7
k	6

图 2-5　关系 R　　　　　　图 2-6　关系 S　　　　　图 2-7　关系 S

4. 现有关系模式 R(教师号,姓名,职称,课程号,课程名,学分,教科书名),其函数依赖集为{教师号→姓名,教师号→职称,课程号→课程名,课程号→学分,课程号→教科书名}

(1) 指出该关系模式的主码。

(2) 该关系模式是第几范式,为什么?

(3) 将其分解为满足 3NF 要求的关系模式(分解后的关系模式名自定)。

5. 现有关系模式 R(A,B,C),数据依赖集 F={(A,B)→C,C→B},试求:

(1) R 的候选码,并判断 R 是否为 BCNF 范式,为什么?

(2) R 属于第几范式,为什么?

6. 设有关系模式 R(A,B,C,D),数据依赖集 F={A→B,B→A, AC→D,BC→D,AD→C,BD→C,A→→CD,B→→CD},试求:

(1) R 的候选码,并判断 R 是否为第四范式? 为什么?

(2) R 是不是 BCNF 范式? 为什么? R 是不是 3NF? 为什么?

7. 设关系 R(ABCDEGHI),其函数依赖 F={AB→C,A→DE,B→GH,D→I},试求:

(1) R 的所有码。

(2) 将 R 分解成 2 NF。

(3) 将 R 无损分解成 3NF,并且具有保持依赖性。

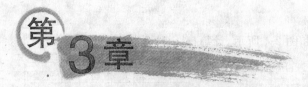

第3章 SQL Server 2005概述

本章导读：

SQL Server 自诞生之日起，就不断改进和扩展，现已成为一个功能强大的关系型数据库管理系统，越来越多的应用程序开发工具提供了和 SQL Server 的接口。所以，了解和掌握 SQL Server 的功能，既有利于对数据库原理的理解，又有利于进行数据库应用系统的设计和开发。

知识要点：

- SQL Server 2005 的版本与功能
- SQL Server 2005 的管理工具
- SQL Server 2005 的服务器配置

3.1 SQL Server 2005 的版本与功能

SQL Server 2005 是由微软公司开发和推广的关系数据库管理系统（DBMS），其最初原型是由 Microsoft、Sybase、Ashton-Tate 这 3 家公司共同开发的，并于 1988 年推出了第一个版本 OS/2。此后，Microsoft 相继开发和推出了 SQL Server 6.5、SQL Server 7.0 和 SQL Server 2000 版本，并于 2005 年 11 月推出了 SQL Server 2005 版本，SQL Server 2005 是一个基于客户机/服务器模式的数据库管理系统。

3.1.1 SQL Server 2005 的版本

SQL Server 2005 作为一个全面的、集成的、端到端的数据解决方案，为企业用户提供了一个安全、可靠和高效的开发平台，不仅增强了企业组织中用户的管理能力，还实现了 Internet 数据业务互连，同时提供了先进的商业智能平台，满足众多客户对业务的实时统计分析、监控预测等需求。为了满足不同用户的需求，SQL Server 2005 提供了 5 个不同的版本，简要介绍如下。

1. SQL Server 2005 Enterprise Edition（企业版）

支持 32 位和 64 位的操作系统，该版本支持超大型企业进行联机事务处理（OLTP）、高度复杂的数据分析、数据仓库系统和网站所需的性能水平。全面的商业智能和分析能力及高可用性的功能（如故障转移群），使其可以处理大多数关键业务工作负荷。它是全面的

SQL Server 版本，能满足最复杂的要求，是超大型企业的选择。

2. SQL Server 2005 Standard Edition（标准版）

支持 32 位和 64 位的操作系统，该版本包括电子商务、数据仓库和业务流解决方案所需的基本功能，集成商业智能和高可用性的功能，适合需要全面的数据管理和分析平台的中小型企业选用。

3. SQL Server 2005 Workgroup Edition（工作组）

仅支持 32 位的操作系统，该版本可以用作前端 Web 服务器，也可以用于部门或分支机构的运营，包括 SQL Server 产品系列的核心数据库功能，并且可以轻松地升级至 Standard Edition（标准版）或 Enterprise Edition（企业版）。Workgroup Edition 是入门级数据库，具有可靠、功能强大且易于管理的特点。

4. SQL Server 2005 Developer Edition（开发版）

支持 32 位和 64 位的操作系统，该版本使开发人员可以在 SQL Server 上生成任何类型的应用程序。其包括 SQL Server 2005 Enterprise Edition（企业版）的所有功能，但有许可限制，只能用于开发和测试系统，不能用作生产服务器。适合独立软件供应商（ISV）、咨询人员、系统集成商、解决方案供应商，以及创建和测试应用程序的企业开发人员选用，可以根据需要升级至 SQL Server 2005 Enterprise Edition（企业版）。

5. SQL Server 2005 Express Edition（简易版）

仅支持 32 位的操作系统，该版本是一个免费、易用且便于管理的数据库。SQL Server Express Edition（学习版）与 Microsoft Visual Studio 2005 集成在一起，可以轻松地开发功能丰富、存储安全、可快速部署的数据驱动应用程序，既可以起到客户端数据库的作用，又可以起到基本服务器数据库的作用。适合低端 ISV、低端服务器用户、创建 Web 应用程序的非专业开发人员，以及创建客户端应用程序的编程爱好者选用。

3.1.2 SQL Server 2005 的功能

SQL Server 2005 是一个全面完整的数据库与分析产品，借助 Web 浏览器实现数据库的访问和控制，并提供丰富的扩展标记语言（XML），支持多维数据的查询、插入、更新和删除。

1. 数据引擎

数据库引擎是用于存储、处理和保存数据的核心服务。数据库引擎提供了受控访问和快速事务处理，以满足企业内最苛刻的数据应用程序的要求。

2. 分析服务

分析服务为商业智能应用程序提供了联机分析处理（OLAP）和数据挖掘功能。分析服务允许设计、创建和管理包含从其他数据源（如关系数据库）聚合的数据，从而实现对 OLAP 的支持。对于数据挖掘应用程序，分析服务可以设计、创建和可视化数据挖掘模型。通过使用多种行业标准数据挖掘算法,可以构造基于其他数据源结构的挖掘模型。

3. 集成服务

集成服务是一个生成高性能数据集成解决方案的平台,其中包括对数据仓库进行提取、转换和加速(ETL)处理的包。

SQL Server 2005 将以前版本中的企业管理器、查询分析器、服务管理器、报表管理器等工具一起集成到新的 SQL Server Management Studio 中,让程序设计员和数据库管理员只需熟悉一个界面,就可以管理并测试所有相关的功能。

SQL Server 2005 提供了项目管理的能力,通过项目可以为 T-SQL、MDX、DMX、XML/A 等语言编写的各脚本文件提供一致的编写、访问、执行、测试与管理的平台,而不像以往分散在各个目录结构中,需要程序设计师或数据库管理员自己想办法归类管理。

4. 复制

复制是一种技术,用于在数据库间复制、分发数据和数据库对象,然后在数据库间进行同步操作,以维持一致性。在使用复制时,可以通过局域网和广域网、拨号连接、无线连接和 Internet,将数据分发到不同位置,或者分发给远程用户、移动用户。

5. 报表服务

报表服务(reporting services)提供企业级的 Web 报表功能,从而可以创建从多个数据源提取的表,发布各种格式的表,以及集中管理安全性能和订阅。

6. 通知服务

通知服务(notification services)是用于开发和部署生成并发送通知的应用程序的环境。使用通知服务,可以生成即时的个性化消息,并将其发送给成千上万的订阅者,还可以将其消息传递给各种设备。

7. 代理服务

代理服务(proxy services)帮助开发人员生成安全的可缩放数据库应用程序。这一新的数据库引擎技术提供了一个基于消息的通信平台,从而使独立的应用程序组件可作为一个工作整体来执行。代理服务包括可用于异步编程的基础结构,该结构可用于单个数据库或单个实例中的应用程序,也可以用于分布式应用程序。

8. 全文搜索

全文搜索包含可用于对 SQL Server 表中基于纯字符的数据发出全文查询的功能。全文查询可以包括单词和短语,或者单词或短语的多种形式。

3.2　SQL Server 2005 的管理工具

SQL Server 2005 提供了一组完整的图形工具和命令行实用工具,用于设计、开发、部署和管理关系数据库、Analysis Services 多维数据集、数据转换、复制拓扑、报表服务和通知服务等。下面对 SQL Server 2005 的主要管理工具及其使用进行详细介绍。

3.2.1　SQL Server 配置管理器

SQL Server 配置管理器（SQL Server Configuration Manager，SSCM），用于管理与 SQL Server 相关联的服务、配置 SQL Server 使用的网络协议，以及从 SQL Server 客户机管理网络连接配置，它是 SQL Server 2005 的核心和其他服务运行的基础。

单击"开始"按钮，选择"程序"→Microsoft SQL Server 2005→"配置工具"→SQL Server Configuration Manager 命令，打开 SQL Server Configuration Manager 窗口，如图 3-1 所示。

图 3-1　SSCM 窗口

3.2.2　Microsoft SQL Server Management Studio

Microsoft SQL Server Management Studio（SQL Server 集成管理器，SSMS），是 SQL Server 2005 的控制中心，涵盖了访问、配置、控制、管理和开发 SQL Server 的所有组件，它是由一组多样化的图形工具与多种功能齐全的脚本编辑器组合而成的。

1. 启动 Microsoft SQL Server Management Studio

（1）单击"开始"按钮，选择"程序"→Microsoft SQL Server 2005→SQL Server Management Studio 命令，弹出"连接到服务器"对话框，如图 3-2 所示。

图 3-2　"连接到服务器"对话框

（2）选择服务器类型、服务器名称和身份验证方式，输入登录名和密码。单击"连接"按钮，打开如图 3-3 所示的窗口。

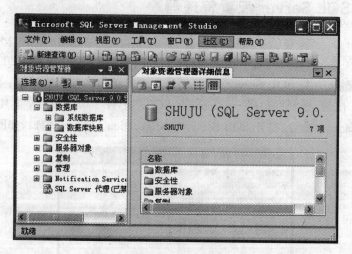

图 3-3　SSMS 窗口

2. Microsoft SQL Server Management Studio 组件介绍

默认情况下，SSMS 窗口中只显示"对象资源管理器"和"对象资源管理器详细信息"两个组件窗格，如图 3-4 所示。其他组件的窗格需要通过"视图"菜单中的相应菜单项打开。

图 3-4　含"已注册的服务器"窗格的 SSMS 窗口

（1）"已注册的服务器"窗格：该窗格中列出了经常管理的服务器，可以在其列表框中添加和删除服务器。可以在"已注册的服务器"窗格中双击任意服务器进行连接，无须注册要连接的服务器。

注意："已注册服务器"窗格上方有 5 个图标，分别对应 SSMS 已注册的 5 种服务器类型，即数据库引擎、Analysis Services、Reporting Services、SQL Serve Mobile 和 Intergration Services。

（2）"对象资源管理器"窗格：该窗格是服务器窗口中所有数据库对象的树状视图。对象资源管理器包括与其连接的所有服务器的信息。在打开 SSMS 时，系统会提示将对象资源管理器连接到上次使用的设置。用户可以通过该窗格操作数据库，如新建、修改和删除数据库、表、视图等数据库对象，创建登录用户和授权，进行数据库的备份、复制等操作。

（3）"文档"窗格：该窗格是 SSMS 界面中占面积最大的部分。"文档"窗格可能包含查询编辑器和浏览器窗口。默认情况下，显示已与当前计算机上的数据库引擎实例连接的"摘要"窗格。当在对象资源管理器中选择某一对象时，"摘要"窗格将显示当前对象的基本情况。

3．环境布局

SSMS 为组件布局提供了"选项卡式文档"和"MDI 环境"两种环境布局模式，如图 3-5 所示。在选项卡式文档模式中，默认的多个文档沿着文档窗格的顶部显示为选项卡。

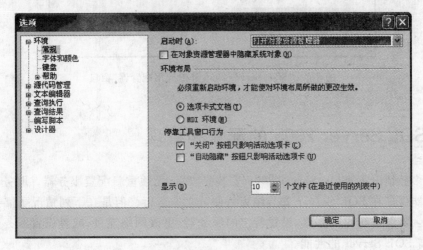

图 3-5　"选项"对话框

注意：

（1）单击"视图"菜单可以启动"对象资源管理器"、"摘要"、"已注册的服务器"、"模板资源管理器"、"解决方案资源管理器"、"属性窗口"等窗格。

（2）由于 SSMS 的各组件会"争夺"屏幕空间，为了腾出更多空间，用户可以根据需要，自行关闭、重启、隐藏或移动各组件。

（3）选择"工具"→"选项"命令，弹出"选项"对话框，如图 3-5 所示。在左侧选择"环境"下的"常规"选项后，在右侧的"环境布局"选项组中选择"选项卡式文档"或"MDI 环境"单选按钮。

（4）选择"窗口"→"重置窗口布局"命令可还原到 SSMS 的原始布局。

3.2.3　SQL Server 2005 外围应用配置器

SQL Server 2005 外围配置器可以启用、禁用、开始或停止 SQL Server 2005 安装的一些功能、服务和远程连接。"SQL Server 2005 外围应用配置器"窗口如图 3-6 所示。

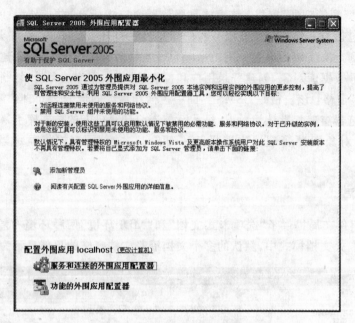

图 3-6 "SQL Server 2005 外围应用配置器"窗口

3.3 SQL Server 2005 的配置和管理

在大多数情况下,SQL Server 2005 安装完成后,无须重新配置服务器。服务器组件的默认设置能保证在 SQL Server 安装结束后便可立即运行。但是在下列情况下需要进行服务器管理:要添加新的服务器,设置特定的服务器,更改网络连接,或者设置服务器配置选项,以提高 SQL Server 的性能。

3.3.1 注册服务器

SQL Server 2005 采用的是客户机/服务器体系结构。后台数据库通过"SQL Server 配置管理器"中的"SQL Server 2005 网络配置"设置服务器端的网络配置与通信通道连接。客户通过"SQL Server 配置管理器"中的"SQL Native Client 配置"设置客户端的网络配置与通信通道连接。只要服务器端和客户端之间的通信协议和端口设置一致,客户端和后台数据库就可以建立连接。为了让 SQL Server 管理器实现对后台数据库的管理,必须对本地或远程服务器进行注册。

在"已注册的服务器"窗口中右击"数据库引擎",弹出快捷菜单,如图 3-7 所示。选择"新建"→"服务器注册"命令,弹出"新建服务器注册"对话框,如图 3-8 所示。

说明:

(1) 注册服务器时必须指定服务器类型(数据库引擎、Analysis Services、Reporting Services、Intergration Services 和 SQL Server Mobile)、服务器名称和身份验证方式。

(2) 要注册相应类型的服务器,在"已注册的服务器"窗格的工具栏中选择指定的服务器类型的图标,然后在窗格中右击对应的类型名,在快捷菜单中选择"新建"命令即可。

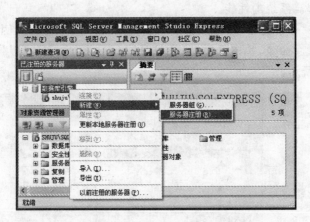

图 3-7 弹出快捷菜单

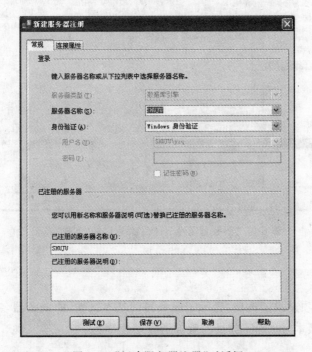

图 3-8 "新建服务器注册"对话框

（3）已注册的服务器名称是服务器名称的别名。

（4）在"连接属性"选项卡中，可以指定服务器默认情况下连接到的数据库、连接到服务器时所使用的网络协议、默认网络数据包大小、连接超时设置、加密连接信息。

（5）注册了服务器之后，还可以删除、更改服务器的注册。其方法为右击某个服务器名，在弹出的快捷菜单中选择"删除"或"编辑"命令。

3.3.2 配置服务器

注册服务器后，可以通过 SSMS 查看和配置服务器的属性。配置服务器主要是对内存、处理器、安全性、连接、数据库设置和权限等方面进行配置，其目的是加快服务器响应客户端请求的速度,提高系统的性能。

启动 SSMS,在"对象资源管理器"窗格中右击数据库服务器的实例名(SHUJU),弹出快捷菜单,选择"属性"命令,单击释放后,会打开"服务器属性-SHUJU"窗口,默认显示"常规"界面,如图 3-9 所示。

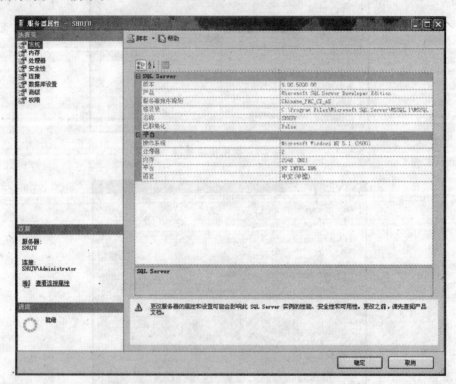

图 3-9 "服务器属性-SHUJU"窗口的"常规"界面

1. 常规

"常规"中的选项是只读选项,显示了服务器的基本属性,如服务器名称、SQL Server 产品、操作系统名及版本号、CPU 数量和服务器排序规则等。

2. 内存

"内存"中的选项用于设置 AWE 分配内存、最小和最大服务器内存、创建索引占用的内存、每次查询占用的最小内存等配置值和运行值。

3. 处理器

"处理器"中的选项用于查看、修改 CPU 配置,只有安装了多个处理器才需要配置此项。

4. 安全性

"安全性"中的选项用来查看或修改身份验证方式和登录审核方式,如图 3-10 所示。

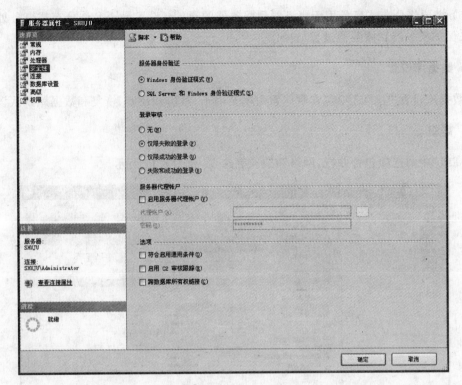

图 3-10　"服务器属性-SHUJU"窗口的"安全性"界面

（1）服务器身份验证：用于更改 SQL Server 2005 服务器的身份验证方式。

（2）登录审核：指定是否对用户登录 SQL Server 2005 服务器的情况进行审核。

（3）服务器代理账户：指定是否启用 xp_cmdshell 使用的账户。xp_cmdshell 是一个 T-SQL 存储过程，可以生成 Windows 命令，并以字符串的形式传递和执行。在执行操作系统命令时，代理账户可以模拟登录服务器角色和数据库角色。

（4）启用 C2 审核跟踪：C2 是一个政府安全等级，保证系统能够保护资源并具有足够的审核能力。C2 模式允许监视对所有数据库实体的访问企图，将大量事件信息保存在日志文件中，如果保存数据目录空间不足，SQL Server 将自动关闭。

（5）跨数据库所有权连接：允许数据库成为跨数据库所有权连接的资源或目标。

注意：登录审核方式有 4 种，其中，"无"表示不审核；"仅限成功的登录"表示审核成功的登录并记录在日志中；"仅限失败的登录"表示审核失败的登录并记录在日志中；"失败和成功的登录"表示审核并记录所有的登录。

5．连接

"连接"中的选项包含以下内容。

（1）最大并发连接数：设置 SQL Server 上允许同时进行的最大用户连接数。

（2）使用查询调控器防止查询长时间运行：指定查询允许的时间段上限。

（3）默认连接选项：详细信息请参阅帮助文件。

（4）允许远程连接到此服务器：指定远程操作可以持续的时间（秒）。

（5）需要将分布式事务用于服务器到服务器的通信：设置是否允许分布式事务处理协调器来保护服务器到服务器过程的操作。

6. 数据库设置

"数据库设置"中的选项包含默认索引填充因子、备份和还原、恢复和数据库默认设置。

7. 高级

"高级"中的选项包含并行、网络和杂项等选项，如图 3-11 所示。

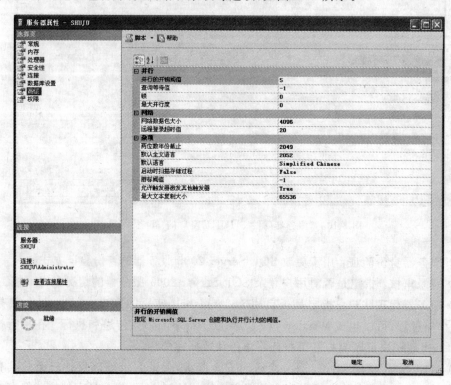

图 3-11   "服务器属性-SHUJU"窗口的"高级"界面

8. 权限

"权限"中的选项用于授予或撤销账户对服务器的操作权限。

3.3.3   管理服务器

SQL Server 2005 安装完成后，其所提供的各种服务体现在系统的"服务"进程中。用户可以通过 SSMS、SSCM 和控制面板实现各种服务器的启动、停止和暂停。

1. 使用 SSMS 管理各种服务

启动 SSMS，在"对象资源管理器"窗格中右击服务器名，弹出快捷菜单，选择相应的命令（启动、停止、暂停、继续）即可实现相关管理功能，如图 3-12 所示。

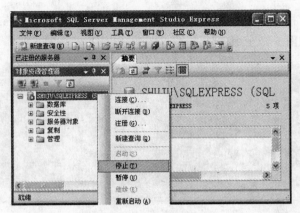

图 3-12　快捷菜单

注意：暂停 SQL Server 服务不同于停止 SQL Server 服务，暂停 SQL Server 服务时，已连接到服务器的用户可继续完成任务，但不允许有新的连接。

2. 使用 SSCM 管理各种服务

（1）单击"开始"按钮，选择"程序"→Microsoft SQL Server 2005→"配置工具"→SQL Server Configuration Manager 命令，打开 SSCM 窗口，如图 3-13 所示。

（2）在 SSCM 窗口的左侧树形结构中，选择"SQL Server 2005 服务"，右侧将显示 SQL Server 2005 中的所有服务，如图 3-14 所示。

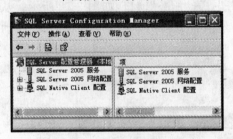

图 3-13　SSCM 窗口1

图 3-14　SSCM 窗口2

（3）在 SSCM 窗口的右侧窗格中选择要管理的服务，然后打开"操作"菜单，可以发现"停止"、"暂停"和"启动"等命令，如图 3-15 所示。

3. 使用 DOS 命令方式启动、停止和暂停 SQL Server 服务器

（1）单击"开始"按钮，选择"运行"命令，弹出"运行"对话框，输入 cmd，如图 3-16 所示。

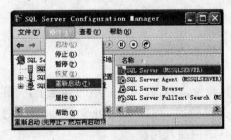

图 3-15　"操作"菜单

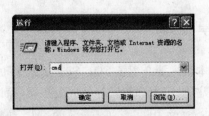

图 3-16　"运行"对话框

(2) 单击"确定"按钮,进入 DOS 窗口,在光标位置输入 net start mssqlserver 即可启动 SQL Server 服务,如图 3-17 所示。

图 3-17　DOS 窗口

(3) 对应的暂停、继续、停止命令。
- 暂停:net pause mssqlserver。
- 继续:net continue mssqlserver。
- 停止:net stop mssqlserver。

4. 利用操作系统服务启动、停止和暂停 SQL Server 服务器

单击"开始"按钮,选择"设置"→"控制面板"命令,打开控制面板,然后选择"性能和维护"下的"管理工具",在弹出的对话框中单击"服务"打开"服务"窗口,如图 3-18 所示。从中选择要管理的服务器名称,如 MSSQLSERVER,然后打开"操作"菜单,可以发现"启动"、"停止"和"暂停"等命令。

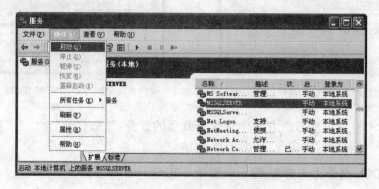

图 3-18　"服务"窗口

本章小结

本章主要介绍了 SQL Server 2005 的版本和特性,在对其详细介绍的基础上,又详细介绍了注册、配置和管理等各种服务器,探讨了服务器的启动、暂停、停止和启动,并通过配置 SQL Server 2005,使读者熟悉 SSMS 等管理工具的用途及用法。

习题 3

一、选择题

1. SQL Server 2005 是一种（   ）数据管理系统。

   A. 网状型　　　　B. 关系型　　　　C. 层次型　　　　D. 网络型

2. SQL Server 2005 数据库系统的运行基于（   ）结构。

   A. 单用户　　　　B. 主从式　　　　C. 客户机/服务器　D. 浏览器

3. 以下对 SQL Server 2005 的描述不正确的是（   ）。

   A. 支持 XML　　　　　　　　　B. 支持用户自定义函数

   C. 支持邮件集成　　　　　　　D. 支持网状数据模型

4. 对于大型企业，最适宜安装 SQL Server 2005 的（   ）版本。

   A. 企业版　　　　B. 工作组版　　　C. 学习版　　　　D. 开发版

5. 提高 SQL Server 2005 性能的最佳方法之一是（   ）。

   A. 增大硬盘空间　　　　　　　B. 增加内存

   C. 减少数据量　　　　　　　　D. 采用高分辨率显示器

6. SQL Server 2005 采用的身份验证模式有（   ）。

   A. 仅 Windows 身份验证模式　　B. 仅 SQL Server 身份验证模式

   C. 仅混合模式　　　　　　　　D. Windows 身份验证模式和混合模式

7. 在 C/S 架构中，负责管理服务器端和客户端网络连接和路由，通过网络协议传递数据的是（   ）。

   A. 服务器端和客户端应用程序　　B. 服务器端和客户端网络库

   C. 数据库 API　　　　　　　　D. 关系引擎和存储引擎

8. 下列不属于 SQL Server 2005 数据平台 BI 系统的是（   ）。

   A. Analysis Services　　　　　　B. Reporting Services

   C. Integration Services　　　　　D. 关系数据库

9. 用于配置客户端网络连接的工具是（   ）。

   A. SSMS　　　　　　　　　　B. 客户端网络实用工具

   C. 查询分析器　　　　　　　　D. 联机帮助文档

10. 下列（   ）数据库记录了 SQL Server 在创建数据库时可以使用的模板。

    A. master　　　B. model　　　C. pubs　　　D. msdb

11. 下列（   ）数据库记录了 SQL Server 的所有系统信息。

    A. master　　　B. model　　　C. pubs　　　D. msdb

12. 要配置服务器创建索引、备份数据等相关的属性和参数，应在"服务器属性"窗口中的（   ）选项中设置。

    A. 常规　　　　B. 内存　　　　C. 数据库设置　　D. 高级

13. 注册 SQL Server 服务器时，（   ）不是必需的。

    A. 服务器的名称　　　　　　　B. 身份验证模式

    C. 登录名和密码　　　　　　　D. 注册服务器所在服务器组名称

14. 在 Windows 系统"服务"组件中,SQL Server 的服务器名称为(　　　)。

　　A. SQL Server　　　　　　　　　　B. MS SQL Server

　　C. SQLSrv　　　　　　　　　　　　D. Microsoft SQL Server

15. 关于 SQL Server 2005 安装时命名实例,不正确的描述是(　　　)。

　　A. 最多只能用 16 个字符

　　B. 实例的名称区分大小写

　　C. 第一个字符只能使用文字、@、_和♯符号

　　D. 实例的名称不能使用 Default 或 MS SQL Server

16. 在 SQL Server 所提供的服务中,(　　　)是最核心的部分。

　　A. MS SQL Server　　　　　　　　B. SQL Server Agent

　　C. MS DTC　　　　　　　　　　　D. SQL XML

二、填空题

1. SQL Server 默认的系统管理员用户名是(　　　)。

2. SQL Server 2005 数据库应用的处理过程分布在(　　　)和服务器上。

3. 用户可以通过(　　　)、SSCM 和控制面板实现各种服务器的启动、停止和暂停。

4. 数据库管理系统是一种系统软件,它是数据库系统的(　　　)。

5. 利用 SQL Server 2005(　　　)工具实现 SQL Server 数据库与其他格式数据库的转换。

6. SQL Server 2005 与 Windows 2000 等操作系统完全集成,可以使用操作系统的用户和域账号作为数据库的(　　　)。

7. 默认情况下,SSMS 中 SQL Server 2005 服务器的名字显示为(　　　)。

8. 安装 SQL Server 2005 时需要以本地(　　　)身份登录操作系统。

9. (　　　)是为了让 SSMS 管理工具实现对后台数据库的管理。

10. 在网络多用户环境下,在停止 SQL Server 2005 服务之前,最好先执行(　　　)操作。

11. SQL Server 在网络访问工作模式 C/S 结构中扮演(　　　)端角色。

12. (　　　)是 SQL Server 2005 管理构架最主要的部分,可以完成绝大多数的管理任务。

13. (　　　)是交互式图形工具,它使数据库管理员或开发人员能够编写查询语句,同时执行多个查询查看结果,分析查询语句和获得提高查询性能的帮助。

14. 保存当前的查询命令或查询结果,系统默认的文件扩展名为(　　　)。

15. (　　　)系统数据库主要用来进行复制、作业调度和管理报警等活动。

三、实践题

1. 练习打开 SQL Server 服务器的方法。

2. 练习打开 SSMS 和查询分析器的方法,并查看 SSMS 中的内容。

3. 练习和掌握服务器的注册方法。

4. 有条件的同学可以练习安装 SQL Server 2005。

第4章
数据库的创建与管理

本章导读：

数据库是 SQL Server 系统中的最基本对象，从体系结构上说，它有物理和逻辑两种结构。物理数据库是由一系列数据文件和事务日志文件组成的文件系统，而每个文件又都有两种名称：逻辑名和物理名。逻辑数据库相当于一个包含表、视图等一系列数据库对象的容器。

知识要点：

- 数据库的体系结构
- 数据库的创建
- 数据库的修改
- 数据库的删除
- 数据库的压缩
- 数据库的分离和附加

4.1 数据库的体系结构

在 SQL Server 中，数据库由两部分组成：物理数据库和逻辑数据库。物理数据库是数据库面向操作系统的物理文件部分，由一系列文件组成，如数据文件和事务日志文件；逻辑数据库是数据库面向用户的可视部分，由一系列数据库对象组成，如表、视图、存储过程、扩展存储过程、用户自定义函数、用户自定义数据类型、用户、角色、规则、默认值等。

4.1.1 文件名

在 SQL Server 中，每个文件都有两种名称，分别称为物理文件名和逻辑文件名。

1. 逻辑文件名

逻辑文件名简称逻辑名，是指在所有 T-SQL 语句中引用文件时必须使用的名称。逻辑文件名必须遵守 SQL Server 标识符的命名规则，且对数据库必须是唯一的。

SQL Server 中标识符的规则如下：

(1) 长度不超过 128 个字符。

(2) 开头字母为 a～z 或 A～Z、#、_、@ 及来自其他语言的字母字符。

(3) 后续字母可以是 a～z 或 A～Z、#、_、@，以及来自其他语言的字母字符、0～9、$。

（4）不允许嵌入空格或其他特殊字符。

（5）不允许与保留字同名。

（6）在 T-SQL 语句使用标识符时，必须用双引号或方括号封装不符合规则的标识符。

注意：以符号@、♯开头的标识符具有特殊的含义。以@开头的标识符表示局部变量。以@@开头的标识符表示全局变量。以♯开头的标识符表示临时表或过程。以♯♯开头的标识符表示全局临时对象。

2. 物理文件名

物理文件名也称物理存储文件名，简称物理名，是指数据库的文件在物理磁盘上的存储路径及文件名称的统称，物理文件名遵从操作系统文件名的命名规则。

4.1.2 数据库文件

在 SQL Server 中，每个数据库都是由一系列文件组成的，包括数据文件和事务日志文件两类，而数据文件又可分为主数据文件和辅数据文件两类。

1. 主数据文件（Primary Database File）

主数据文件简称主文件，用来存储数据库的启动信息和部分或全部数据，每个数据库有且仅有一个主数据文件。主数据文件总是位于主文件组中，它代表数据库的起点，并且提供指针指向数据库中的其他文件。使用时，主数据文件包含两种名称：逻辑文件名和物理文件名，其中，逻辑文件名无扩展名，物理文件名的扩展名默认为.mdf。

2. 辅数据文件（Secondary Database File）

辅数据文件简称次文件，用于存储主数据文件中未存储的剩余数据和数据库对象。一个数据库既可以没有辅数据文件，也可以有若干个辅数据文件。辅数据文件既可以位于主文件组中，也可以位于辅文件组中。使用时，辅数据文件也包含两种名称：逻辑文件名和物理文件名，其中，逻辑文件名无扩展名，物理文件名的扩展名默认为.ndf。

3. 事务日志文件（Transaction Log File）

事务日志文件简称日志文件，用于存储对数据库任何操作过程的事务日志，以保证数据的一致性和完整性，有利于数据库的恢复。每个数据库都必须至少含有一个事务日志文件，也可以含有多个事务日志文件。事务日志文件不属于任何文件组，使用时，事务日志文件也包含两种名称：逻辑文件名和物理文件名，其中，逻辑文件名无扩展名，物理文件名的扩展名默认为.ldf。

注意：在 SQL Server 中，一个数据库可以包含多个文件，不同文件也可以分别存储在不同的分区磁盘上，但是一个文件只能存储在一个数据库内。

4.1.3 数据库文件组

为了管理和维护数据库，还可将相关数据文件集合起来形成一个逻辑整体，构成文件组。与数据文件相似,文件组也分为主文件组和辅助文件组。一个文件只能属于一个文件组,一个文件组也只能属于一个数据库。

1. 主文件组

主文件组(primary)是数据库系统提供的,每个数据库有且仅有一个主文件组,主文件组中包含了所有系统表、主数据文件和未指定文件组的其他数据文件。

2. 辅文件组

辅文件组是用户自行定义的文件组,每个数据库既可以没有辅文件组,也可以包含若干个辅文件组,辅文件组可以存储用户指定的辅数据文件。

3. 默认文件组

默认文件组是没有分配文件组的用户自定义对象的首选文件组,其中包含在创建时没有分配文件组的所有表和索引的页。每个数据库只能有一个默认文件组。

注意:默认文件组和主文件组不是同一个概念,数据库建立之初,主文件组是默认文件组,db_owner 固定数据库角色成员,可以通过命令将用户定义的文件组指定为后续数据文件的默认文件组。

4.1.4 SQL Server 2005 系统数据库

SQL Server 2005 数据库分为:用户数据库、数据库快照和系统数据库。其中,用户数据库是用户创建并存储用户数据的数据库;数据库快照是数据库(源数据)的只读、静态视图,每个数据库快照都与创建数据库快照时存在的源数据库在事务上一致;系统数据库存储了 SQL Server 的整体信息和使用规则,是 SQL Server 2005 的运行基础。

SQL Server 提供了 4 个系统数据库,分别是 master、tempdb、model、msdb。

1. master 数据库

master 数据库是 SQL Server 2005 中最重要的数据库,记录了 SQL Server 2005 服务器的系统信息,包括所有账户和密码、磁盘空间、文件分配和使用、系统级的配置参数、初始化信息、系统中其他系统数据库和用户数据库的相关信息等。因此,对 master 数据库的任何修改都可能影响系统的运行。

2. model 数据库

model 数据库存储了所有用户数据库和 tempdb 数据库的模板,包含将要复制到每个用户数据库中的系统表。

3. msdb 数据库

msdb 数据库主要为 SQL Server 2005 代理服务提供复制、任务调度及管理警报等活动。该数据库常被用来存储所有备份历史和通过调度任务排除故障。

4．tempdb 数据库

tempdb 数据库是一个临时数据库，它为所有的临时表、临时存储过程及临时操作提供存储空间，并允许所有连接 SQL Server 服务器的用户都能使用。服务器重启会重建 tempdb 数据库。也就是说，其中数据是暂时的，每次重启都会导致以前的数据丢失。

4.2　数据库的创建

在 SQL Server 中，数据行存放在页上，页存放在范围上，一个表由若干个范围组成，而若干个表组成了数据库。创建数据库的过程实际上是确定数据库的名称、数据库相关文件的存储路径、存储空间大小及其相关属性的设置。创建数据库既可以使用 T-SQL 语句，也可以使用 SSMS 管理工具。

4.2.1　使用 SSMS 创建数据库

【例 4-1】 使用 SSMS 管理工具创建数据库。

操作步骤如下：

（1）启动 SSMS，在"对象资源管理器"窗格中展开根目录的树形结构，直至显示"数据库"，右击"数据库"，在弹出的如图 4-1 所示的快捷菜单中选择"新建数据库"命令。

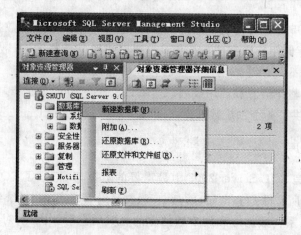

图 4-1　选择"新建数据库"命令

（2）单击释放后，打开"新建数据库"窗口的"常规"界面，在"数据库名称"文本框中输入数据库的名称 jxgl。"数据库文件"区域中显示了新建"数据库"对应的数据文件和事务日志文件的相关属性的默认值，如图 4-2 所示。

说明：

① 逻辑名称：数据文件或事务日志文件的逻辑名。数据文件的逻辑名默认为数据库名，事务日志文件的逻辑名默认为数据库名加"_log"。本例设置数据文件逻辑名为"jxgl_data"，事务日志文件的逻辑名为"jxgl_log"。

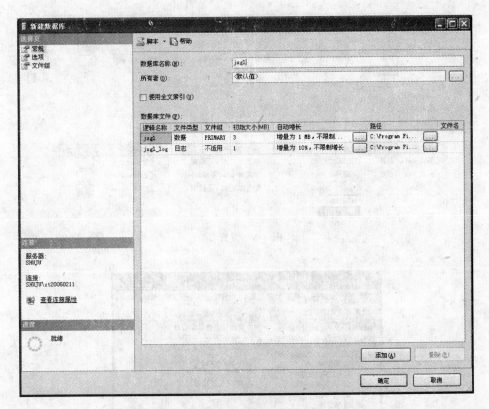

图 4-2 "新建数据库"窗口 1

② 文件类型：指出文件类型是数据文件还是日志文件。

③ 文件组：用户所属的文件组，只对数据文件有效。

④ 初始大小：以 MB 为单位，数据文件默认为 3MB，日志文件默认为 1MB。

⑤ 自动增长：指明文件的增长方式，单击该属性后的"浏览"按钮，会弹出"更改 jxgl 的自动增长设置"对话框，如图 4-3 所示。

⑥ 路径：数据文件或事务日志文件的存储（物理）路径，本例中设置路径为"D:\data"。

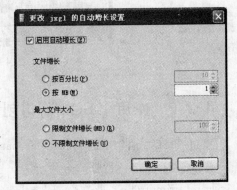

图 4-3 "更改 jxgl 的自动增长设置"对话框

⑦ 文件名：显示数据文件或事务日志文件的物理名。

(3) 要继续增加数据文件（辅数据文件）或事务日志文件，单击"添加"按钮，"数据文件"区域中会新增一行，依次设置其逻辑名称、文件类型、文件组（数据文件的用户自定义文件组）、初始大小、自动增长、路径，如图 4-4 和图 4-5 所示。

(4) 单击"确定"按钮，返回 SSMS 窗口，如图 4-6 所示。

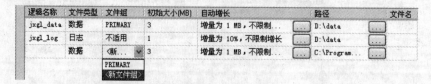

图 4-4　设置 1

逻辑名称	文件类型	文件组	初始大小(MB)	自动增长		路径		文件名
jxgl_data	数据	PRIMARY	3	增量为 1 MB,不限制...	...	D:\data	...	
jxgl_log	日志	不适用	1	增量为 10%,不限制增长	...	D:\data	...	
	数据	<新...	3	增量为 1 MB,不限制...	...	C:\Program...	...	

图 4-5　设置 2

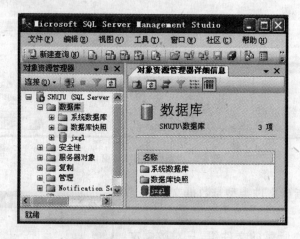

图 4-6　SSMS 窗口

4.2.2　使用 T-SQL 语句创建数据库

通过 T-SQL 语句中的 create database 命令创建数据库,该命令的语法格式如下:

create database <数据库名称>

[on [primary]

{<文件说明>[,…n] }

[,<文件组说明>[,…n]]]

[log on {<文件说明>[,…n]}]

[for load|for attach]

其中,

<文件说明>::=

　　(<name=逻辑文件名>

　　<,filename='物理文件名'>

　　　　［, size＝初始大小］

　　　　［, maxsize＝{最大限制|unlimited}］

　　　　［, filegrowth＝文件增长量|增长百分比]) ［, …n］

<文件组说明>::＝

　　　　filegroup <文件组名称>[default] <文件说明>[, …n]

功能：创建一个指定数据库名称的数据库。

说明：

(1) on：用于指明数据文件(组)的明确定义。

(2) primary：指定主文件组。

(3) name：指定逻辑文件名, 必选属性。

(4) filename：指定物理文件(操作系统文件)的路径和文件名, 必选属性。

(5) size：指定文件的初始大小, 如果没有指定, 则默认值为 3MB。

(6) maxsize：指定文件的最大大小, 其中关键字 unlimited 表示文件的大小不受限制。

(7) filegrowth：指定文件的增长方式, 可以按兆字节增长, 也可以按百分比增长。

(8) log on：指定数据库日志文件的属性, 其定义格式与数据文件的定义格式相同。

(9) filegroup：指定文件组的属性, default 表示该文件组为数据库中的默认文件组。

【例 4-2】　创建一个数据库 mn3, 数据文件属性和日志文件属性均取默认值。

```
create database mn3
```

单击"执行"按钮, 然后单击"刷新"按钮, 运行结果如图 4-7 所示。

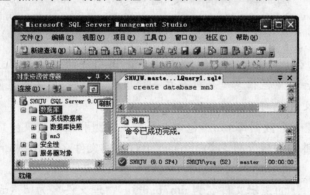

图 4-7　例 4-2 运行结果

【例 4-3】　创建一个数据库 mn4, 主数据文件的物理文件名为'd:\mn\mn4.mdf', 逻辑文件名为 mn4_data。

```
create database mn4
on
(name = 'mn4_data',filename = 'd:\mn\mn4.mdf')
```

【例 4-4】　创建一个数据库 mn5, 其中,

(1) 主数据文件的逻辑文件名为 mn5_data, 物理文件名为'd:\mn\mn5.mdf', 存储空间的初始大小为 10MB, 最大存储空间为不限制, 文件增长量为 2MB。

(2) 事务日志文件的逻辑文件名为 mn5_log,物理文件名为'd:\mn\mn5_log.ldf',存储空间的初始大小为 5MB,最大存储空间为 10MB,文件增长量为 5%。

```
create database mn5
on (
name = mn5_data,filename = 'd:\mn\mn5.mdf',size = 10,maxsize = unlimited,filegrowth = 2)
log on (
name = 'mn5_log',filename = 'd:\mn\mn5_log.ldf',size = 5,maxsize = 10,filegrowth = 5%)
```

【例 4-5】 创建一个数据库 mn6,其中,

(1) 主数据文件的逻辑文件名为 mn6a_data,物理文件名为'd:\mn\mn6a.mdf',存储空间的初始大小为默认值,最大存储空间为不限制,文件增长量为 2MB。

(2) 次数据文件的逻辑文件名为 mn6b_data,物理文件名为'd:\mn\mn6b.ndf',存储空间的初始大小为默认值,最大存储空间为不限制,文件增长量为 2MB。

(3) 事务日志文件 1 的逻辑文件名为 mn6a_log,物理文件名为'd:\mn\mn6a_log.ldf',存储空间的初始大小为 5MB,最大存储空间为 10MB,文件增长量为 5%。

(4) 事务日志文件 2 的逻辑文件名为 mn6b_log,物理文件名为'd:\mn\mn6b_log.ldf',存储空间的初始大小为 5MB,最大存储空间为 10MB,文件增长量为 5%。

```
create database mn6
on
(name = mn6a_data,filename = 'd:\mn\mn6a.mdf',maxsize = unlimited,filegrowth = 2),
(name = mn6b_data,filename = 'd:\mn\mn6b.ndf',maxsize = unlimited,filegrowth = 2)
log on
(name = 'mn6a_log',filename = 'd:\mn\mn6a_log.ldf',size = 5,maxsize = 10,filegrowth = 5%),
(name = 'mn6b_log',filename = 'd:\mn\mn6b_log.ldf',size = 5,maxsize = 10,filegrowth = 5%)
```

注意:

(1) 关键字 on 引导的是数据文件,关键字 log on 引导的是事务日志文件。

(2) 每一个文件的属性信息单独包含在一对括号(())内,各属性之间用逗号(,)分隔。

(3) 同类型的文件之间用逗号(,)分隔。

【例 4-6】 创建一个数据库 mn7,包含一个主文件组和两个次文件组,其中,

(1) 主数据文件的逻辑文件名为 mn7a_data,物理文件名为'd:\mn\mn7a.mdf',其他取默认值。

(2) 次数据文件 1 的逻辑文件名为 mn7b_data,物理文件名为'd:\mn\mn7b.ndf',其他取默认值,存放于文件组 group1。

(3) 次数据文件 2 的逻辑文件名为 mn7c_data,物理文件名为'd:\mn\mn7c.ndf',其他取默认值,存放于文件组 group1。

(4) 次数据文件 3 的逻辑文件名为 mn7d_data,物理文件名为'd:\mn\mn7d.ndf',其他取默认值,存放于文件组 group2。

(5) 事务日志文件 1 的逻辑文件名为 mn7a_log,物理文件名为'd:\mn\mn7a_log.ldf',存储空间的初始大小为 5MB,最大存储空间为 10MB,文件增长量为 5%。

(6) 事务日志文件 2 的逻辑文件名为 mn7b_log,物理文件名为'd:\mn\mn7b_log.ldf',存储空间的初始大小为 5MB,最大存储空间为 10MB,文件增长量为 5%。

```
create database mn7
on primary
(name = mn7a_data,filename = 'd:\mn\mn7a.mdf'),
filegroup group1
(name = mn7b_data,filename = 'd:\mn\mn7b.ndf'),
(name = mn7c_data,filename = 'd:\mn\mn7c.ndf'),
filegroup group2
(name = mn7d_data,filename = 'd:\mn\mn7d.ndf')
log on
(name = 'mn7a_log',filename = 'd:\mn\mn7a_log.ldf',maxsize = 10,filegrowth = 5%),
(name = 'mn7b_log',filename = 'd:\mn\mn7b_log.ldf',maxsize = 10,filegrowth = 5%)
```

4.3　数据库的修改

数据库创建后,用户可以自行查看和修改数据库的相关属性。查看、修改数据库的方法有两种：使用 SSMS 管理工具和使用 T-SQL 语句。

4.3.1　使用 SSMS 修改数据库

【例 4-7】　通过 SSMS 查看、修改数据库。

(1) 启动 SSMS,在"对象资源管理器"窗格中展开 SHUJU(服务器实例)下的 jxgl(目标数据库),右击 jxgl,在弹出的快捷菜单中选择"属性"命令,打开"数据库属性-jxgl"窗口,如图 4-8 所示。在"常规"界面中,用户可以查看数据库的名称、状态、所有者、创建日期和大小等基本信息。

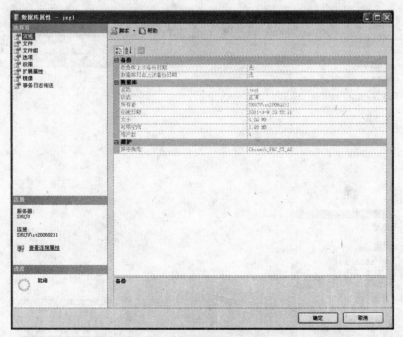

图 4-8　"数据库属性-jxgl"窗口的"常规"界面

（2）单击"文件"选项，显示如图 4-9 所示的"文件"界面，用户可以查看、添加、删除文件，还可以修改文件的属性，但不能修改现有文件的路径及文件名。

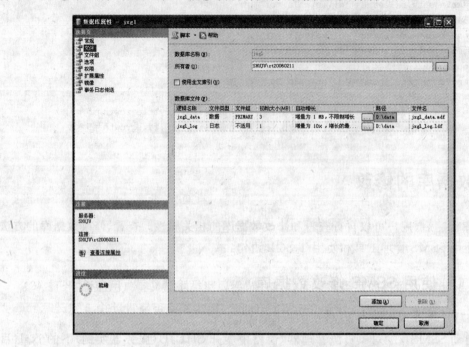

图 4-9 　"数据库属性-jxgl"窗口的"文件"界面

（3）单击"文件组"选项，显示如图 4-10 所示的"文件组"对话框，用户可以查看、添加、删除文件组。

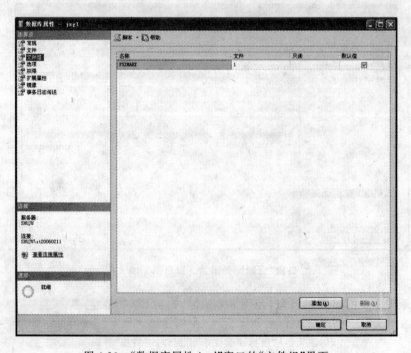

图 4-10 　"数据库属性-jxgl"窗口的"文件组"界面

注意：数据库建好后，如果想修改数据库文件的初始大小，则只能变大，不能变小。

4.3.2 使用 T-SQL 语句修改数据库

使用 T-SQL 语句修改数据库的语法格式如下：

alter database <数据库名>{

add file <文件说明>[,…n] [to filegroup <文件组名>]　　　　/* 添加数据文件 */

|add log file [<文件说明>[,…n]]　　　　　　　　　　　　　/* 添加日志文件 */

|remove file <逻辑文件名>　　　　　　　　　　　　　　　/* 删除文件 */

|add filegroup <文件组名>　　　　　　　　　　　　　　　/* 添加辅文件组 */

|remove filegroup <文件组名>　　　　　　　　　　　　　/* 删除数据库 */

|modify file <文件说明>　　　　　　　　　　　　　　　　/* 修改文件属性 */

|modify name = <数据库新名>　　　　　　　　　　　　　/* 修改数据库名 */

|modify filegroup <文件组名>{<文件组属性>|< name=文件组新名>}}/* 修改文件组 */

其中：

<文件说明>∷=

　　（name=逻辑文件名

　　[,size=初始大小]

　　[,maxsize={最大限制|unlimited}]

　　[,filegrowth=文件增长量])[,…n]

说明：

(1) <数据库名>：是要更改的数据库名称。

(2) add file：添加辅助数据文件，该文件属性由后面的<文件说明>指定。

(3) add log file：添加新的日志文件，该文件属性由后面的<文件说明>指定。

(4) remove file：删除辅助数据文件和日志文件及其描述。

(5) add filegroup：添加次要文件组。

(6) remove filegroup：删除次要文件组，删除文件组之前，要保证这个文件组为空，否则先删除这个文件组中的文件。

(7) modify file：修改 name 指定文件的相关属性，包括 size、maxsize、filegrowth。

(8) modify name：修改数据库名，即重命名数据库。

(9) modify filegroup：修改文件组属性或文件组名称。文件组属性取值如表 4-1 所示。

表 4-1 文件组属性的取值及其含义

名　称	功　能
readonly	只读，不允许更改文件组中的对象，主文件组不能设置只读
readwrite	读/写，允许更改文件组中的对象，具有排他权限的用户才能设置文件组的读/写权限
default	默认文件组，将文件组设置为默认文件组

【例 4-8】 将数据库 mn4 的主文件的最大大小改为 10MB，增长方式改为 2MB。

```
alter database mn4 modify file (name = mn4_data,maxsize = 10,filegrowth = 2)
go
```

【例 4-9】　添加一个包含两个数据文件的文件组 group1 和一个日志文件到数据库 mn4 中。

```
alter database mn4
 add filegroup group1
go
alter database mn4
 add file
(name = mn4a_data,filename = 'd:\mn\mn4a.ndf'),
(name = mn4b_data,filename = 'd:\mn\mn4b.ndf')
 to filegroup group1
go
alter database mn4
 add log file
(name = mn4a_log,filename = 'd:\mn\mn4a.ldf')
```

【例 4-10】　从 mn4 中删除文件组 group1。

```
alter database mn4 remove file mn4a_data
go
alter database mn4 remove file mn4b_data
go
alter database mn4 remove filegroup group1
```

注意：主文件组和有数据文件的文件组不能删除。

【例 4-11】　从数据库 mn4 中删除一个日志文件，并将数据库改名为 moni4。

```
alter database mn4 remove file mn4_log
go
alter database mn4 modify name = moni4
go
```

注意：不能删除主日志文件。

4.4　数据库的删除

当数据库及其中的数据失去利用价值时，可以删除数据库，以释放被占用的磁盘空间。删除数据库，会删除数据库中的所有数据和该数据库所使用的所有磁盘文件。删除数据库的方法有两种：使用 SSMS 管理工具和使用 T-SQL 语句。

4.4.1　使用 SSMS 删除数据库

使用 SSMS 删除数据库的方法如下：

启动 SSMS，在"对象资源管理器"窗格中逐级展开控制台目录，选择要删的数据库。然后按键盘的 Delete 键，或选择"操作"→"删除"命令，或在右击后的快捷菜单中选择"删除"命令，此时会打开"删除对象"窗口，单击"确定"按钮即可，如图 4-11 所示。

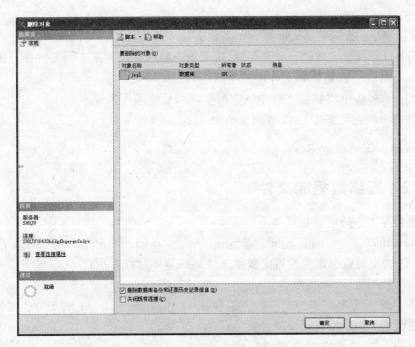

图 4-11　"删除对象"窗口

4.4.2　使用 T-SQL 语句删除数据库

语法格式如下：

drop database <数据库名称>

【例 4-12】　删除数据库 moni3。

drop database moni3

注意：使用系统存储过程 exec sp_dbremove <数据库名>也可删除指定的数据库。

4.5　数据库的压缩

压缩数据库是指将分配给数据库多余的存储空间释放出来，以节约磁盘空间。压缩数据库通常有两种方法：使用 SSMS 和使用 T-SQL 语句。T-SQL 语句有两种压缩方法。

（1）压缩数据库：dbcc shrinkdatabase。

（2）压缩数据库中的数据文件：dbcc shrinkfile。

4.5.1　压缩数据库

压缩数据库的语法格式如下：

dbcc shrinkdatabase（数据库名[，压缩目标百分比数值][，{notruncate ｜ truncateonly}]）

功能：将指定的数据库压缩到原来的百分比数。

说明：

（1）数据库名：指定要压缩的数据库名称。

（2）压缩目标百分比数值：可选参数，指明被压缩的文件为原来的文件百分比大小。

（3）notruncate：保留数据文件中的空闲空间。

（4）truncateonly：将数据文件中的空闲空间释放给操作系统。

【例 4-13】 压缩数据库 mn5 为原来的 10%。

```
dbcc shrinkdatabase (mn5,10)
```

4.5.2 压缩数据库文件

压缩数据库文件的语法格式如下：

dbcc shrinkfile({file_name|file_id}{[,target_size]|[,{emptyfile|notruncate|truncateonly}]})

功能：压缩当前数据库中的指定数据文件到一具体目标大小。

说明：

（1）file_id：指定要压缩的文件的鉴别号（Identification number，即 ID）。文件的 ID 号可以通过函数 file_id()或系统存储过程 Sp_helpdb 得到。

（2）target_size：指定文件压缩后的大小，以 MB 为单位。如果不指定此选项，SQL Server 会尽最大可能地缩减文件。

（3）emptyfile：指明此文件不再使用，将移动所有在此文件中的数据到同一文件组中的其他文件中。执行带此参数的命令后，此文件就可以用 alter database 命令来删除了。

（4）参数 notruncate 和 truncateonly，与 dbcc shrinkdatabase 命令中的含义相同。

【例 4-14】 压缩数据库 mn5 中的数据库文件 mn5_data 的大小为 5MB。

```
use mn5
dbcc shrinkfile (mn5_data,5)
```

4.6   数据库的分离和附加

数据库文件既可以在服务器停止的状态下像普通文件一样实现转移，也可以在服务器启动状态下实现转移，分离和附加就是在不停止服务器的基础上，将数据库从一台计算机转移到另一台计算机的方法，从而实现在另一台计算机上使用和管理该数据库。

4.6.1 分离

分离是使数据库与当前 SQL Server 服务器脱离关系。与删除数据库的区别在于：数据库分离后，数据库文件（.mdf、.ndf 和 .ldf 文件）仍然存储在当前服务器所在的计算机硬盘上，只不过用户无法在当前服务器上使用该数据库，常使用数据库的分离方法实现数据库文件的转移。

使用 SSMS 分离数据库的方法如下：

（1）启动 SSMS，在"对象资源管理器"窗格中逐级展开控制台目录，直到出现要分离的数据库,如数据库名称"jxgl"。然后右击该数据库的名称,在弹出的快捷菜单中选择"所有任务"→"分离数据库"命令,打开"分离数据库"窗口,如图 4-12 所示。

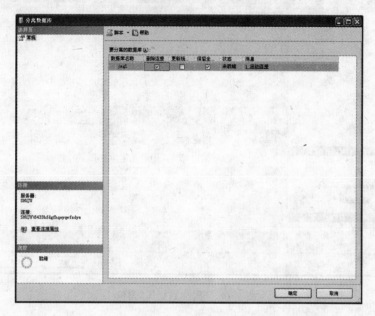

图 4-12　"分离数据库"窗口

(2) 单击"确定"按钮返回 SSMS,可见数据库 jxgl 已经消失。

4.6.2　附加

数据库只有脱离了 SQL Server 服务器,才能被自由复制和转移到其他计算机上,然后通过附加的方法将数据库文件附加到其他 SQL Server 服务器上。

使用 SSMS 附加数据库的方法如下:

(1) 启动 SSMS,在"对象资源管理器"窗格中展开 SQL Server 下的"数据库",然后右击,弹出快捷菜单,如图 4-13 所示。选择"附加"命令,打开"附加数据库"窗口,如图 4-14 所示。

图 4-13　快捷菜单

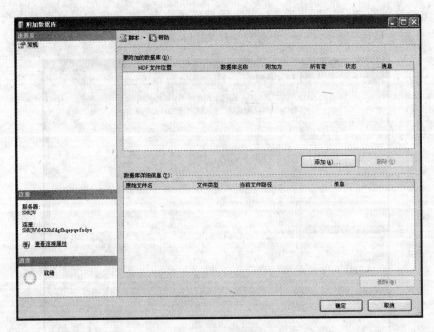

图 4-14　"附加数据库"窗口

(2) 单击"添加"按钮,打开"定位数据文件"窗口,如图 4-15 所示。搜索要附加数据库的.mdf 文件,选中正确的.mdf 文件(如 jxgl_data.mdf)后,数据库中的所有文件会自动进入"附加数据库"窗口中,如图 4-16 所示。

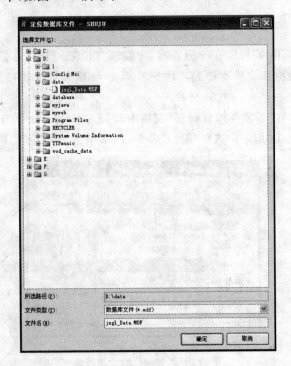

图 4-15　"定位数据文件"窗口

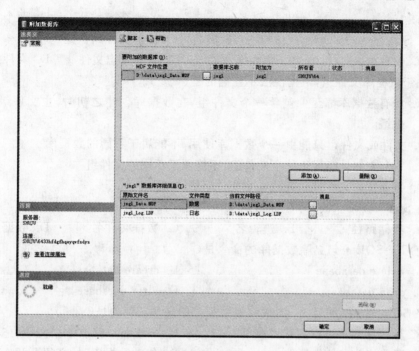

图 4-16　添加数据文件

（3）单击"确定"按钮，返回 SSMS 窗口，完成数据库 jxgl 的附加。

注意：若选错文件，会弹出一提示框，提示"无法为此请求检索数据"。

本章小结

本章主要介绍了数据库的创建和管理，数据库的创建和管理既可以通过 SSMS 执行，也可以通过 T-SQL 语句执行。每一个数据库都相当于一个容器，其中包含了表、视图、存储过程、索引、约束、触发器等数据库的操作。

习题 4

一、选择题

1. 在使用 Create Database 命令创建数据库时，filename 选项定义的是（　　）。

　　A. 文件增长量　　　　B. 文件大小　　　　C. 逻辑文件名　　　　D. 物理文件名

2. 数据库的逻辑文件名的命名必须遵循（　　）的命名规则。

　　A. 操作系统文件名　　　　　　　　B. 文件名

　　C. 标识符　　　　　　　　　　　　D. 变量名

3. 创建和使用数据库时，每个数据库至少含有（　　）个文件。

　　A. 1　　　　　　　　B. 2　　　　　　　　C. 3　　　　　　　　D. 4

4. 在 SQL Server 2005 的数据库中，每个数据库含有（　　）文件组。

A. 1 个　　　　　　　B. 1 到多个　　　　C. 0 到多个　　　　D. 两个

5. 在 SQL Server 2005 的数据库中,扩展名为.mdf 的文件默认是(　　)。

A. 主数据文件　　　B. 辅数据文件　　　C. 事务日志文件　　　D. 文件组文件

6. 关于数据库文件组,下列说法不正确的是(　　)。

A. 所有数据库都至少包含一个文件组,在数据库创建之初时,主文件组是默认文件组

B. 文件或文件组只能由一个数据库使用,不能属于不同的数据库

C. 一个文件只能属于一个文件组,不能属于不同的文件组

D. 事务日志文件必须存放在主文件组中

7. 在 SQL Server 2005 中创建数据库,必须指明(　　)。

A. 存储路径　　　B. 逻辑名　　　C. 数据文件名　　　D. 数据库名

8. 使用 T-SQL 语句删除数据库的命令是(　　)。

A. delete database　　　　　　　B. create database

C. drop database　　　　　　　　D. alter database

9. 在 SQL Server 2005 中,有关修改数据库的说法正确的是(　　)。

A. 数据库名不可以直接修改　　　　B. 一次可以修改数据文件的多个属性

C. 不能修改文件组属性　　　　　　D. 修改数据库时,必须断开连接服务器

10. 下面有关删除文件组的说法,不正确的是(　　)。

A. 可以通过 SSMS 直接删除,也可以通过 T-SQL 语句删除

B. 在删除文件组之前,必须首先删除其中包含的数据文件

C. 文件组类似于文件夹,因而可要可不要,删除不影响数据库的使用

D. 只能删除辅助文件组,不能删除主文件组

11. 下列哪一项不是事务日志文件所具有的功能(　　)。

A. 帮助用户进行计算和统计　　　　B. 记载用户针对数据库进行的操作

C. 维护数据的完整性　　　　　　　D. 帮助用户恢复数据库

12. SQL Server 2005 数据库的物理存储文件主要包括(　　)3 类文件。

A. 主数据文件、次数据文件、事务日志文件

B. 主数据文件、次数据文件、文本文件

C. 表文件、索引文件、存储过程

D. 表文件、索引文件、图表文件

13. 当数据库损坏时,数据库管理员可通过(　　)文件恢复数据库。

A. 事务日志文件　　B. 主数据文件　　C. 辅数据文件　　　D. 联机帮助文件

14. 安装 SQL Server 2005 后,会自动建立系统数据库,其中不包括(　　)数据库。

A. master　　　　B. pubs　　　　C. model　　　　D. msdb

15. 使用 T-SQL 语句修改数据文件的属性时,必须指明数据文件的(　　)属性。

A. name　　　　　B. filename　　　C. filegroup　　　D. size

二、填空题

1. SQL Server 数据库分为系统数据库、数据库快照和(　　)3 种类型。

2. 在 SQL Server 2005 数据库中,事务日志文件的扩展名默认为(　　)。

3. 用语句 create database mn 创建数据时,自动创建的数据文件的逻辑文件名是(　　)。

4. 文件组包括主文件组和辅文件组,主文件组包含主数据文件和(　　)。

5. 通过服务器属性对话框的(　　)选项可以修改新建数据库的默认位置。

6. 数据库从一台计算机移到另一台计算机上,可以通过分离和(　　)操作实现。

7. 如要压缩数据库,可以通过(　　)命令压缩数据库文件的大小。

8. 修改 SQL Server 2005 数据库名有多种方式,其中,修改数据库名的存储过程是(　　)。

9. 在数据库建立之初,(　　)是默认文件组,用户可以对其进行更改。

10. 创建数据库时,数据库的事务日志文件的默认大小是(　　)。

三、实践题

1. 在 D 盘的 stu 目录下创建一个名为 LX 的数据库,其中:

(1) 主文件逻辑名为 lx_data,物理名为 lx_data.mdf,初始大小为 5MB,最大大小为 10MB,增长方式为 1MB。

(2) 次文件逻辑名为 sx_data,物理名为 sx_data.ndf,存放在文件组 dx 中,其他属性取默认值。

(3) 日志文件逻辑名为 lx_log,物理名为 lx_log.ldf,初始大小为 2MB,最大大小为 10MB,增长方式为 5%。

2. 修改刚才建立的数据库 LX,修改如下:

(1) 增加一个文件组 dy,其中包含两个数据文件,逻辑名分别为 dya 和 dyb,物理名分别对应为 dya.ndf 和 dyb.ndf,其它属性默认值。

(2) 增加一个日志文件,逻辑名为 dy_log,物理名为 dy_log.ldf,初始大小为 1MB,最大大小为 unlimited,增长方式为 1MB。

(3) 增加两个事务日志文件,逻辑名分别为 dya_log 和 dyb_log,物理名分别对应为 dya_log.ldf 和 dyb_log.ldf,初始大小均为 1MB,最大大小均为 unlimited,增长方式均为 1MB。

3. 再次修改刚才建立的数据库 LX,修改如下:

(1) 删除逻辑名为 dya 的数据文件。

(2) 删除逻辑名为 dyb_log 的日志文件。

(3) 删除文件组 dx。

4. 利用 T-SQL 语句在 D 盘的 stud 目录下创建一个数据库 library,相关设置如下:

(1) 主文件逻辑名为 lib_data,物理名为 lib_data.mdf,其他属性取默认值。

(2) 次文件 1 逻辑名为 liba_data,物理名为 liba_data.ndf,其他属性取默认值。

(3) 次文件 2 逻辑名为 libb_data,物理名为 libb_data.ndf,存放在文件组 group2 中。

(4) 次文件 3 逻辑名为 libc_data,物理名为 libc_data.ndf,存放在文件组 group3 中。

(5) 次文件 4 逻辑名为 libd_data,物理名为 libd_data.ndf,存放在文件组 group4 中。

(6) 日志文件 1 逻辑名为 liba_log,物理名为 liba_log.ldf,其他属性取默认值。

(7) 日志文件 2 逻辑名为 libb_log,物理名为 libb_log.ldf,其他属性取默认值。

第5章

表的创建、管理和操作

本章导读：

在 SQL Server 环境中，表是存储数据和操作数据的逻辑结构，是数据库中存储的基本对象，对数据库的操作大多数是依赖于某个或某些特定的表进行的，因而对数据库的管理和操作，实质上是对表的管理和操作。

知识要点：

- 数据库表概述
- 数据类型
- 创建数据库表
- 修改数据库表
- 删除数据库表
- 简单的数据操作
- 索引

5.1 数据库表概述

表是数据库中具体组织和存储数据的对象，代表着一个实体集或者实体集之间的联系。表由行和列组成，每行对应实体集的一个实体，称为记录，每列代表一个属性，称为字段。

5.1.1 表类型

在 SQL Server 2005 中，表是数据库中存储的最基本对象，表分为系统表和用户表。

1. 系统表

默认情况下，每个数据库都有一组系统表，系统表主要记录所有服务器活动的信息，大多数系统表的表名以 sys 开头。系统表中的信息组成了 SQL Server 2005 系统使用的数据字典。任何用户都不应直接修改系统表，也不允许直接访问表中的信息。如果要访问其中的内容，最好通过系统存储过程或系统函数。

2. 用户表

用户表是由用户自定义建立的表，用来存储用户数据，它分为永久表和临时表两种。

1）永久表

永久表存储在用户数据库中,用户数据通常存储在永久表中,如果用户没有删除永久表,那么永久表及其存储的数据将永久存在。

2）临时表

临时表存储在 tempdb 数据库中,当不再使用时,系统会自动将其删除。临时表又分为本地临时表和全局临时表两种。

（1）本地临时表：表名以♯开头,仅对当前连接数据库的用户有效,若用户断开连接,则会自动删除。

（2）全局临时表：表名以♯♯开头,对所有连接数据库的用户有效,只有所有用户断开连接才自动删除。

5.1.2　建表步骤

设计表时,要事先确定需要什么样的表,每个表有哪些数据,以及表中各字段的数据类型及其属性。建表一般经过定义表结构、设置完整性约束、输入数据记录等步骤。其中,设置完整性约束既可以在定义表结构时进行,也可以在表结构定义完成之后进行。

（1）定义表结构：确定表的各列名及列属性（数据类型、数据长度、是否允许空等）。

（2）设置完整性约束：限制列数据值输入的范围,保证数据的完整性。

（3）输入数据记录：在表结构完成之后,就可以向表中输入数据了。

5.1.3　完整性约束

为了维护数据的正确性、有效性和相容性,防止错误信息的输入和输出,SQL Server 提供了主键约束、唯一约束、标识列、外键约束、检查约束和默认值约束等实现关系数据库的完整性约束、实体完整性、参照完整性和用户自定义完整性。

1. 实体完整性

又称行完整性,要求表中有一个键,其值不能取空值且能唯一地标识每一行。主要包括 Primary Key 约束、Unique 约束、列 Identity 属性、唯一索引等。

（1）主键约束（Primary Key）：限制主键约束列中不能输入重复的列值,组成 Primary Key 约束的各列值都不能为空值（Null）。一个表中只允许定义一个主键约束,且 image 和 text 类型的字段不能指定为主关键字,主键约束自动建立主键聚集索引。

主键约束的语法格式如下：

［constraint <约束名>］primary key ［clustered|nonclustered］［(<列名>［,…16］)］

（2）唯一约束（Unique）：限制非主键约束列中不能输入重复的列值,组成 Unique 约束的各列值可以为空。一个表中允许定义多个唯一约束,唯一约束自动建立唯一非聚集索引,因为 Unique 约束优先唯一索引。

唯一约束的语法格式如下：

［constraint <约束名>］unique ［nonclustered|clustered］［(<列名>［,…16］)］

（3）标识列（Identity）：标识列自动生成能唯一标识表中每一行数据的序列值（默认初

始值为 1,增量值为 1),每个表都允许有一个标识列,该列的数据类型必须是 decimal、numeric、int、smallint 或 tinyint,且不允许为空值,也不能修改、输入值,还不能有默认值。

标识列的语法格式如下:

Identity [(初始值,增量值)]

2. 参照完整性

又称引用完整性,用于保证两个相关表的数据一致性,主要通过定义主表(被参照表)的 Primary Key 或 Unique 约束和从表(参照表)的 Foreign Key 约束来实现。

其中,Foreign Key(外键约束)根据主表主键的数据集合来限制从表外键的数据相容性,作为外键的值要么是空值,要么是主表主键存在的值。相应地,包含外键的表也称为外键表,主表也称为主键表或引用表,常用外键和主键来强制参照完整性,以维护两个表之间的关系。

外键约束的语法格式如下:

[constraint <约束名>] foreign key[(<列名>[,…16])] references <主表名>(<列名>[,…16])

在创建外键约束时,必须遵循以下原则:

(1) 主表中(引用)的列名必须是主表中的候选键(通常为主键)。

(2) 外键约束分为表级约束或列级约束。在创建列级约束时,只能包括一列;在创建表级约束时,可以包括一列或多列。

(3) 从表外键的列数和主表主键的列数必须相同,并且对应列的数据类型必须相同,但是外键(被引用)列名与主键(引用)列名不必相同。

(4) 创建外键约束时,如果没有指定外键(被引用)列名,那么默认外键(被引用)列名与主键定义的(引用)列名同名。

3. 用户自定义的完整性

在 SQL Server 2005 中,用户自定义的完整性是指域完整性(也称列完整性),用于保证列数据输入的有效性和合理性。其主要包括 Default 约束、Check 约束、Not Null 约束等。

(1) 默认值约束(Default):在输入数据时若没有为某列提供值,则将所定义的默认值提供给该列。默认值可以是常量,也可以是表达式,如 getdate()返回系统日期。

默认约束的语法格式如下:

[constraint <约束名>] default <默认值>[for <列名>]

(2) 检查约束(Check):通过限制列的取值范围来强制域的完整性,与外键约束中的数据相容性规则相似,不过外键约束是依据主表主键的数据集合,检查约束是利用逻辑表达式来限制列上可接收的数据范围,而非基于其他表的数据集合。Check 约束不检查空值列,且不能在 text、ntext、image 列上定义 check 约束。

检查约束的语法格式如下:

[constraint <约束名>] check(<列名条件表达式>)

(3) 非空值约束(Not Null):限制字段不接收 Null 值,即当对表进行插入(Insert)操作时,必须给出确定的值。空值是指未填写、未知、不可用或将在以后添加的数据,并不等价于空白(空字符串)或数值 0。列默认属性为空(Null)。

非空值约束的语法格式如下:

<列名>not null

5.2　数据类型

数据类型用来表现数据的特征,决定了数据存储格式、存储长度、取值范围、数据的精度和小数位数等属性,以及可参与的运算。SQL Server 2005 数据类型分为系统数据类型和用户自定义数据类型。

5.2.1　系统数据类型

在 SQL Server 2005 中,系统数据类型包括字符串类型、unicode 字符串类型、数值类型、二进制类型、货币类型和日期/时间数据类型等。数值类型又分为整数类型、精确小数类型和浮点类型。

1．字符串数据类型

字符串数据类型是用单引号定界的字符串,包括 char、varchar 和 text 数据类型,如表 5-1 所示。char 字符串若小于定义长度,则填入空格字符,其长度不变。

表 5-1　字符串数据类型

数据类型	长　　度	取 值 范 围
char(n)	长度不变,最多 8000 个字符	固定长度的非 unicode 字符
varchar(n)	长度可变,最多 8000 个字符	可变长度的非 unicode 字符
text	长度可变,最多 2 147 483 647 个字符	可变长度的非 unicode 字符

2．unicode 字符串数据类型

unicode 字符串数据类型采用双字节存储每个字符。unicode 数据类型包括 nchar、nvarchar 和 ntext 类型,如表 5-2 所示。当 nchar 字符串小于定义长度时,以 0x00 填入。

表 5-2　unicode 字符串数据类型

数据类型	长　　度	取 值 范 围
nchar(n)	长度不变,最多 4000 个字符	固定长度的 unicode 字符
nvarchar(n)	长度可变,最多 4000 个字符	可变长度的 unicode 字符
ntext	长度可变,最多 107 341 823 个字符	可变长度的 unicode 字符

3．整型数据类型

整型数据类型是指不含小数的数值数据,包括 tinyint、smallint、int 和 bigint 数据类型,它们的区别主要在于存储的数值范围不同,如表 5-3 所示。

表 5-3 整型数据类型

数据类型	长　度	取 值 范 围
tinyint	1 字节	0~255
smallint	2 字节	$-32\,768 \sim 32\,767(-2^{15} \sim 2^{15}-1)$
int	4 字节	$-2\,147\,483\,648 \sim 2\,147\,483\,647\ (-2^{31} \sim 2^{31}-1)$
bigint	8 字节	$-9\,223\,372\,036\,854\,775\,808 \sim 9\,223\,372\,036\,854\,775\,807(-2^{63} \sim 2^{63}-1)$

4. 浮点数据类型

浮点数据类型是一种近似小数的数值数据,通常采用科学计数法近似存储十进制小数,包括 real 和 float 类型,如表 5-4 所示。

表 5-4 浮点数据类型

数 据 类 型	长　度	取 值 范 围
float	8 字节	$-1.79\mathrm{E}+308 \sim -1.79\mathrm{E}+308$
real	4 字节	$-3.40\mathrm{E}+308 \sim -3.40\mathrm{E}+308$

5. 精确小数数据类型

精确小数数据类型是指包含小数位数确定的数值数据,包括 decimal、numeric 类型,如表 5-5 所示。

表 5-5 精确小数数据类型

数 据 类 型	长　度	取 值 范 围
decimal(p,s)	精度 1~9 位时,占 5 字节	$-2^{38}+1 \sim 2^{38}-1$
	精度 10~19 位时,占 9 字节	p(精度)表示小数点两边的总位数
	精度 20~28 位时,占 13 字节	s(刻度)表示小数点右边的位数
	精度 29~38 位时,占 17 字节	$1 \leqslant p \leqslant 38, 0 \leqslant s \leqslant p$
numeric(p,s)	同 decimal	$-2^{38}+1 \sim 2^{38}-1$

6. 二进制数据类型

二进制数据类型是指用十六进制(0x 开头)表示的数据,包括 binary、varbinary 和 image 类型,如表 5-6 所示。

表 5-6 二进制数据类型

数 据 类 型	长　度	取 值 范 围
binary(n)	n+4,长度不变,最多 8000 个字节	固定长度的二进制数据
varbinary(n)	实际长度+4,长度可变,最多 8000 个字符	可变长度的二进制数据
image	长度可变,最多 2 147 483 647 个字符	可变长度的二进制数据

一般来说,最好使用 binary 和 varbinary 存储二进制数据,除非存储字节数超过了 8KB,才使用 image 类型。

7．日期和时间数据类型

日期和时间数据类型是指表示日期和时间的数据类型。日期和时间数据类型包括datetime、smalldatetime 类型，如表 5-7 所示。

表 5-7　日期和时间数据类型

数 据 类 型	长　　度	取 值 范 围
datetime	8 字节（精确到百分之三秒）	1753-1-1 00：00：00～9999-12-31 23：59：59
smalldatetime	4 字节（精确到分钟）	1900-1-1 00：00：00～2079-6-6 23：59：59

8．货币数据类型

货币数据类型是用于表示货币和现金值的数值数据，精确到小数点后 4 位。货币数据类型包括 money、smallmoney 类型，如表 5-8 所示。

表 5-8　货币数据类型

数 据 类 型	长　　度	取 值 范 围
money	8 字节	－922 337 203 685 477．580 8～922 337 203 685 477．580 7
smallmoney	4 字节	－214 748．364 8～214 748．364 7

9．其他数据类型

其他数据类型用于表示一些特殊的数据，包括 cursor、sql_variant、table、timestamp 和uniqueidentifier 类型，如表 5-9 所示。

表 5-9　其他数据类型

数 据 类 型	长　　度	取 值 范 围
bit	1 位	true 和 false
xml	－1 字节	xml 数据
sql_variant	长度可变，最多 8000 个字符	存储非 text、ntext、image、timestamp 数据
table	长度可变，最多 107 341 823 个字符	存储对表和视图处理后的结果集
timestamp	8 字节	时间戳数据类型，产生唯一的数据类型
uniqueidentifier	16 字节	存储计算机网络和 CPU 全球唯一标识的数据类型

5.2.2　用户自定义数据类型

SQL Server 提供了两种创建用户自定义数据类型的方法：使用 SSMS 创建用户自定义数据类型和使用系统存储过程创建用户自定义数据类型。

1．使用 SSMS 创建用户自定义数据类型

【例 5-1】　创建用户自定义数据类型"zipcode"，数据类型来源 char(6)，且允许空值。

（1）启动 SSMS，在"对象资源管理器"窗格中逐级展开 SQL Server 9.0→jxgl（用户自定义数据库）→"可编程性"→"类型"→"用户定义数据类型"，然后右击"用户定义数据类型"，弹出快捷菜单，选择"新建用户定义数据类型"命令，如图 5-1 所示。

图 5-1　选择命令

（2）打开"新建用户定义数据类型属性"窗口，输入数据类型的名称为"zipcode"，数据类型 char 和长度 6，并设置是否允许空值（允许），如图 5-2 所示。

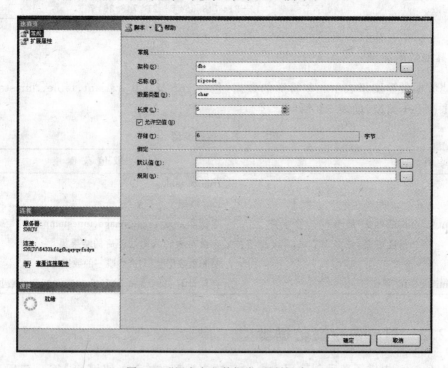

图 5-2　"用户定义数据类型属性"窗口

（3）单击"确定"按钮返回 SSMS 窗口，如图 5-3 所示，运行结果如图 5-4 所示。在此窗口中，如选择已创建的用户自定义数据类型为"zipcode"，可以将其删除。

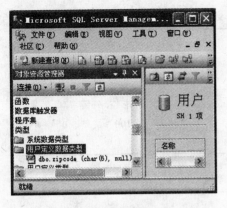

图 5-3　SSMS 窗口

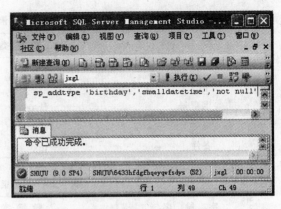

图 5-4　例 5-1 运行结果

2. 使用系统存储过程创建用户自定义数据类型

（1）使用系统存储过程创建用户自定义数据类型的语法格式如下：

sp_addtype 用户自定义数据类型名称,系统数据类型[,'null'|'not null']

（2）使用系统存储过程删除用户自定义数据类型的语法格式如下：

sp_droptype 用户自定义数据类型名称

【例 5-2】　在"jxgl"数据库中创建一个用户自定义数据类型,名称为"birthday",其数据类型来源于系统数据类型"smalldatetime",不允许为空值。

```
use jxgl
exec sp_addtype 'birthday','smalldatetime','not null'
```

5.3　创建数据库表

　　创建数据库的过程主要是定义表结构,即指定列名、数据类型、约束等。表结构定义完毕后,才能输入数据,即按行输入记录。SQL Server 提供了两种创建数据库表的方法:使用 SSMS 创建数据库表和使用 T-SQL 语句创建数据库表。

5.3.1　数据库表的逻辑结构

　　如果没有特别说明,本书程序均以数据库 jxgl 中的表作为基本表,表中数据见第 6 章,数据库 jxgl 中各表的逻辑结构的定义如表 5-10～表 5～15 所示。

表 5-10　班级信息表：班级

字 段 名	数 据 类 型	备　　注
班级号	char(6)	主键
班级名称	varchar(20)	唯一约束
班级人数	tinyint	
学制	char(1)	默认值为 4
招生性质	char(4)	

表 5-11 选修信息表：选修

字 段 名	数 据 类 型	备　注
成绩编码	int	标识，主键
学号	char(8)	非空、外键
课程号	char(2)	非空、外键
成绩	numeric(5,1)	100≥成绩≥0
备注	text	

表 5-12 学生信息表：学生

字 段 名	数 据 类 型	备　注
学号	char(8)	非空、主键
姓名	char(6)	非空
性别	char(2)	默认值男
出生日期	datetime	
总分	int	
籍贯	char(4)	默认值安徽
备注	text	
照片	image	

表 5-13 教师信息表：教师

字 段 名	数 据 类 型	备　注
工号	char(6)	非空、主键
姓名	char(6)	非空
性别	char(2)	默认值男
出生日期	datetime	
工作日期	datetime	
职称	char(6)	
基本工资	int	
婚否	bit	默认值 0

表 5-14 课程信息表：课程

字 段 名	数 据 类 型	备　注
课程号	char(2)	主键
课程名称	varchar(20)	唯一约束
课程类型	char(4)	
学时	smallint	学时≥0
学分	tinyint	学分≥0
备注	text	

表 5-15 授课信息表：授课

字 段 名	数 据 类 型	备 注
工号	char(6)	非空、外键
课程号	char(2)	非空、外键
班级号	char(6)	非空、外键
课酬	int	3000≥课酬≥0
学期	char(1)	
评价	text	

5.3.2 使用 SSMS 创建数据库表

【例 5-3】 使用 SSMS 创建"班级"表，并设置班级号为主键，设置学制的默认值为 4。

操作步骤如下：

（1）启动 SSMS，在"对象资源管理器"窗格中展开要创建表的数据库（jxgl），然后选择"表"并右击，弹出快捷菜单，选择"新建表"命令，如图 5-5 所示。

（2）在打开的"新建表"窗口中设置各列的属性：列名、数据类型（长度、精度、小数位数）、是否允许空、默认值等，如图 5-6 所示。

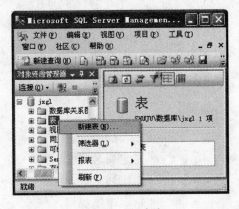

图 5-5 选择命令

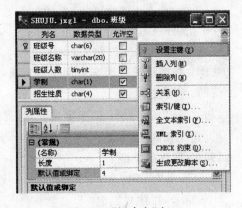

图 5-6 "新建表"窗口

注意：

① 选中列名"班级号"后，在窗口中的任意位置右击，弹出快捷菜单，选择"设置主键"命令即将"班级号"设置为主键。"班级号"左侧有一把钥匙标记即表示已经被设置为主键。

② 右击列名（如"班级号"）所在行的任何位置，弹出快捷菜单，选择"插入列"命令可以在当前列前增加列；选择"删除列"命令可以删除当前列；另外，列的上下位置也可以调整：选择要移动的列，然后拖动该列到要释放的位置即可。

③ 指定列的默认值、定义计算列、定义标识列等属性，必须通过"列属性"栏设置。

（3）在编辑完各列的属性后，单击"新建表"窗口右上角的"关闭"按钮，弹出"选择名称"对话框，输入表名称"班级"，如图 5-7 所示。

（4）单击"确定"按钮，返回 SSMS 窗口，在"对象资源管理器"窗格中展开"表"节点，可看到"班级"表，如图 5-8 所示。

图 5-7　"选择名称"对话框

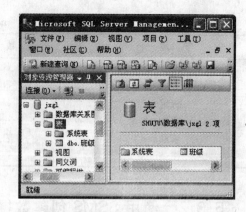

图 5-8　SSMS 窗口

5.3.3　使用 T-SQL 语句创建数据库表

语法格式如下：

create table [数据库名.[所有者].| 所有者.] <表名>(

{<列定义说明>| [<列名>as <计算列表达式>] | [<表约束说明>]}

| [{primary key|unique}] [,…n])

[on {文件组名|default}]　　　　　　　 /＊指定存储表的文件组＊/

[textimage_on{文件组名|default}]　　 /＊指定存储 text、ntext 和 image 类型的文件组＊/

功能：在指定的数据库上创建一个表，省略数据库名时，在当前数据库上创建表。

说明：

(1) <列定义说明>：用来定义一列，列的定义如下：

<列定义说明>::＝

{列名 列数据类型　　　　　　　　　　　　 /＊指定列名、数据类型＊/

[not null | null] }　　　　　　　　　　 /＊指定列空值非空值约束＊/

[collate <排序规则名>]　　　　　　　　 /＊指定排序规则＊/

[[[constraint <约束名>] default <常量表达式>]　 /＊指定默认值＊/

| [identity[(初始值,增量)] [not for replication]]　 /＊指定列为标识列＊/

]

[rowguidcol]　　　　　　　　　　　　　 /＊指定列为全局标识符列＊/

[<列约束说明>][,…n]　　　　　　　　　 /＊指定列的约束＊/

(2) [<列名>as <计算列表达式>]：用来定义计算列，计算列由同一表中的其他列通过表达式计算得到，物理上并不存储在具体的表中。计算列不能用作 default 或 foreign key 约束定义，也不能和 not null 一起定义，但可作为 primary key 或 unique 约束的一部分。

(3) {primary key|unique}：定义列的主键和唯一性索引。

(4) <表约束说明>：定义表约束，约束格式如下：

<表约束说明>::＝

[constraint <约束名>] {

［{ primary key|unique}　　　　　　　　/ * 定义主键,唯一性约束 * /

　　{(列名[asc|desc][,…16])}　　　　　 / * 定义索引升序或降序的列名 * /

　　[clustered|nonclustered]　　　　　　 / * 定义聚集索引、非聚集索引 * /

　　[with fillfactor= fillfactor]　　　　 / * 定义唯一性约束为非聚集 * /

　　[on {文件组|default }]]

|[foreign key[(列名[,…16])]　　　　　　 / * 定义外键约束 * /

　　references 参照表名 [(参照列名[,…n])]　 / * 外键约束的引用表及其列 * /

　　[on delete {cascade| on action}]　　　 / * 是否级联删除子表的相关行 * /

　　[on update {cascade| on action}]　　　 / * 是否级联更新子表的相关行 * /

　　[not for replication]]

|check(逻辑表达式) [not for replication]}

（5）<列约束说明>:定义列约束说明,约束格式如下:

<列约束说明>::=

[constraint 约束名] {

　[null|not null]

|[{primary key|unique}[clustered|nonclustered][with fillfactor= fillfactor]

　　[on {文件组名 |default }]]

|[foreign key refrences 参照表名 [(参照列名)]

　　[on delete {cascade| on action}]

　　[on update {cascade| on action}]

　　[not for replication]]

|check(逻辑表达式) [not for replication]}

（6）on {文件组名|default}:用来指定存储表的文件组。没有指定 on 参数值或默认时均为默认文件组。

（7）textimage_on{文件组名|default}:用来指定存储 text、ntext 和 image 类型数据的文件组,没有指定 textimage_on 参数值或默认时均与表存储在同一个文件组中。

【例 5-4】　使用 T-SQL 语句创建"授课"表,但不设置其相关约束。

```
use jxgl
create table 授课
(工号 char(6),课程号 char(6),班级号 char(6),课酬 int,学期 char(1))
```

【例 5-5】　使用 T-SQL 语句创建"教师"表,仅设置"工号"列为主键,不设置其他约束。

```
use jxgl
create table 教师
(工号 char(6) constraint pk_教师_工号 primary key
,姓名 char(6)
,性别 char(2)
,出生日期 datetime
,工作日期 datetime
,职称 char(6)
,基本工资 int
,婚否 bit)
```

注意:第 3 行中的子句 constraint pk_教师_工号可以省略时,省略时会产生一个随机分配的约束标志名。

【例 5-6】 使用 T-SQL 语句创建"学生"表,设置学号为非空、主键,姓名为非空,性别默认值为"男",不设置籍贯的默认约束。

```
use jxgl
create table 学生(
学号 char(8) not null constraint pk_学生 primary key,
姓名 char(6) not null,
性别 char(2) constraint df_学生_性别 default '男',
出生日期 datetime,
总分 int,
籍贯 char(4),
备注 text,
照片 image)
```

在"对象资源管理器"窗格中展开数据库 jxgl 的"表"节点,可以查看"学生"表的信息,如图 5-9 所示。

【例 5-7】 使用 T-SQL 语句创建"选修"表,并设置成绩编码为标识列,学号为非空、外键约束于"学生"表的"学号"列,学号和课程号共同建立主键,成绩检查约束在 0 到 100 之间。

```
use jxgl
create table 选修(
成绩编码 int identity(1,1)
,学号 char(8) not null constraint fk_学号 foreign key references 学生(学号)
,课程号 char(2) not null
,constraint pk_选修 primary key(学号,课程号)
,成绩 tinyint check(成绩>=0 and 成绩<=100)      /*check 约束也可以设置约束名*/
,备注 text)
```

在"对象资源管理器"窗格中展开数据库 jxgl 的"表"节点,可以查看"选修"表的信息,如图 5-10 所示。

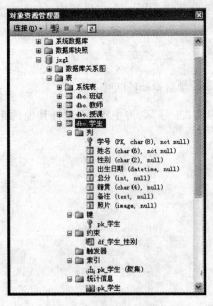

图 5-9　"学生"表信息

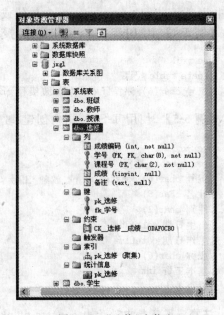

图 5-10　"选修"表信息

5.4 修改数据库表

修改表不仅能修改表的结构，如增加和删除列，修改现有列的属性，还能增加、删除、启动和暂停约束。但是修改表时，不能破坏表原有的数据完整性，如不能为有主关键字列的表再增加一个主关键字列，不能为有空值的列设置主键约束等。

对于修改表，SQL Server 2005 同样提供了两种方法：使用 SSMS 修改数据库表和使用 T-SQL 语句修改数据表。

5.4.1 使用 SSMS 修改数据库表

启动 SSMS，在"对象资源管理器"窗格中展开控制台目录，选择要修改的表，如"班级"表，即可修改该表的结构和列的属性等，其方法参照创建表的方法。

【例 5-8】 用 SSMS 修改"授课"表，将其"班级号"列设置为外键，对应于"班级"表的"班级号"列。

（1）启动 SSMS，在"对象资源管理器"窗格中逐级展开各项，直至展开"授课"表的"键"节点，然后右击，在弹出的快捷菜单中选择"新建外键"命令，如图 5-11 所示。

图 5-11 选择命令

（2）弹出"外键关系"对话框，可见"选定的 关系"列表中添加了一个关系名称（默认格式：FK_外键表名_主键表名），如图 5-12 所示。

（3）在"选定的 关系"列表中选中要编辑的关系，在对话框右侧选择"表和列规范"选项，如图 5-13 所示。然后单击其右侧的"浏览"按钮，弹出"表和列"对话框，如图 5-14 所示。

注意：

① 如果设置"在创建或重新启用时检查现有数据"选项为"是"，则表示检查两表之间现有数据是否符合参照完整性，如果符合参照完整性就允许建立关系，否则不允许建立。

② 如果设置"强制用于复制"选项为"是"，则表示复制两表时也要遵循参照完整性。

③ 如果设置"强制外键约束"选项为"是"，则表示插入或更新表时要符合参照完整性，否则拒绝插入或更新操作。

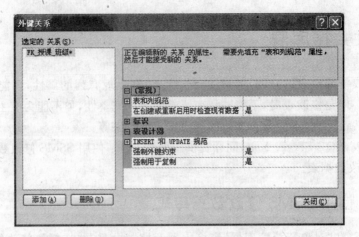

图 5-12   "外键关系"对话框 1

图 5-13   "外键关系"对话框 2

图 5-14   "表和列"对话框 1

④ 在③的基础上,如果设置"更新规则"选项为"层叠",则表示更新主键表的键值时,自动更新外键表的关联列值。

⑤ 在③的基础上,如果设置"删除规则"选项为"层叠",则表示删除主键表的记录时,自动删除外键表的关联记录。

(4) 在"表和列"对话框中,依次设置主键表"班级"的主键列"班级号"、外键表"授课"的外键列"班级号",如图 5-15 所示。

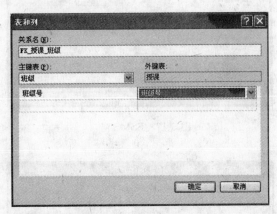

图 5-15　"表和列"对话框 2

(5) 单击"确定"按钮,返回"外键关系"对话框,如图 5-16 所示。

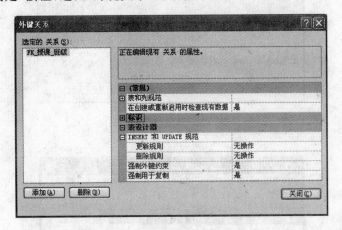

图 5-16　"外键关系"对话框 3

(6) 单击"关闭"按钮,返回 SSMS 对话框,如图 5-17 所示。单击其右侧"表设计器"中的任意位置,然后单击"保存"按钮,会弹出"保存"对话框,如图 5-18 所示,单击"是"按钮即可。

注意：外键约束关联于主键,因此必须确保先有对应的主键表。

【例 5-9】　使用 SSMS 为"授课"表的"课酬"列设置 check 约束,约束于 0 到 3000 之间。

(1) 启动 SSMS,在"对象资源管理器"窗格中逐级展开各项,直至展开"授课"表的"约束",然后右击,在弹出的快捷菜单中选择"新建约束"命令,如图 5-19 所示。

(2) 单击释放后,弹出"CHECK 约束"对话框,选中"表达式"选项,然后在其右侧的文本框中输入"课酬≥=0 and 课酬<=3000",如图 5-20 所示。

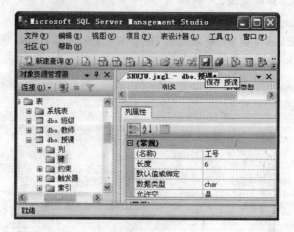

图 5-17 SSMS 窗口

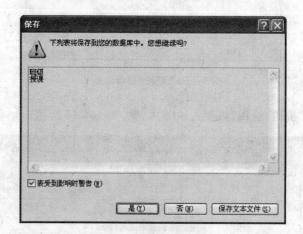

图 5-18 "保存"对话框

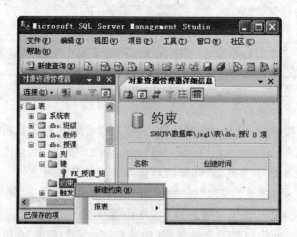

图 5-19 SSMS 的"check 约束"界面 1

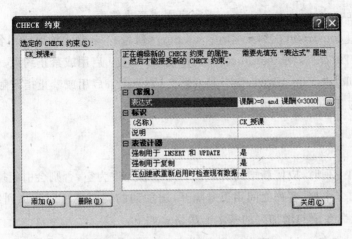

图 5-20 SSMS 的"check 约束"界面 2

(3) 后续步骤参照例 5-8 的(3)～(6)。

注意：右击表名(如"班级"表)，弹出快捷菜单，选择"重命名"命令还可以更改表名。

5.4.2 使用 T-SQL 语句修改数据库表

可以使用 T-SQL 语句 alter table 来修改表结构，包括添加列、添加约束、修改列属性、删除列、删除约束等操作。其语法格式如下：

alter table <表名>{

[alter column <列名>{新数据类型[(小数精度[,小数范围])]

[collate <排序规则>]

[null|not null]|{add|drop}rowguidcol}]

|[add{<列定义>|<列名>as <计算列定义>}[,…n][with {check|nocheck}]]

|[add{<表约束>[,…n]}[with {check|nocheck}]]

|[drop{[[constraint]<约束名>]|[column <列名>]}[,…n]]

|[{check|nocheck}constraint{all|约束名[,…n]}]

|[{enable|disable}trigger{all|触发器名[…n]}]

}

说明：

(1) alter column <列名>{新数据类型[(小数精度[,小数范围])]：更改给定列的数据类型、小数精度、小数范围。

(2) collate <排序规则>：指定列的新的排序规则。

(3) null|not null：指定列是否接收空值。

(4) {add|drop}rowguidcol：在指定列上添加或删除 rowguidcol 属性。

(5) add{[<列定义>]|<列名>as <计算列定义>}[,…n]：添加一个新列定义、计算列表达式、列约束。

(6) add{<表约束>[,…n]}：添加一个新列约束。

(7) [with check|with nocheck]：指定启用或禁止约束。

(8) drop{[[constraint]<约束名>]|[column <列名>]}：删除约束或列名。

(9) {check|nocheck}constraint{all|约束名[,…n]}：启用或禁止约束。

(10) {enable|disable}trigger{all|触发器名[,…n]}：启用或禁止指定触发器。

将修改表的 T-SQL 语句可以简化成以下几种形式：

1. 增加列

向表中增加一列时，应使新增列有默认约束或者允许为空，否则会引起操作出错。可以向表中同时增加多个列，各列之间用逗号隔开，增加列的同时还可以附加列约束定义信息。使用 alter table 命令语句增加列的基本语法格式如下：

alter table <表名>add {<列名><数据类型和长度>[列约束] }[,…n]

【例 5-10】 向"班级"表中添加一列，列名为"班主任"，其具有唯一性约束。

```
use jxgl
alter table 班级 add 班主任 varchar(6) constraint Uk_班级_班主任 unique
```

【例 5-11】 向"选修"表中添加一列，列名为"等级"，数据类型为 varchar(6)，其默认约束为"合格"。

```
use jxgl
alter table 选修 add 等级 varchar(6) constraint df_选修_等级 default '合格'
```

【例 5-12】 为"学生"表中增加一列，列名为"邮政编码"，并附加一个 check 约束，限制输入到列的数据范围为 6 位数字且以"23"开头。

```
use jxgl
alter table 学生
add 邮政编码 char(6)
constraint Ck_学生_邮政编码 check(邮政编码 like '23[0-9][0-9][0-9][0-9]')
```

2. 增加约束

增加约束时，如果新增约束与表中的原有数据有冲突，将导致异常，终止命令执行。如果想忽略新增约束对原有数据的检查，可以使用 with nocheck 选项，使新增约束只对以后的数据起作用。使用 alter table 命令语句添加列约束定义的基本语法格式如下：

alter table <表名>add constraint <约束名><约束定义>[with nocheck|check]

【例 5-13】 为"教师"表中的"性别"列设置默认约束，默认值为"男"。

```
use jxgl
alter table 教师
  add constraint df_教师_性别 default '男' for 性别
```

【例 5-14】 为"班级"表中的列名为"班级人数"的列添加一个 check 约束，但不检查表中的现有数据，限制输入到列的数据范围为 40~60。

```
use jxgl
alter table 班级
  add constraint Ck_班级_班级人数 check(班级人数> = 40 and 班级人数< = 60) with nocheck
```

【例 5-15】 为"选修"表中列名为"课程号"的列添加一个"外键约束"于课程表。

```
use jxgl
alter table 选修
  add constraint Fk_选修_课程号 foreign key(课程号) references 课程(课程号)
```

3. 修改列

修改列只能修改列的数据类型及其列值是否为空等属性,使用 alter table 命令语句修改表中列定义的基本语法格式如下:

alter table <表名>alter column <列名><新数据类型和长度>[(<精度>[,<小数位数>])]

【例 5-16】 将"班级"表中列名为"班级名称"的列的数据类型修改为 char(20)。

```
use jxgl
alter table 班级
  alter column 班级名称 char(20) null
```

注意:如将一个原来允许为空的列修改为不允许为空(not null),必须确保该列中没有存放空值,且该列上没有建立索引。

4. 删除约束

使用 alter table 命令语句删除列约束定义的基本语法格式如下:

alter table <表名>drop constraint <约束名>

【例 5-17】 将"选修"表中的主键约束删除。

```
use jxgl
alter table 选修
  drop constraint pk_选修
```

【例 5-18】 将"选修"表中列名为"等级"的列的约束删除。

```
use jxgl
alter table 选修 drop constraint df_选修_等级
```

5. 删除列

有约束的列或者与其他列有关联的列不能直接删除,在删除列之前必须先删除该列的约束或该列的关联信息。使用 alter table 命令语句删除列定义的基本语法格式如下:

alter table <表名>drop column <列名>[,…n]

【例 5-19】 将"选修"表中列名为"等级"的列删除。

```
use jxgl
alter table 选修 drop column 等级
```

【例 5-20】 将"学生"表中的"邮政编码"列删除("邮政编码"的约束没有删除)。

```
use jxgl
alter table 学生 drop column 邮政编码
```

6. 启用和暂停约束

使用 check 和 nocheck 选项可以启动或暂停 SQL Server 的某个或全部约束对新数据的约束检查,但不适用于主键约束和唯一约束。

【例 5-21】 暂停"选修"表中的外键约束(Fk_选修_课程号)。

```
use jxgl
alter table 选修 nocheck constraint Fk_选修_课程号
```

【例 5-22】 暂停"学生"表中的 check 约束和默认约束。

```
use jxgl
go
alter table 学生 nocheck constraint all
```

注意:使用系统存储过程 sp_rename 也可以修改表名或表列名,或使用带参数'column'的系统存储过程 sp_rename 修改列名。

【例 5-23】 使用系统存储过程修改表名"学生"为"student"。

```
use jxgl
exec sp_rename 学生,student
```

【例 5-24】 使用系统存储过程将学生的"姓名"列修改为"学生姓名"。

```
use jxgl
go
exec sp_rename '学生.姓名','学生姓名','column'
```

5.5 删除数据库表

当表确实不需要时,可以删除表。表的所有者可以删除所属数据库中的任何表,但不能删除系统表和外键约束所引用的表,如果确实需要删除,可以先删除外键约束的表或取消外键约束。删除表时会删除表中的所有数据,以及表索引、触发器、约束和权限规范等。

5.5.1 使用 SSMS 删除数据库表

在 SSMS 中逐级展开各项,直到展开数据库 jxgl 的"表"节点,然后选择要删除的表,如"班级"表,如图 5-21 所示,选择"编辑"→"删除"命令,此时会弹出"删除对象"对话框,如图 5-22 所示,单击"确定"按钮,就可以删除表。

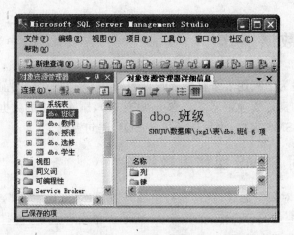

图 5-21 选择"班级"表

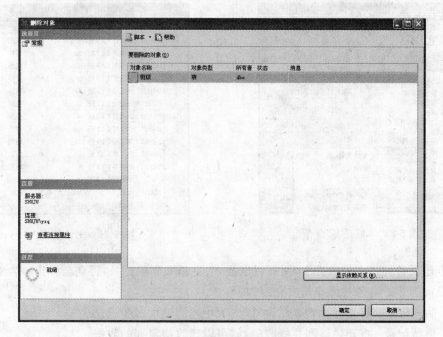

图 5-22 "删除对象"对话框

5.5.2 使用 T-SQL 语句删除数据库表

也可以使用 T-SQL 删除数据表,其语法格式如下:

drop table <表名>

【例 5-25】 删除"班级"表。

```
use jxgl
drop table 班级
```

5.6   简单的数据操作

创建表的目的是为了利用表来存储和管理数据,实现数据存储的前提是向表中插入(添加)数据,要实现表的良好管理则需要经常更新(修改)、删除表中的数据。插入、更新和删除等操作既可以通过 SSMS 完成,也可以通过 T-SQL 语句完成。

5.6.1   使用 SSMS 操作表数据

启动 SSMS,在"对象资源管理器"窗格中展开数据库 jxgl 的"表",然后右击"班级"表,弹出快捷菜单,选择"打开表"命令,如图 5-23 所示。单击释放后,会打开如图 5-24 所示的窗口,在其中可以浏览现有数据。

图 5-23   "打开表"命令

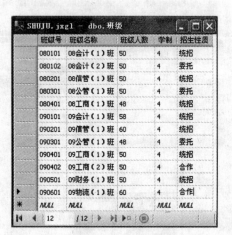

图 5-24   浏览数据

在不违反各种约束的前提下,用户可以插入、更新和删除记录,否则会弹出警告对话框,并终止当前操作。对各种操作简要介绍如下:

(1) 插入记录:将光标移到表尾,可以向表中连续追加多条记录。

(2) 更新记录:将光标移到要修改的列,可以修改指定列的数据。

(3) 删除记录:选择要删除的行,右击后,在弹出的快捷菜单中选择"删除"命令即可。

5.6.2   使用 T-SQL 语句操作表数据

有关利用 T-SQL 语句操作表数据的内容请参考第 6 章。

5.7   索引

索引提供指针指向存储在表中指定列的数据值,然后根据指定的次序排列这些指针,从而使程序无须浏览整个表,就可以快速找到所需的数据,并强制实施某些数据完整性。

5.7.1 索引概述

在数据库中，索引类似于书的目录，使数据库用户对数据库的查询无须逐行扫描，而是通过遍历索引树结构的方法查找所需行的存储位置，并通过查找结果提取所需的行。

1. 索引的概念

索引是对数据表中的一列或多列的值进行排序而创建的一种结构分散的数据库对象。索引对表中的数据提供了逻辑顺序，可以提高数据的查询响应速度，另外，索引也能加快 select 语句中 group by 和 order by 子句的查询速度，但过多的索引会增加额外开销。通常情况下，只有需要经常查询数据的列，才需要在表上创建该列的索引。如果需要频繁地更新数据，或磁盘空间不足，最好限制索引的数量。

2. 索引结构

B-Tree(Balanced Tree，平衡树)的顶端结点称为根结点，底层结点称为叶结点，在根结点和叶结点之间的结点称为中间结点。B-Tree 数据结构从根结点开始，以左右平衡的方式排列数据，中间可以根据需要分成多层。

3. 索引的类型

在 SQL Server 2005 中，根据索引的存储结构来分，可以将索引分为聚集索引和非聚集索引两大类；根据索引列是否允许重复值的性质来分，可以将索引分为主键索引、唯一性索引和普通索引三大类；根据索引列包含的列数来分，可以将索引分为单列索引和复合列索引。

1) 聚集索引和非聚集索引

聚集索引和非聚集索引都是使用 B-Tree 的结构来建立的，而且都包括索引页和数据页（叶结点），其中，索引页用来存放索引和指向下一层的指针，数据页用来存放记录。

（1）聚集索引：按数据行的键值排序并存储数据行，使得数据行的物理顺序与索引顺序一致。

（2）非聚集索引：独立于数据行的结构，仅存储键值和指针，并通过指针指向对应数据行。

一个表中最多只能存放一个聚集索引，但可以有 0～249 个非聚集索引。如果既要创建聚集索引，又要创建非聚集索引，则应该先创建聚集索引，再创建非聚集索引。

2) 主键索引、唯一性索引和普通索引

（1）主键索引：是一种特殊的唯一索引，是在创建主键约束时自动建立的索引。主键索引默认是聚集索引，键值不允许重复值，主键索引只能通过表的主键约束自动建立。

（2）唯一索引：索引的列或列组合的值必须具有唯一性，即任何两条记录的索引值都不能相同（包括空值）。为表的某列建立唯一性约束时会自动建立唯一索引。

（3）普通索引：允许键值有重复值。

一个表中最多只能存放一个主键索引，但可以有一个或多个唯一索引和普通索引。唯一索引和普通索引默认是非聚集索引。

3）单列索引和复合索引

（1）单列索引：是依据表中的单列建立的索引。

（2）复合索引：是依据表中的多列建立的索引，最多16列，列名之间用逗号(,)隔开，列长度累计不能超过900字节。

5.7.2　索引的建立

SQL Server 2005提供的建立索引的方式分为两类：直接创建和间接创建。

（1）直接创建：使用SSMS创建索引或者使用T-SQL语句的create index语句创建索引。

（2）间接创建：通过创建表的主键约束和唯一约束自动创建主键索引和唯一索引。

1. 系统自动建立索引

在SQL Server 2005中，通过设置主键约束和唯一约束自动创建主键索引和唯一索引。

【例5-26】　创建"课程"表，并建立"课程号"主键、"课程名称"唯一约束。

```
create table 课程(
课程号 char(2) constraint pk_课程_课程号 primary key,
课程名称 varchar(20) constraint uk_课程_课程名称 unique,
课程类型 char(4),
学时 smallint,
学分 tinyint,
备注 text)
```

运行程序后，可以在SSMS中查看索引信息。操作步骤如下：

（1）在"对象资源管理器"窗格中展开"课程"表的"键"和"索引"节点，可以同时看到键信息和索引信息，如图5-25所示。

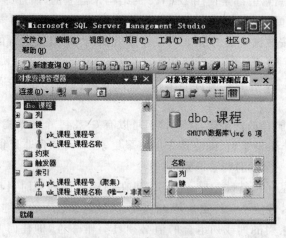

图5-25　查看键信息和索引信息

（2）如需查看详细索引信息，可打开"表设计器"，右击列名，在弹出的快捷菜单中选择"索引/键"命令，如图5-26所示。

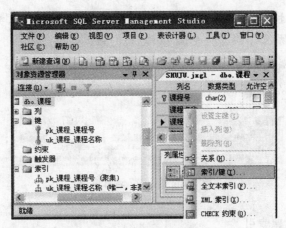

图 5-26　选择"索引/键"命令

（3）单击释放后，弹出"索引/键"对话框，如图 5-27 所示，显示了系统自动建立的"pk_
课程_课程号"的主键索引信息界面。单击"uk_课程_课程名称"，打开"uk_课程_课程名称"
的唯一索引信息界面，如图 5-28 所示。

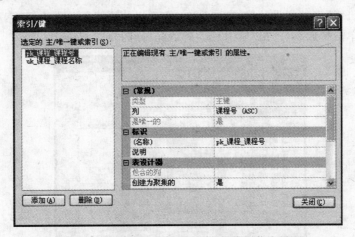

图 5-27　"pk_课程_课程号"的主键索引信息界面

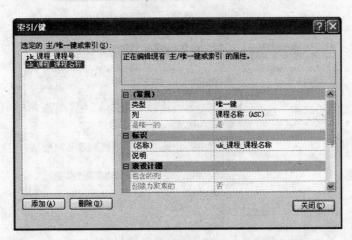

图 5-28　"uk_课程_课程名称"的唯一索引信息界面

注意：通过存储过程 sp_helpindex <表名>也可以查看索引信息，并以表格形式显示。

【例 5-27】 利用系统存储过程查看"课程"表的索引信息。

```
exec sp_helpindex '课程'
```

运行结果如图 5-29 所示。

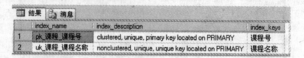

图 5-29   例 5-27 运行结果

2. 通过 SSMS 创建索引

利用 SSMS 建立索引有多种方法，既可以使用表设计器建立，也可以使用索引管理器建立。这里我们介绍最常用的方法，即利用表设计器建立索引。

【例 5-28】 为"班级"表的"班级名称"列建立唯一索引。

操作步骤如下：

(1) 打开"班级"表的表设计器，右击列名，在弹出的快捷菜单中选择"索引/键"命令，如图 5-30 所示。单击释放后，弹出"索引/键"对话框，如图 5-31 所示。

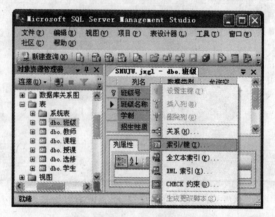

图 5-30   选择"索引/键"命令

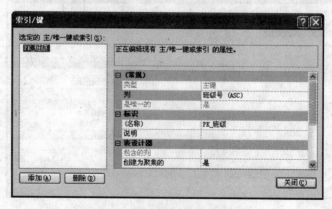

图 5-31   "索引/键"对话框

（2）单击"添加"按钮，则添加一个索引，如图 5-32 所示，然后在对话框右侧设置"类型"为"索引"、"列"为"班级名称（ASC）"、"是唯一的"为"是"，如图 5-33 所示。

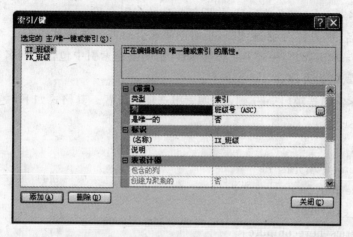

图 5-32　添加索引

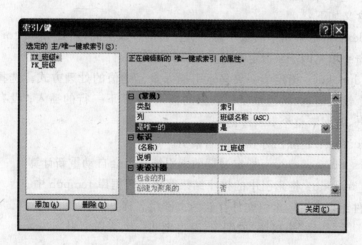

图 5-33　设置属性

（3）单击"关闭"按钮，返回表设计器，然后单击"保存"按钮，完成对表的修改。

3. 使用 T-SQL 语句建立索引

可以使用 T-SQL 语句的 create index 命令建立索引，其语法格式如下：

create [unique][clustered|nonclustered] index <索引名>

on ⟨表名|视图名⟩(列名[asc|desc][,…n])

[with <索引选项>[,…16]]

[on 文件组名]

功能：创建唯一索引或普通索引，不适用于主键索引，主键索引需通过主键约束建立。

说明：

（1）unique：指明创建的索引是唯一索引，否则是普通索引。

（2）clustered|nonclustered：可选项目，其中，clustered 表示创建聚集索引，nonclustered 表示创建非聚集索引，默认为非聚集索引。

（3）index <索引名>：必选项目，指明新创建的索引名称。

（4）on{表名|视图名}：必选项目，指明创建索引的表名或视图名。

（5）（列名[asc|desc][,…16]）：必选项目，指明创建索引中包含的列名，asc 表示升序，desc 表示降序，默认为升序。

（6）[with <索引选项>[,…n]]：指明索引选项的设置。其格式如下：

```
<索引选项>::={
 pad_index
    [fillfactor=填充因子]
    [ignore_dup_key]
    [drop_existing]
    [statistics_norecompute]
    [sort_in_tempdb] }
```

各选项的含义如下：

① pad_index：指定索引中间级中每个页保持的开放空间，需要 fillfactor 配合。

② fillfactor=填充因子：指定索引存储页的填充率。

③ ignore_dup_key：指定唯一聚集索引插入重复键值的处理方式。选择此项时，SQL Server 返回一个错误信息，跳过重复行数据的插入，继续下一行的插入；没有此项时，则返回一个错误信息，并回滚整个 insert 语句。

④ drop_existing：删除已存在的同名索引。

⑤ statistics_norecompute：指定过期的索引统计不会自动重新计算。

⑥ sort_in_tempdb：将索引中的排序结果存储在数据库 tempdb 中。

（7）on 文件组名：指定索引文件存储的文件组名称。

【例 5-29】 为"选修"表按照"成绩"列降序创建一个普通索引。

```
create index ix_选修_成绩 on 选修(成绩 desc)
```

5.7.3　索引的删除

对于通过设置 primary key 约束或 unique 约束自动创建的主键索引或唯一索引，必须通过删除约束的方法来删除索引。对于用户创建的其他索引，可以在 SSMS 中删除，也可以使用 T-SQL 语句删除。

（1）使用 SSMS 删除索引，可参照 5.7.1 节的图 5-25。选择要删除的索引，然后单击"删除"按钮即可。

（2）使用 T-SQL 语句删除索引的语法格式如下：

drop index <表名.索引名>

功能：删除用户自定义表中指定名称的索引。

注意：当删除聚集索引时，所有非聚集索引将被重建，不能删除系统表的索引。

5.7.4 索引的维护

随着更新操作的不断执行,数据存储空间会变得非常凌乱,妨碍了数据的并行扫描,降低了数据的查询性能,为了有效提高索引查询性能,必须维护统计信息和对索引进行维护。

1. 维护统计信息

SQL Server 2005 提供了以下检查和更新统计信息的语句。

(1)使用 dbcc show_statistics 命令显示指定索引的统计信息。

【例 5-30】 显示"课程"表中"pk_课程_课程号"索引的统计信息。

```
use jxgl
go
dbcc show_statistics(课程,pk_课程_课程号)
```

(2)使用 update statistics 命令更新表或视图中的索引的统计信息。

【例 5-31】 更新"课程"表中所有索引的统计信息。

```
use jxgl
go
update statistics 课程
```

(3)使用 sp_updatestats 命令更新当前数据库中所有用户定义的表的索引统计信息。

【例 5-32】 更新"jxgl"数据库中所有用户表的索引统计信息。

```
use jxgl
go
excute sp_updatestats
```

(4)使用 dbcc showconfig 命令显示指定表(视图)的数据和索引的碎片信息。

【例 5-33】 更新"课程"表中的"pk_课程_课程号"索引的碎片统计信息。

```
use jxgl
go
dbcc showconfig(课程,pk_课程_课程号)
```

2. 重建和整理索引

删除表上的聚集索引,然后重建聚集索引,将会重组数据,剔除数据碎片,填满数据页,但也会重建非聚集索引,从而增加了"开支"。为此 SQL Server 提供了以下方法:

(1)使用 dbcc indexdefrag 命令清理碎片,但不必重建每个索引。

【例 5-34】 清理"课程"表中的"pk_课程_课程号"索引的碎片。

```
use jxgl
go
dbcc indexdefrag(jxgl,课程,pk_课程_课程号)
```

（2）使用 with drop_existing 子句优化索引。

【例 5-35】 重新创建"选修"表中的"成绩"列的索引。

```
use jxgl
go
create index ix_成绩 on 选修(成绩) with drop_existing fillfactor = 90
```

本章小结

　　表是数据库中的最基本对象，是用户组织、管理和存储数据的逻辑结构，本章主要介绍数据库表的创建和管理。创建表的过程实质是确定表结构，包括列名、数据类型和约束等。表结构在定义完毕后，才能按行输入数据（每行最多存储 8060 字节）。

习题 5

一、选择题

1. 用来存储固定长度的非 Unicode 字符数据，且最大长度不超过 8000 个字符的是（　　）。

　　A. varchar　　　　　B. nchar　　　　　C. char　　　　　D. nvarchar

2. 下列（　　）数据类型的列不能设置标识属性（identity 列）。

　　A. decimal　　　　　B. int　　　　　C. bigint　　　　　D. char

3. 下列（　　）数据类型的列不能作为索引的列。

　　A. char　　　　　B. image　　　　　C. int　　　　　D. datetime

4. 在哪种索引中，表中各行的物理顺序与键值的逻辑顺序相同（　　）。

　　A. 聚集索引　　　B. 非聚集索引　　C. 两者均可　　D. 两者均不可

5. Identity(1,1)的含义表示（　　）。

　　A. 自动编号，且值从 1 开始连续增加 1，并保证补齐跳号

　　B. 自动编号，且值从 1 开始连续增加 1，并保证不跳号

　　C. 自动编号，且值从 1 开始连续增加 1，可以跳号

　　D. 自动编号，且值从 1 开始连续增加 1，不保证跳号

6. 关于 SQL Server 的索引，下列说明正确的是（　　）。

　　A. 使用索引能使数据库程序或用户快速查找到需要的数据

　　B. 聚集索引是指表中数据行的物理存储顺序与索引顺序完全相同

　　C. SQL Server 为主键约束自动建立聚集索引

　　D. 聚集索引和非聚集索引均会影响表中记录的实际存放时间

7. 用 alter table 不可以修改表的（　　）内容。

　　A. 表名　　　　　B. 增加列　　　　　C. 删除列　　　　　D. 列约束

8. 下列关于 SQL 语言中索引（Index）的叙述，不正确的是（　　）。

　　A. 索引是外模式

B. 一个基本表上可以创建多个索引

C. 索引可以加快查询的执行速度

D. 系统在存取数据时会自动选择合适的索引作为存取路径

9. 要删除 mytable 表中的 myindex 索引,可以使用( )语句。

A. drop index mytable. myindex

B. drop mytable. myindex

C. drop index myindex

D. drop myindex

10. 下列关于 alter table 语句叙述错误的是( )。

A. 可以添加字段

B. 可以删除字段

C. 可以修改字段名称

D. 可以修改字段的数据类型

11. 关于命令 create cluster index s on student(grade)的描述语句,正确的是( )。

A. 按 grade 降序创建了一个聚集索引

B. 按 grade 升序创建了一个聚集索引

C. 按 grade 降序创建了一个非聚集索引

D. 按 grade 升序创建了一个非聚集索引

12. 使用下列哪种语句可以修改数据表( )。

A. create database

B. create table

C. alter database

D. alter table

13. SQL Server 2005 系统提供的字符型数据类型主要包括( )。

A. int、money、char

B. char、varchar、text

C. datetime、binary、int

D. char、varchar、int

14. 在 SQL Server 中存储图形图像、Word 文档文件,不可以采用的数据类型是( )。

A. binary

B. varbinary

C. image

D. text

15. 下面关于 timestamp 数据类型描述正确的是( )。

A. 是一种日期型数据类型

B. 是一种日期和时间组合型数据类型

C. 可以替代传统的数据库加锁技术

D. 是一种双字节数据类型

16. alter [column]子句能够实现的功能是( )。

A. 修改列名

B. 设置默认值或删除默认值

C. 增加列

D. 改变列的属性

17. 如果防止插入空值,应使用( )来进行约束。

A. unique 约束

B. not null 约束

C. primary key 约束

D. check 约束

18. 在存有数据的表上建立聚集索引,可以引起表中数据的( )发生变化。

A. 物理位置

B. 记录结构

C. 逻辑关系

D. 列值

19. 下面情况不适合创建索引的是( )。

A. 列的取值范围很小

B. 用作查询条件的列

C. 频繁范围搜索的列

D. 连接中频繁使用的列

20. 下列( )数据类型不能被指定为主键,也不允许指定有 null 属性。

A. int、money、char

B. char、varchar、text

C. datetime、binary、int

D. char、varchar、int

21. 下面关于索引的描述不正确的是（   ）。

    A. 索引是一个指向表中数据的指针

    B. 是在元组上建立的一种数据库对象

    C. 索引的建立和撤销不影响表中的数据

    D. 撤销表时同时撤销表上建立的索引

22. 以下哪种情况应尽量创建索引（   ）。

    A. 在 where 子句中出现频率较高的列 B. 具有很多 null 值的列

    C. 记录较少的基本表   D. 需要频繁更新的基本表

23. 下面关于聚集索引和非聚集索引的说法正确的是（   ）。

    A. 每个表只能建立一个非聚集索引

    B. 非聚集索引需要较多的硬盘空间和内存

    C. 表上不能同时建立聚集和非聚集索引

    D. 一个复合索引只能是聚集索引

24. 当外键创建为列约束时，组成外键的列个数允许（   ）。

    A. 至多一个   B. 至多两个   C. 至少一个   D. 至少两个

25. 在 SQL Server 2005 中，索引的顺序和数据表的物理顺序相同的索引是（   ）。

    A. 聚集索引   B. 非聚集索引   C. 主键索引   D. 唯一索引

二、填空题

1. SQL Server 提供了主键约束和外键约束共同维护（   ）完整性。

2. SQL Server 提供了（   ）约束和唯一性约束共同维护实体完整性。

3. 在一个表上，最多可以定义（   ）个聚集索引。

4. 在数据库标准语言 SQL 中，空值用（   ）表示。

5. 为了使索引键的值在基本表中唯一，在创建索引的语句中应使用保留字（   ）。

6. 在 SQL Server 中，表分为临时表和永久表，用户数据通常存储在（   ）表中。

7. 永久表存储在用户数据库中，临时表存储在（   ）数据库中。

8. 索引是在列上定义的数据库对象，索引最多包含有（   ）个列。

9. 创建主键约束会自动创建（   ）索引。

10. 使用（   ）命令可以将规则绑定到指定表的列。

11. （   ）是对数据库中一列或多列的值进行排序的一种逻辑结构。

12. 插入、更新和（   ）数据应不违反各种约束，否则会弹出警告对话框并终止操作。

13. 索引是在基本表的列上建立的一种数据库对象，其作用是加快数据的（   ）速度。

14. 表是由行和列组成的，行有时称为记录或元组，列有时称为（   ）或属性。

15. 在不使用参照完整性的情况下，限制列值的范围，应使用（   ）约束。

三、实践题

1. library 数据库中包含"图书"表和"读者"表，两表的结构定义如表 5-16 和表 5-17 所示，利用 SSMS 创建两表。

表 5-16 "图书"表结构		
列　名	数据类型	备　注
图书编号	char(6)	not null、主键
书名	varchar(20)	not null
类别	char(12)	
作者	varchar(20)	
出版社	varchar(20)	
出版日期	datetime	
定价	money	

表 5-17 "读者"表结构		
列　名	数据类型	备　注
读者编号	char(4)	not null
姓名	char(6)	not null
性别	char(2)	
单位	varchar(20)	
电话	varchar(13)	
读者类型	int	
已借数量	int	

2. 在 library 数据库中增加"读者类型"表和"借阅"表,两表的结构定义如表 5-18 和表 5-19 所示,利用 T-SQL 语句完成以下功能。

表 5-18 "读者类型"表结构		
列　名	数据类型	备　注
类型编号	int	not null
类型名称	char(8)	not null
限借数量	int	not null
借阅期限	int	

表 5-19 "借阅"表结构		
列　名	数据类型	备　注
读者编号	char(4)	not null
图书编号	char(6)	not null、外键
借书日期	datetime	not null
还书日期	datetime	

(1) 利用 T-SQL 语句在 library 数据库中创建"读者类型"表。

(2) 利用 T-SQL 语句在 library 数据库中创建"借阅"表。

(3) 利用 T-SQL 语句将"读者"表的"读者编号"列修改为主键。

(4) 利用 T-SQL 语句为"读者"表的"性别"列添加 check 约束,使之取值为"男"或"女"。

(5) 利用 T-SQL 语句为"借阅"表增加"串号"列,数据类型为 varchar(10),并为主键。

(6) 利用 T-SQL 语句为"借阅"表的"借书日期"列添加一默认约束,取值为 getdate()。

(7) 为"借阅"表的"读者编号"列增加一外键,约束于"读者"表的"读者编号"列。

(8) 为"借阅"表的"图书编号"和"读者编号"列联合添加 unique 约束。

3. 在 library 数据库中,录入各表的数据分别如表 5-20~表 5-23 所示。

表 5-20 "图书"表的数据

图书编号	书　名	类别	性　别	作者	定价	出版日期
TP0001	数据结构	计算机	机械工业出版社	敬一明	50	
TP0002	计算机应用基础	计算机	高等教育出版社	杨正东	20	
TP0013	SQL Server 2000	计算机	大连理工出版社	叶潮流	30	2010.01
TP0004	C 语言程序设计	计算机	清华大学出版社	谭浩强	25	
H31001	实用英语精读	英语	中国人大出版社	张锦芯	25	
F27505	管理学概论	管理	高等教育出版社	李道芳	35	2011.11
TB0004	工业管理	管理	机械工业出版社	Fayol	70	
O15005	线性代数	数学	机械工业出版社	李京平	50	
FO0006	电子商务	管理	机械工业出版社	Durark	14	
TP0038	ASP 程序设计	计算机	水利水电出版社	叶潮流	29	2008.10

表 5-21 "读者"表的数据

读者编号	姓名	性别	单 位	电 话	读者类型	已借数量
1001	刘春华	男	管理学院	81234567	1	
1002	王新刚	男	经济学院	13829023456	2	
1003	何立锋	女	管理学院	13805514067	2	
1004	王永平	男	文学院	13908423456	1	
1005	周士杰	女	教育学院	13105654567	1	
1006	庞丽萍	男	数理学院	1380551 ****	1	
1007	张涵韵	女	艺术学院	1860551 ****	2	
1008	王晓静	男	电子学院	1332901 ****	1	
1009	罗国明	女	电子学院	1320565 ****	2	
1010	李春刚	男	机电学院	1330551 ****	2	

表 5-22 "读者类型"表的数据

类型编号	类型名称	限借数量	借阅期限
1	教师	20	180
2	学生	10	90

表 5-23 "借阅"表的数据

串号	读者编号	图书编号	借书日期	还书日期
1	1001	TP0001	2011-10-08	2011-12-18
2	1001	TP0002	2011-10-08	2011-12-18
3	1003	TP0013	2011-9-1	
4	1004	TP0001	2011-10-26	
5	1005	H31001	2011-11-23	
6	1006	F27505	2011-9-18	
7	1001	TB0004	2010-5-18	
8	1005	O15005	2012-1-15	
9	1009	FO0006	2012-1-8	
10	1006	TP0038	2011-12-20	

（1）打开"图书"表，录入表 5-20 中的数据。

（2）打开"读者"表，录入表 5-21 中的数据。

（3）打开"读者类型"表，录入表 5-22 中的数据。

（4）打开"借阅"表，录入表 5-23 中的数据。

4. 创建一个用户自定义数据类型"编号"，来源于 varchar(20)，且属性不能为空。

第6章

数据操作与SQL语言

本章导读：

查询是 SQL 语言中最重要、最核心的功能，广义的查询是指用 select、update、insert 或 delete 语句查询，狭义的查询是指用 select 语句查询。select 语句只能查询数据，可以避免误操作修改源数据，而 update、insert、delete 语句的功能分别是对数据库中的数据进行更新、插入和删除。

知识要点：

- SQL 语言概述
- 数据查询
- 数据更新
- 数据插入
- 数据删除

6.1 SQL 语言概述

SQL 是起源于 IBM 公司的关系数据库管理系统 System R 的一种查询语言，由于具有结构简洁、功能强大、简单易学等特点，得到了广泛的应用。后来，美国国家标准局（ANSI）对其着手制定和强化，使其成为美国标准，并被 ISO 组织采纳为国际标准 SQL-86。1992 年，ISO 和 IEC 发布了 SQL 国际标准，称为 SQL-92。目前，绝大多数流行的关系数据库管理系统都在支持 SQL 语言标准的基础上进行了必要的扩充和修改。

6.1.1 SQL 语言的特点

SQL 之所以能够为用户和业界所支持，成为关系数据库的标准语言，是因为它是一个综合的、通用的、功能极强的且简单易学的语言。SQL 语言的主要特点如下：

（1）高度综合统一。SQL 集数据定义（DDL）、数据操纵（DML）和数据控制（DCL）于一体，语言风格统一，可以独立完成数据生命周期中的所有活动。

（2）高度非过程化。用 SQL 语言进行数据操作，用户只需提出"做什么"，而不必指明"怎么做"，有利于提高数据的独立性。

（3）面向集合的操作方式。查询结果可以是元组的集合，插入、删除、更新操作的对象也可以是元组的集合。

（4）有两种操作方式。既可以作为独立的自含式语言直接操作数据库，也可以作为嵌入式语言嵌入到其他程序设计语言中使用。

（5）类似自然语言。SQL 语言的功能极强，由于设计巧妙，语言十分简洁，并且语法简单，易学易用。使用 SQL 语言能够完成 DDL、DQL、DML、DCL 等功能，如表 6-1 所示。

表 6-1　SQL 语句命令及其功能

符　号	命　　令	功　能	符　号	命　　令	功　能
DDL	create table	创建表	DQL	select	查询
	create index	创建索引	DML	insert	插入记录
	create view	创建视图		update	修改记录
	drop table	删除表		delete	删除记录
	drop index	删除索引	DCL	grant	给用户授权
	drop view	删除视图		revoke	收回用户权限
	alter table	修改表结构		commit	提交事务
	alter view	修改视图		rollback	撤销事务

6.1.2　SQL 的语法规则

SQL 作为数据库语言，有其自己的语法、语法结构，以及专有的语言符号，不同的系统稍有差别，但主要的符号相同。SQL 语法中的定界符号及其含义如表 6-2 所示。

表 6-2　SQL 的定界符号及其含义

符　　号	含　　义
|	分隔括号或大括号内的语法项目，只能选一项
[ ]	可选的语法项
{ }	必选的语法项
[,…n]	前面的项可重复 n 次，各项之间用逗号分隔
[…n]	前面的项可重复 n 次，各项之间用空格分隔
<标签>	语法块的名称，用于对过长语法或语法单元部分进行标记
<标签>::＝	对语法中<标签>指定的位置进行进一步定义

6.1.3　T-SQL 语言概述

SQL 语言是一种标准的数据库查询语言，而 T-SQL 语言是 Sybase 公司和 Microsoft 公司联合开发的，后来被 Microsoft 公司移植到 SQL Server 中的一种语言，简称 T-SQL 语言。它不仅包含了 SQL-2 的大多数功能，而且对 SQL 进行了一系列的扩展，增加了许多新特性，增强了可编程性和灵活性。T-SQL 语言主要包括以下几部分。

（1）数据定义语言：用来建立数据库、数据库对象和定义序列，大部分是以 create 开头的命令，如 create database、create view 等。

（2）数据操纵语言：用来操纵数据库中数据的命令，如 select、insert、update、delete 等。

(3) 数据控制语言：用来控制数据库访问权限的许可、拒绝和撤销等命令，如 grant、revoke、commit、rollback 等。

(4) 流程控制语言：用于设计应用程序的语句，如 if、while、case 等。

(5) 其他语言要素：包括变量、运算符、函数和注释等。

6.2 数据查询

数据查询是数据库中最重要、最常见的操作，也是 SQL 语句的“灵魂”。所有查询都是通过 select 语句实现的，查询不会更改数据库中的数据，它只为用户提供一个结果集。结果集是来源于一个或多个表的满足给定条件的行和列的数据集合。

6.2.1 表中数据

“班级”表数据见 5.6.1 节，“学生”表数据见 6.2.2 节，其他表数据内容分别如下。

1. “课程”表数据内容

“课程”表数据内容如图 6-1 所示。

2. “教师”表数据内容

“教师”表数据内容如图 6-2 所示。

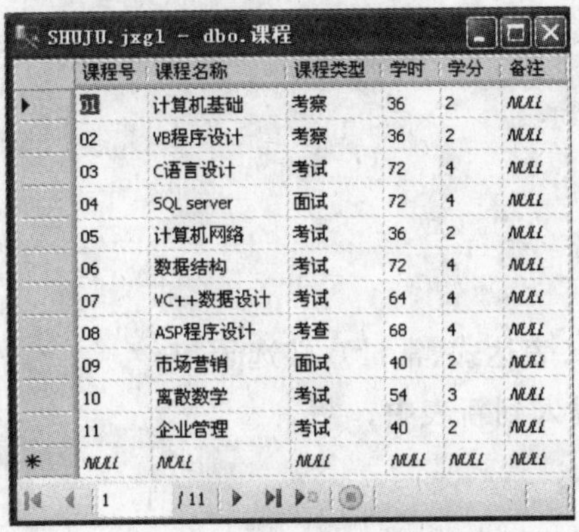

SHUJU.jxgl - dbo.课程

	课程号	课程名称	课程类型	学时	学分	备注
▶	01	计算机基础	考察	36	2	NULL
	02	VB程序设计	考察	36	2	NULL
	03	C语言设计	考试	72	4	NULL
	04	SQL server	面试	72	4	NULL
	05	计算机网络	考试	36	2	NULL
	06	数据结构	考试	72	4	NULL
	07	VC++数据设计	考试	64	4	NULL
	08	ASP程序设计	考查	68	4	NULL
	09	市场营销	面试	40	2	NULL
	10	离散数学	考试	54	3	NULL
	11	企业管理	考试	40	2	NULL
*	NULL	NULL	NULL	NULL	NULL	NULL

1 /11

图 6-1 “课程”表数据

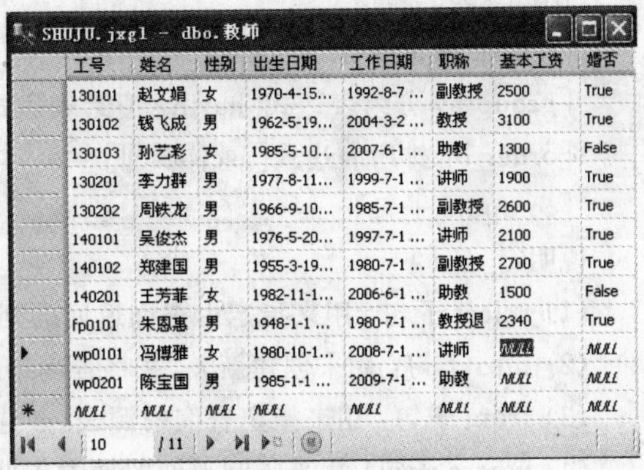

SHUJU.jxgl - dbo.教师

	工号	姓名	性别	出生日期	工作日期	职称	基本工资	婚否
	130101	赵文娟	女	1970-4-15...	1992-8-7 ...	副教授	2500	True
	130102	钱飞成	男	1962-5-19...	2004-3-2 ...	教授	3100	True
	130103	孙艺彩	女	1985-5-10...	2007-6-1 ...	助教	1300	False
	130201	李力群	男	1977-8-11...	1999-7-1 ...	讲师	1900	True
	130202	周铁龙	男	1966-9-10...	1985-7-1 ...	副教授	2600	True
	140101	吴俊杰	男	1976-5-20...	1997-7-1 ...	讲师	2100	True
	140102	郑建国	男	1955-3-19...	1980-7-1 ...	副教授	2700	True
	140201	王芳菲	女	1982-11-1...	2006-6-1 ...	助教	1500	False
	fp0101	朱恩惠	男	1948-1-1 ...	1980-7-1 ...	教授退	2340	True
▶	wp0101	冯博雅	女	1980-10-1...	2008-7-1 ...	讲师	NULL	NULL
	wp0201	陈宝国	男	1985-1-1 ...	2009-7-1 ...	助教	NULL	NULL
*	NULL	NULL	NULL	NULL	NULL	NULL	NULL	NULL

10 /11

图 6-2 “教师”表数据

3. “选修”表数据内容

“选修”表数据内容如图 6-3 所示。

4. “授课”表数据内容

“授课”表数据内容如图 6-4 所示。

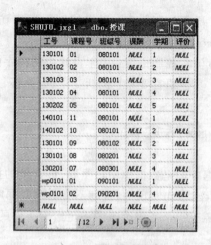

图 6-3 "选修"表数据   图 6-4 "授课"表数据

6.2.2 查询格式

查询数据的命令是 select 语句,它提供了灵活的使用方式和丰富的功能,其一般格式如下:

select [all|distinct|top n|top n percent]< * |字段列表|列表达式>

　　[into <新表名>]

　　from <表名>

　　[where 搜索条件]

　　[group by 分组表达式[having 搜索表达式]]

　　[order by 排序表达式[asc|desc]]

　　[compute 子句]

说明:

(1) select 子句:用来指定由查询返回的列(列名、表达式、常量),必选子句。

(2) into 子句:用来创建新表,并将查询结果行插入到新表中。

(3) from 子句:用来指定查询的源表,必选子句。

(4) where 子句:用来限制返回的搜索条件。

(5) group by 子句:用来指定查询结果的分组条件。

(6) having 子句:用来指定组或聚合的搜索条件。

(7) order by 子句:用来指定结果的排序方式。

(8) compute 子句:用来在结果的末尾生成一个汇总数据行。

【例 6-1】 查询"jxgl"数据库中"学生"表的所有信息。

启动 SSMS,单击"标准"工具栏上的"新建查询"按钮,打开查询分析器,输入 SQL 语句,然后单击"执行"按钮,运行结果如图 6-5 所示。

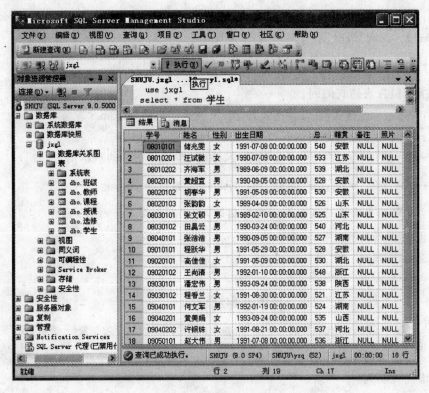

图 6-5　例 6-1 运行结果

6.2.3　简单查询

简单查询是指只涉及一个表的查询,是一种最基本、最简单的查询操作。其标准格式如下:

格式: select < * |列名|列名表达式>from <表名>where <条件>

说明: 从指定表中查询满足条件的所有列或指定列的数据信息。

1. select 子句

select 子句有投影列、选择行两种操作。

1) 投影列

用 select 子句指定列一共有 4 种形式。

(1) 指定部分列。

格式: select <列名 1,列名 2[,…列名 n]>from <表名>

说明: 从指定的表中查询部分列的信息。

【例 6-2】　查询"班级"表中各班级的班级号、班级名称和招生性质。

select 班级号,班级名称,招生性质 from 班级

(2) 指定所有列。

格式: select [<表名.>] * from <表名>

说明：从指定的表中查询所有列的信息，＊代表所有列。

【例 6-3】 查询"班级"表中各班级的基本信息。

```
select * from 班级
```

（3）指定包含表达式的列。

格式：select <表达式列 1，表达式列 2[，…表达式列 n]>from <表名>

说明：查询中可以包含表达式的列，也可以包含列的表达式。

【例 6-4】 查询"学生"表中学生的学号、姓名、性别和年龄的基本信息。

```
select 学号,姓名,性别,year(getdate())-year(出生日期) from 学生
```

注意：可以为包含表达式的列指定列别名，指定列别名有 3 种方式。

格式 1：<原列名>as <列别名>

格式 2：<原列名><列别名>

格式 3：<列别名>＝ <原列名>

【例 6-5】 查询"班级"表中各班级的基本信息。

```
select 班级号 as '班级代码',招生性质 '培养方式',班级人数, '学习年限' = 学制 from 班级
```

注意：列别名的单引号不是必需的，只有包含空格或以特殊字符引导时，才是必需的。

（4）增加说明列。

为了增加查询结果的可读性，可以在 select 语句中增加一个说明列，以保证前后列信息的连贯性，说明列的列名一般置于两个单引号之间。

【例 6-6】 查询时，在"教师"表"工作日期"列之前增加说明列"来校日期是"。

```
select 工号,姓名,性别,'来校日期是',工作日期 from 教师
```

运行结果如图 6-6 所示。

2）选择行

选择行主要通过 select 子句中的短语[all｜distinct｜top n｜top n percent]和 where 子句两种方式实现。有关 where 子句的内容见后续章节，这里只讨论 select 子句。

格式：select ［all｜distinct｜top n｜top n percent］<列名>from <表名>

	工号	姓名	性别	[无列名]	工作日期
1	130101	赵文娟	女	来校日期是	1992-08-07 00:00:00.000
2	130102	钱飞成	男	来校日期是	2004-03-02 00:00:00.000
3	130103	孙艺彩	女	来校日期是	2007-06-01 00:00:00.000
4	130201	李力群	男	来校日期是	1999-07-01 00:00:00.000
5	130202	周铁龙	男	来校日期是	1985-07-01 00:00:00.000
6	140101	吴俊杰	男	来校日期是	1997-07-01 00:00:00.000
7	140102	郑建国	男	来校日期是	1980-07-01 00:00:00.000
8	140201	王芳菲	女	来校日期是	2006-06-01 00:00:00.000
9	fp0101	朱恩惠	男	来校日期是	1980-07-01 00:00:00.000
10	wp0101	冯博雅	女	来校日期是	2008-07-01 00:00:00.000
11	wp0201	陈宝国	男	来校日期是	2009-07-01 00:00:00.000

图 6-6 例 6-6 运行结果

说明：

（1）all：表示返回所有行，默认值。

（2）dinstinct：表示取消重复行。

（3）top n：表示返回最前面的 n 行，n 是一具体的整数数字。

（4）top n percent：表示返回最前面的百分之 n 行，n 取 0～100 之间的数字。

【例 6-7】 查看"教师"表中的"职称"种类。

```
select distinct 职称 from 教师
```

注意：区别 select 职称 from 教师

【例 6-8】　查看"学生"表的前 4 行记录。

```
select top 4 * from 学生
```

【例 6-9】　查看"学生"表中前 20％的记录。

```
select top 20 percent * from 学生
```

2. where 子句

格式：where <条件>

说明：查询满足条件的行。

where 子句中常用的条件运算符如表 6-3 所示。

表 6-3　where 条件运算符

查 询 条 件	谓　　词
比较运算符	=、>、<、>=、<=、<>、!<、!>、!=
确定范围	between and、not between and
确定集合	in、not in
字符匹配	[not] like '<通配符>' [escape '<换码符>']
空值	is null(为空)、is not null(非空)
逻辑运算符	and、or、not

1）比较

【例 6-10】　查询"学生"表中性别为男的学生记录。

```
select * from 学生 where 性别 = '男'
```

2）确定范围

【例 6-11】　查询"教师"表中基本工资在 1300～1800 之间的教师信息。

```
select * from 教师 where 基本工资 between 1300 and 1800
```

等价于

```
select * from 教师 where 基本工资>= 1300 and 基本工资<= 1800
```

3）确定集合

【例 6-12】　查询"教师"表中职称为讲师或助教的教师信息。

```
select * from 教师 where 职称 in('助教','讲师')
```

等价于

```
select * from 教师 where 职称 = '助教' or 职称 = '讲师'
```

4）字符匹配

【例 6-13】　查询"教师"表中职称含有"教授"字样的教师信息。

```
select * from 教师 where 职称 like '%教授%'
```

注意：使用字符匹配运算符 like 时，要注意以下几点。

（1）通配符主要有以下几个：

① ％：表示任意长度的字符串。

② ＿：表示当前位置的任意单个字符。

③ ［］：表示方括号中列出的任意一个字符。

④ ［^］：表示排除方括号中列出的任意一个字符。

（2）当 like 查询的字符串中本身含有％、＿和^时，需要用 escape '<换码符>'将其进行转义。

（3）当 like 查询的字符串中不含有通配符时，则可以用＝运算符替代 like 谓词，用！＝或<>运算符代替 not like 谓词。

【例 6-14】 查询"课程"表中课程名称为 db_design 的基本信息。

```
select * from 课程 where 课程名称 like 'db\_design' escape '\'
```

【例 6-15】 查询"学生"表中姓介于"陈"到"方"以及"许"到"张"的学生记录。

```
select * from 学生 where 姓名 like '[陈-方,许-张]%'
```

5）空值

【例 6-16】 查询"选修"课程中成绩为空的记录。

```
select * from 选修 where 成绩 is null
```

3. order by 子句

格式：order by <列名|别名>[asc|desc][,…n]

说明：查询结果按照指定的列名排序输出，asc 表示升序，也是默认值，desc 表示降序。

【例 6-17】 查询"选修"表中各同学的成绩信息，并按照学号、课程号的升序输出记录。

```
select * from 选修 order by 学号,课程号
```

注意：排序时，数值型数据按照大小比较，字符型数据按照英文字母顺序比较，汉字按照拼音首字母比较。

4. group by 子句

格式：group by <列名>[having <分组筛选条件>]

说明：

（1）将查询结果按照 group by 子句指定的列名分组，列值相同的元组归为一组。

（2）group by 子句中不支持列的别名，也不支持任何使用聚集函数的集合列。

（3）select 子句中的列名只能包含 group by 子句中的列名或聚集函数中的列名。

（4）having 子句用于分组筛选条件，只有符合 having 条件的行才能分组输出。

（5）having 子句与 where 子句的区别如下：

① where 条件是针对基本表或视图，而 having 条件是针对每个分组。

② having 子句可以包含聚集函数，而 where 子句不可以包含聚集函数。

【例6-18】 查询"选修"表中每门课程的课程号及相应的选修人数。

select 课程号,count(课程号) from 选修 group by 课程号

【例6-19】 在"选修"表中查询至少有 3 门课程成绩在 90 分以上的学生的学号。

select 学号 from 选修 where 成绩>=90 group by 学号 having count(＊)>=3

【例6-20】 查询"选修"表中平均成绩大于 85 分的学生信息。

select 学号,avg(成绩) from 选修 group by 学号 having avg(成绩)>85

5. into 子句

格式：select <列名表>into <新表名>from <原表名>

说明：将查询结果存储到 into 子句指定的新表中，into 子句要紧跟在 select 子句之后。

【例6-21】 将"学生"表中前 5 条记录的学号、姓名、性别列内容存储到新表 stu 中，并查询显示。

```
select top 5 学号,姓名,性别 into stu from 学生
go
select ＊ from stu
```

运行结果如图 6-7 所示。

【例6-22】 将"选修"表中前 10 条记录的学号、课程号、成绩列内容存储到新表 score 中，并查询显示。

```
select top 10 学号,课程号,成绩 into score from 选修
go
Select ＊ from score
```

运行结果如图 6-8 所示。

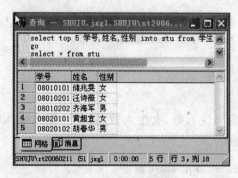

图 6-7 例 6-21 运行结果

	学号	课程号	成绩
1	08010101	01	90
2	08010101	02	95
3	08010101	03	88
4	08020101	01	78
5	08020102	01	67
6	08020102	02	77
7	08030101	03	78
8	08040101	03	67
9	08040101	04	89
10	09010101	04	95

图 6-8 例 6-22 运行结果

6. compute by 子句和 compute 子句

格式：compute {avg|count|max|min}(<列名>) [by <列名>]

说明：

(1) compute [by]子句中的列名必须出现在 select 子句中，且不能用别名。

(2) compute [by]子句不能与 into <表名>子句同时使用。

(3) 聚集函数均会忽略 null 值，且不能使用 distinct。

(4) compute by 子句必须与 order by 子句同时使用，且两者包含的列名同名、同序。

(5) compute by 与 compute 的区别是，compute by 按照 by 子句中的列进行聚集函数计算，而 compute 则是对所有列值进行聚集函数计算。

【例 6-23】　查询"选修"表中不及格学生的学号、课程号和成绩，并统计不及格学生的人数。

```
select 学号,课程号,成绩 from 选修 where 成绩<60 compute count(成绩)
```

【例 6-24】　查询"选修"表中不及格学生的学号、课程号和成绩，并按照课程号统计不及格学生的人数。

```
select 学号,课程号,成绩 from 选修 where 成绩<60 order by 课程号
 compute count(成绩) by 课程号
```

7. with rollup 和 with cube 子句

格式：with {rollup | cube}

说明：

(1) with {rollup | cube}必须与 group by 子句一起使用。

(2) with {rollup | cube}对汇总结果再汇总，生成超级组。

(3) with rollup 子句对 group by 子句中指定的列名，按照列名的逆序依次进行汇总。

(4) with cube 子句对 group by 子句中指定的列名，按照列名的所有组合(交叉分组)进行汇总。

(5) 如有 having 子句，having 子句必须放在其后，且逻辑表达式只能包含使用了聚集函数的列。

【例 6-25】　统计每个班级中籍贯是安徽的男生人数、女生人数、男女生总人数，以及安徽籍学生总人数。

```
select left(学号,6),性别,count( * ) as 人数 from  学生 where 籍贯 = '安徽'
 group by left(学号,6),性别
 with rollup
```

运行结果如图 6-9 所示。

【例 6-26】　统计每个班级中籍贯是安徽的男生人数、女生人数、男女生总人数，以及安徽籍男生人数、女生人数、男女生合计总人数。

```
select left(学号,6),性别,count( * )as 人数 from  学生 where 籍贯 = '安徽'
 group by left(学号,6),性别
 with cube
```

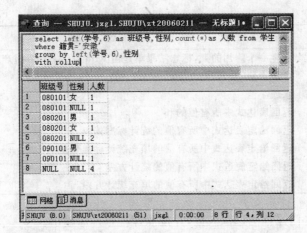

图 6-9 例 6-25 运行结果

运行结果如图 6-10 所示。

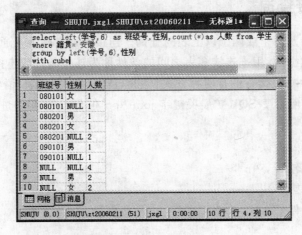

图 6-10 例 6-26 运行结果

8．聚集函数

一般来说，聚集函数总是作用于整个查询结果集，并返回一个值。但当查询语句包含 group by 子句时，聚集函数作用于每个分组，并返回多个值。常见的聚集函数如表 6-4 所示。

表 6-4 聚集函数及其功能

函 数 名	说 明
avg	求组中值的平均值
binary_checksum	返回对表中的行或表达式列表计算的二进制校验值，可用于检测表中行的更改
checksum	返回在表的行上或在表达式列表上计算的校验值，用于生成哈希索引
checksum_agg	返回组中值的校验值
count	求组中的项数，返回 int 类型整数
count_big	求组中的项数，返回 bigint 类型整数

续表

函　数　名	说　　　明
grouping	产生一个附加的列,标志结果集是由 with {cube|rollup}产生的列
max	求最大值
min	求最小值
sum	返回表达式中所有值的和
stdev	返回给定表达式中所有值的统计标准偏差
stdevp	返回给定表达式中所有值的填充统计标准偏差
var	返回给定表达式中所有值的统计方差
varp	返回给定表达式中所有值的填充统计方差

【例 6-27】 求各门课程的选课人数,并按照课程号排序输出。

select 课程号,count(*) as 选课人数 from 选修 group by 课程号 order by 课程号

6.2.4　连接查询

连接查询是指涉及两个或两个以上表的查询。连接查询实际上是通过各个表之间共同列的关联性来查询数据的,用来连接多表之间的条件称为连接条件或连接谓词。

在 SQL Server 中,连接查询有两种方式:一种是使用标准 SQL 语句在 where 子句中进行定义;另一种是使用 T-SQL 扩展关键字 join…on 在 from 子句中进行定义。其语法格式如下:

格式 1:

select <表名.列名 1[,…n]>

　from {表名 1,表名 2 [,…n]}

　where {连接条件 [and | or 查询条件]}[,…n]

格式 2:

select <表名.列名 1[,…n]>

　from {表名 1[连接类型] join 表名 2 on 连接条件}[,…n]

　where {查询条件}

说明:

(1) 格式 1 在 where 子句中使用比较运算符给出连接条件对两表进行连接,且只适用于内连接。

(2) 格式 2 在 from 子句中使用 join…on 关键字定义连接形式,并可以进一步定义 3 种连接类型,即内连接(inner join)、外连接(outer join)和交叉连接(cross join)。

(3) 若参与连接的两表存在同名列,用任何子句引用同名列时,都必须加表别名为前缀,否则会引起"列名不明确"错误。

(4) 内连接是默认连接,即内连接关键字 inner 可以省略。

1. 内连接(inner join)

内连接是指两个表对连接条件中连接列值进行匹配的连接,连接结果是从两个表的

组合中挑选出符合连接条件的元组。在内连接中,所有表的"地位"是平等的,没有主从之分。

根据比较运算符和输出列的不同,内连接又分为3种:等值连接、自然连接和自连接。

(1) 等值连接:若存在冗余列,等值连接时,只有参与连接的两个表同时满足给定条件的数据记录才能输出。

【例6-28】 查询每个教师及其授课的基本信息。

```
select 教师.*,授课.* from 教师 inner join 授课 on 教师.工号 = 授课.工号
```

或

```
select 教师.*,授课.* from 教师,授课 where 教师.工号 = 授课.工号
```

注意:任何 select 子句引用的列名存在于两个以上的表中时,都必须加表别名为前缀。

(2) 自然连接:特殊的等值连接,去掉重复属性的等值连接就是自然连接。自然连接不存在冗余列,在不引起混淆的情况下,内连接就是自然连接。

【例6-29】 查询参加选修课的学生的学号、姓名、性别及成绩。

```
select 学生.学号,姓名,性别,成绩 from 学生,选修 where 学生.学号 = 选修.学号
```

或

```
select 学生.学号,姓名,性别,成绩 from 学生 inner join 选修 on 学生.学号 = 选修.学号
```

(3) 自连接:连接操作不仅可以在两个表之间进行,还可以在一个表内进行(表的自连接)。自连接可以看作是一个表的两个副本之间的连接,由于两个副本同表名、同属性名,因此必须给表定义两个别名,使之在逻辑上成为两个表。

【例6-30】 列出"学生"表总分相同的学生,并按照总分排序输出。

```
select   a.学号,a.姓名,a.总分,b.学号,b.姓名
from 学生 as a inner join   学生 as b on a.总分 = b.总分
where a.学号<>b.学号
order by a.总分
```

注意:一旦为表指定了别名,则在查询语句中,所有用到表名的地方都只能引用别名。

2. 外连接(outer join)

与内连接不同的是,参与外连接的两表有主从之分,主表的所有数据行直接返回到结果集中,并以主表的每行连接列数据去匹配从表的数据行连接列数据,符合连接的从表数据行将直接返回到查询结果中,如果主表的行连接列数据在从表中没有匹配的行连接列数据,则在结果集中以 NULL 值填入从表相对应的列位置。根据主从表的选择,外连接又分为3种:左外连接、右外连接和全连接。

1) 左外连接(left outer join)

以左表为主表,右表为从表,查询结果中包括左表中所有的数据行。如果左表的某行连接列数据在右表中没有找到相匹配的数据行(连接列数据),则结果集中右表相对应的位置为 NULL 值。

【例 6-31】 对 stu 和 score 表做左外连接,查询学生的学号、姓名、性别、课程号及成绩信息。

```
select stu.学号,姓名,性别,score.学号,课程号,成绩
from stu left outer join score on stu.学号 = score.学号
```

运行结果如图 6-11 所示。

2) 右外连接(right outer join)

以右表为主表,左表为从表,查询结果中包括右表中所有的数据行。如果右表的某行连接列数据在左表中没有找到相匹配的数据行(连接列数据),则结果集中左表相对应的位置为 NULL 值。

【例 6-32】 对 stu 和 score 表做右外连接,查询学生的学号、姓名、性别、课程号及成绩信息。

```
select stu.学号,姓名,性别,score.学号,课程号,成绩
 from stu right outer join score on stu.学号 = score.学号
```

运行结果如图 6-12 所示。

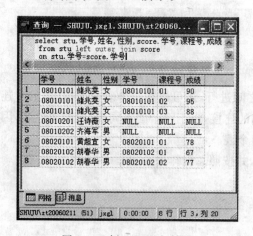

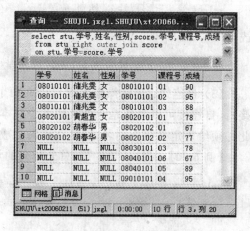

图 6-11   例 6-31 运行结果   图 6-12   例 6-32 运行结果

3) 全外连接(full outer join)

先以左表为主表,右表为从表,执行左外连接;再以右表为主表,左表为从表,执行右外连接;然后去掉重复的行。

【例 6-33】 对 stu 和 score 表做全连接,查询学生的学号、姓名、性别、课程号及成绩信息。

```
select stu.学号,姓名,性别,score.学号,课程号,成绩
 from stu full outer join score on stu.学号 = score.学号
```

运行结果如图 6-13 所示。

3. 交叉连接(cross join)

交叉连接为两表的广义笛卡儿积(集合运算的一种),即结果集为两表各行的所有可能

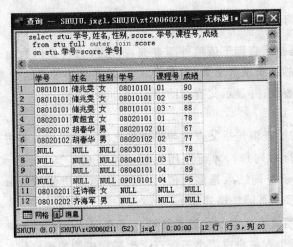

图 6-13　例 6-33 运行结果

组合,行数为两表行数的乘积。交叉连接会产生一些无意义的元组,因此很少用到。

【**例 6-34**】 对 stu 和 score 表做交叉连接查询。

select stu. * , score. * from stu, score
(所影响的行数为 50 行)

或

select stu. * , score. * from stu cross join score
(所影响的行数为 50 行)

注意:如果交叉表连接带有 where 子句,则交叉表连接的作用将和内连接一样。

6.2.5　嵌套查询

在 SQL 语句中,一个 select-from-where 语句为一个查询块。将一个查询块嵌入在另一个查询块的 where 子句或 having 子句中的查询称为嵌套查询。外层的 select 语句称为外(父)查询,内层的 select 语句称为内(子)查询。

使用嵌套查询时要注意以下几点:

(1) 子查询的 select 语句块必须置于一对圆括号( )内。

(2) 子查询不能使用 compute 子句和 into 子句。

(3) 子查询在使用 order by 子句时,必须同时使用 top 子句,否则不能使用。

(4) 比较运算符([not] exists|in 操作除外)在连接时,子查询中的列名只能有一个。

(5) 包含 group by 子句的子查询不能使用 distinct 关键字。

(6) 外查询 where 子句中的列与子查询 select 子句中的列在连接上须是兼容的。

(7) text、ntext 和 image 数据类型的列名不能出现在子查询的 select 子句中。

嵌套查询又分为两种:不相关子查询和相关子查询。

1. 不相关子查询

不相关子查询是指子查询不依赖外部查询，其求解方法是由内向外。在不相关子查询中，一次性将子查询的结果求解出来，但不予显示，而是直接传递给父查询，作为父查询的查询条件，然后执行父查询，并显示父查询结果。

1）比较运算符

带比较运算符的子查询是指父查询与子查询之间用比较运算符进行连接。只有在子查询结果是单列值（单行一列）时，才可以用比较运算符（>、>=、<=、<、!>、!<和<>、!=）进行连接，如果子查询结果是多列值（多行一列），则应使用[not] in、all、some(any)、[not] exists 谓词连接。其语法格式如下：

where <父查询列或表达式><比较运算符>(子查询结果集)

【例 6-35】 查询个人单科成绩小于所有学生平均成绩的选修信息。

```
select * from 选修 where 成绩<(select avg(成绩) from 选修)
```

【例 6-36】 查询个人平均成绩大于所有学生的平均成绩的记录。

```
select 学号,avg(成绩) as 平均成绩 from 选修 group by 学号
 having avg(成绩)>(select avg(成绩) from 选修)
```

【例 6-37】 查询与赵大伟籍贯相同的学生。

```
select * from 学生 where 籍贯 = (select 籍贯 from 学生 where 姓名 = '赵大伟')
```

等价于

```
select a. * from 学生 a,学生 b where a.籍贯 = b.籍贯 and b.姓名 = '赵大伟'
```

2）[not] in 谓词

带[not] in 谓词的子查询是指父查询与子查询之间用[not] in 谓词进行连接，判断父查询的某个属性值是否在子查询的结果集中，要求子查询的结果是由某列的 $0 \sim n$ 个属性值组成的集合，父查询使用这些集合作为判断条件的依据。其语法格式如下：

where <父查询列或表达式>[not] in (子查询结果集)

【例 6-38】 在"选修"表中查询选修了学号"08010101"的学生选修的课程的选修信息。

```
select * from 选修 where 课程号 in (select 课程号 from 选修 where 学号 = '08010101')
```

【例 6-39】 查询课酬大于 1500 的教师姓名。

```
select distinct 姓名
 from 教师 where 工号 in (select 工号 from 授课 where 课酬>1500)
```

等价于

```
Select distinct 姓名 from 教师,课酬 where 教师.工号 = 课酬.工号 and 课酬>1500
```

【例 6-40】 查询选修了课程名为"ASP 程序设计"的学生学号和姓名。

```
select 学号,姓名 from 学生 where 学号 in
```

```
(select 学号 from 选修 where 课程号 =
   (select 课程号 from 课程 where 课程名称 = 'ASP 程序设计'))
```

3) any(some)或 all 谓词

any(some)或 all 谓词用于一个值与一组值的比较。any(some)表示一组值中的任何一个,all 表示一组值中的每一个。其语法格式如下:

where <父查询列或表达式><比较运算符>[<any|some|all >] (子查询结果集)

【例 6-41】 查询比某女生年龄小的男生的姓名和出生日期。

```
select 姓名,出生日期 from 学生 where 性别 = '男'
  and 出生日期> any(select 出生日期 from 学生 where 性别 = '女')
```

等价于

```
select 姓名,出生日期 from 学生 where 性别 = '男'
  and 出生日期>(select min(出生日期) from 学生 where 性别 = '女')
```

【例 6-42】 查询有学生成绩不及格的课程的授课教师的工号。

```
select distinct 工号 from 授课
  where 课程号 = any (select 课程号 from 选修 where 成绩 <60)
```

等价于

```
select distinct 工号 from 授课
  where 课程号 in (select 课程号 from 选修 where 成绩 <60)
```

注意:any(some)或 all 谓词与比较运算符结合使用才有意义,其含义如表 6-5 所示。

表 6-5 any(some)或 all 与比较运算符结合的含义

运 算 符	说 明
>any	大于子查询结果的某个值,比最小值大即可,等价于>min()
<any	小于子查询结果的某个值,比最大值小即可,等价于<max()
>all	大于子查询结果的所有值,比最大值大即可,等价于>max()
<all	小于子查询结果的所有值,比最小值小即可,等价于<min()
>=any	大于等于子查询结果的某个值,比最小值大(或等于)即可,等价于>=min()
<=any	小于等于子查询结果的某个值,比最大值小(或等于)即可,等价于<=max()
>=all	大于等于子查询结果的所有值,比最大值大(或等于)即可,等价于>=max()
<=all	小于等于子查询结果的所有值,比最小值小(或等于)即可,等价于<=min()
=any	等于子查询结果的某个值,等价于 in
=all	等于子查询结果的所有值
! = any	不等于子查询结果的某个值
! = all	不等于子查询结果的任何一个值

2. 相关子查询

相关子查询是指子查询依赖外部查询,其求解方法是内外反复求解。在相关子查询中,子查询的执行依赖于父查询的某个列值,通常在子查询的 where 子句中引用了父查询的表;对于父查询的每一行元组,子查询都要重复执行一次;如果子查询的任何行与父查询匹配,则父查询就返回结果行。

1) 非[not]exists 谓词

【例 6-43】 查询学生单科成绩大于其所有课程的平均成绩的记录。

```
Select * from 选修 a
  where 成绩>(select avg(成绩) from 选修 b where a.学号 = b.学号)
```

注意:相当于先用"select avg(成绩) from 选修 group by 学号"求出每个同学的平均成绩,然后依次比较每个同学的单科成绩与其平均成绩,求出符合条件的记录。

相关子查询主要是通过[not]exists 谓词实现的。

2) [not] exists 谓词

带[not] exists 谓词的子查询相当于进行一次子查询,结果集是否存在数据的测试,不返回任何列值,只产生逻辑值 true 和 false。使用 exists 谓词,若内查询结果为非空,则外查询 where 子句为真值,否则为假值;使用 not exists 谓词,若内查询结果为空,则外查询 where 子句为真值,否则为假值。其语法格式如下:

where [not] exists (子查询)

(1) 测试被子查询检索到的行集是否为空。

【例 6-44】 查询有选修成绩不及格的学生名单。

```
select 姓名 from
  where exists (select * from 选修 where 学号 = 学生.学号 and 成绩<60)
```

其执行过程是:对外查询表"学生"中每一条记录,检查内查询是否为空,若不为空,则输出该记录。

等价于:

```
select 姓名 from 学生,选修 where 学生.学号 = 选修.学号 and 成绩<60
```

也等价于:

```
select 姓名 from 学生 where 学号 in (select 学号 from 选修 where 成绩<60)
```

(2) 用 not exists 谓词实现关系代数的差运算。

【例 6-45】 查询没选课程号"01"的学生名单。

```
select 学号,姓名 from 学生
  where not exists (select * from 选修 where 学号 = 学生.学号 and 课程号 = '01')
```

等价于:

```
select 学号,姓名 from 学生
  where 学号 not in (select 学号 from 选修 where 课程号 = '01')
```

也等价于:

```
select 学号,姓名 from 学生
except
select 学号,姓名 from 学生 where 学号 in (
  select 学号 from 选修 where 课程号 = '01')
```

（3）用 not exists 谓词实现全称量词的查询。

SQL 语言中没有全称量词∀(for all)，但可以转换为等价的带有存在量词∃的谓词：

$$(\forall x)P \equiv (\exists x(\neg P))$$

【例 6-46】 查询选修了所有课程的学生名单（没有一门课程是不选的）。

分析：查询这样的学生 x，没有一门课程 y 是 x 不选修的。

```
select 姓名 from 学生 where not exists          /*查询学生 x*/
 (select * from 课程 where not exists           /*不存在课程 y*/
 (select * from 选修 where 学号 = 学生.学号 and 课程号 = 课程.课程号))   /* x 不选课程*/
```

（4）用 not exists 谓词实现逻辑蕴涵运算。

SQL 语言中没有逻辑蕴涵运算，但可以用谓词演算转换一个逻辑蕴涵：

$$(\forall y)p \rightarrow q \equiv \neg(\exists y(\neg(p \rightarrow q))) \equiv \neg(\exists y(\neg(\neg p \lor q))) \equiv \neg(\exists y(p \land \neg q))$$

【例 6-47】 查询至少选修了学号为 08010101 的学生选修的全部课程的学生学号。

分析：查询这样的学生 x，不存在这样的课程 y，学号为 08010101 的学生选修了，而学生 x 没选。逻辑蕴涵表达式为$(\forall y)p \rightarrow q$，其中，p 表示学号为 08010101 的学生选修了课程 y，q 表示学生 x 选修了课程 y。

```
select distinct 学号 from 选修 a where not exists
 (select * from 选修 b where b.学号 = '08010101' and not exists
 (select * from 选修 c where c.学号 = a.学号 and c.课程号 = b.课程号))
```

注意：有些[not] exists 谓词的子查询不能被其他形式的子查询代替，但所有 in 谓词、比较运算符、any 和 all 谓词的子查询都能用带[not] exists 谓词的子查询代替。

6.2.6 集合查询

集合查询不同于连接查询，集合查询是组合两个表中的行，而连接查询是匹配两个表中的列。在 SQL Server 2005 中，集合查询是通过集合运算符实现的，除了交叉连接以外，还包括并运算(union)、差运算(except)和交运算(intersect)。集合查询的语法格式如下：

select <列名列表>from <表名 1>[where <条件>]

{union[all]|except|intersect}

select <列名列表>from <表名 2>[where <条件>][oder by <列名>]

说明：

（1）各 select 子句中<列名列表>的列数相同，且同名、同序，数据类型兼容或一致。

（2）集合运算后，结果集中的列名来自第一个 select 子句。

（3）若使用 order by 子句，则只能排序整个结果集，且必须放在最后。

（4）union 运算可使用 all 关键字来保留结果集中重复的行，否则自动删除重复的行。

1. 并集查询

并集（联合）查询是指用运算符 union 将两个查询的结果集合成一个结果集的查询。

【例 6-48】 列出女学生和女教师的姓名、性别，并增加说明列"身份"。

```
select 姓名,性别,'学生' as 身份 from 学生 where 性别 = '女'
```

```
union
select 姓名,性别,'教师' as 身份 from 教师 where 性别 = '女'
```

运行结果如图 6-14 所示。

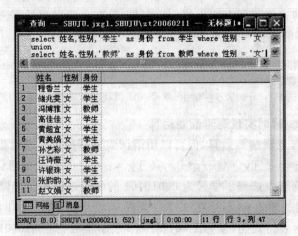

图 6-14　例 6-48 运行结果

2. 差集查询

差集查询是指用运算符 except 将第一个查询结果集中出现的第二个查询结果集中的记录排除。

【例 6-49】　查询出"130101"号教师讲授,但"wp0101"号教师未讲授的课程号。

```
select 课程号 from 授课 where 工号 = '130101'
except
select 课程号 from 授课 where 工号 = 'wp0101'
```

3. 交集查询

交集查询是指用运算符 intersect 将两个查询的结果集中相同的记录保留下来。

【例 6-50】　查询出"130101"号教师和"wp0101"号教师共同讲授的课程的课程号。

```
select 课程号 from 授课 where 工号 = '130101'
intersect
select 课程号 from 授课 where 工号 = 'wp0101'
```

6.3 数据插入

一旦确定表结构,就可以向表中插入数据生成记录了,插入数据是对数据表最基本的操作。SQL 语言通过 insert 语句向表插入数据,insert 语句插入数据的方式有两种:一种是使用 values 子句插入一行数据;另一种是通过 select 子句插入来源于其他表或视图的多行数据。

6.3.1 语法格式

T-SQL 语言中用 insert 语句向表或视图中插入新的数据行。其一般格式为：

insert [into] {表名 [[as] 表别名]| 视图名 [[as] 视图别名]}

{[列名列表]

values （{default |表达式} [,…n]）

|default values

|select_statement

|execute_statement}

}

说明：

（1）列名列表说明为指定的列插入数据。在给表或视图中的部分列插入数据时，必须指定这部分列的列名。未指定列名的列值，视其默认值和空值属性等情况而定，可能取值如下：

- 对于 timestamp 列或具有 identity 属性的列，列值由 SQL Server 计算后自动赋值。
- 对于列有默认值约束设置或默认对象，列值为默认值或默认对象中指明的值。
- 对于列没有默认值约束设置，但允许空值时，列值为空值（NULL）。
- 对于列既没有默认值约束设置，也不允许空值，则必须指定列名和列值，否则导致插入操作失败。

（2）省略列名列表子句时，需按列名定义顺序提供所有列数据，而使用列名列表子句则可以自由调整列顺序并提供数据，只要 values 子句的数据顺序与列名列表子句的列顺序一致。

（3）values 子句为列名列表子句指定列提供数据，数据可以以常量、表达式形式提供，也可以使用关键字 default 向列中插入其默认值。

（4）default values 说明向表中所有列插入其默认值。对于具有 Indentity 属性或 timestamp 数据类型的列，系统将自动插入下一个适当值。对于没有设置默认值的列，如果它们允许空值，SQL Server 将插入 NULL，否则返回一个错误消息。

（5）select_statement 是子查询 SQL 语句，它是带子查询的数据插入方式。insert 语句将 select_statement 子句返回的结果集合数据插入到指定表中。

（6）SQL Server 为 insert 语句提供了一种通过执行存储过程的方式插入数据。

（7）{表名 [[as] 表别名]| 视图名 [[as] 视图别名]}表示插入数据的表或视图名称。

6.3.2 单行插入

格式：Insert [into]<表名|视图名>[(<列名 1 >[,<列名 2 >][,…n])] values （<值 1 >[,<值 2 >][,…n]）

说明：

（1）列名和列值在个数、顺序和数据类型上应保持一致。

（2）列名可以省略，省略列名时，必须按顺序提供所有列的列值。

（3）列值可以是 default、NULL 或表达式。

（4）不能为有 identity 属性的列、timestamp 数据类型的列、有默认值的列、用 newid()

函数生成 guid 值的列、计算列提供指定值。

（5）提供的列值不能违反表的现有约束和规则，且行的总长度不能超过 8060 字节。

【例 6-51】 向表"课程"中添加一新行，并按顺序为所有列提供列值：'12','电子商务安全技术','考查',36,2,'电子商务方向'。

```
use jxgl
insert into 课程 values('12','电子商务安全技术','考查',36,2,'电子商务方向')
```

【例 6-52】 向"课程"表中添加一新行，仅为部分列（课程号，课程名称，备注）提供列值：'13','决策科学','信息决策方向'。

```
use jxgl
insert into 课程(课程号,课程名称,备注) values ('13','决策科学','信息决策方向')
```

注意：identity 属性的列的值由系统自动生成，如果要指定有 identity 属性列的值，必须使用开关配置语句 set identity_insert <列名>on 打开，允许插入大于表当前 identity 属性的列的值，插入后使用开关配置语句 set identity_insert <列名>off 关闭。

【例 6-53】 向"选修"表中添加一新行，并为"成绩编码"列提供列值。

```
use jxgl
select * from 选修
set identity_insert 选修 on
insert into 选修(成绩编码,学号,课程号,成绩)values(12,'08020103','02',90)
set identity_insert 选修 off
select * from 选修
```

6.3.3 多行插入

格式：insert ［into］<目标表名|目标视图名>[（<列名 1 >[，<列名 2 >][，…n]）]
select <列名 1 >[，<列名 2 >][，…n] from <源表名|源视图名>[where <查询条件>]

说明：

（1）可以将子查询（select）的结果数据添加到目标表或目标视图。

（2）目标表和源表在列个数、顺序和数据类型上完全一致，并且不违反完整性约束。

（3）源表可以有多个，即一次性插入的多行数据可以来自多个源表。

（4）where 子句指明插入数据的条件。

【例 6-54】 向"选修"表中添加 09 信管(1)班的学生的学号和 01 课程号，成绩为空。

```
use jxgl
insert into 选修(学号,课程号,成绩)
 select 学号,'01',null from 学生 where left(学号,6) =
   (select 班级号 from 班级 where 班级名称 = '09 信管(1)班')
```

6.3.4 存储过程的插入

格式：Insert ［into］<目标表名|目标视图名>[（<列名 1 >[，<列名 2 >][，…n]）]
execute <过程>

说明：

（1）过程既可以是一个已存在的系统存储过程或用户自定义的存储过程，也可以是在insert语句中直接编写的存储过程。

（2）所插入的数据实际上是存储过程中select语句子查询的结果集。

【例6-55】　向"选修"表中添加一新行，并为"成绩编码"列提供值。

```
use jxgl
go
create table cj (学号 char(8),课程号 char(2),成绩 tinyint)
go
create proc ty as select 学号,课程号, 成绩 from 选修
go
insert into cj (学号,课程号, 成绩 ) execute ty
```

6.4　数据更新

对存放在表中的数据进行修改，也是数据库日常维护的一项重要工作。使用SQL的update语句可以修改表中的一行或多行记录，一列或多列数据。

SQL语言通过update语句修改数据，update语句修改数据的方式有两种：一种是通过set子句直接赋值修改，另一种是带子查询的的修改。

6.4.1　语法格式

T-SQL语言中用update向表修改数据。

格式：update <表名>set <列名1>＝<表达式1>[,<列名2>＝<表达式2>[,…n]][where <条件>]

说明：

（1）update <表名>表示要修改数据的表名。

（2）set子句指定要用表达式的值替换指定列名的值，一般要求列不可以有identity属性。表达式可以是常量、变量、default、NULL或返回单个值的子查询。

（3）where子句设置修改表中记录的条件表达式，省略时修改表中的所有记录。

（4）更新列数据时不能违反完整性约束和规则。

6.4.2　简单更新

update语句用于更新现有表中的数据，可以更新表中一行的一列或多列。利用where子句还可以实现有条件的更新，从而更新表中的多行数据。

【例6-56】　更新"授课"表中评价内容为"学生对教师的评价应建立在公平公正的基础上，教师也要积极面对学生评价，注意加强沟通和理解"。

```
use jxgl
go
update 授课 set 评价 = '学生对教师的评价应建立在公平公正的基础上,教师也要积极面对学生评
```

价,注意加强沟通和理解'

【例 6-57】　更新"教师"表中朱惠恩老师的信息,修改其基本工资为原来的 90%,并调整职称为"教授退"。

```
use jxgl
go
update 教师 set 基本工资 = 基本工资 * 0.9,职称 = '教授退' where 姓名 = '朱惠恩'
```

6.4.3　更新子查询

使用 where 子句,可以更新符合内部条件的记录;而使用 select 子句,则可以利用子查询来指定外部条件。

【例 6-58】　更新"学生"表,将所有成绩低于 60 分的学生的备注填写"补考"。

```
use jxgl
go
update 学生 set 备注 = '补考' where 学号 in (select 学号 from 选修 where 成绩<60)
```

6.5　数据删除

随着数据库的使用和修改,表中可能会存在一些无用的数据,如果不及时将它们删除,不仅会占用空间,还会影响修改和查询速度。

6.5.1　语法格式

SQL 语言通过 delete 语句删除数据。delete 语句删除数据的方式有两种:一种是直接删除表中的数据,另一种是带子查询的删除。

格式:delete [from] <表名>[where <条件>]

说明:

(1) <表名>表示删除数据的表名。

(2) where 子句用于设置删除表中记录的条件表达式,省略时表示删除表中的所有记录。

(3) 可以删除基于其他表的数据。

6.5.2　简单删除

简单删除是指不带子查询的删除。使用 where 子句可以删除一条或多条记录,若不带 where 子句将删除所有数据,使数据表为空。

【例 6-59】　删除"学生"表中成绩低于 60 分的同学。

```
use jxgl
go
delete from 学生 where 成绩<60
```

6.5.3 删除子查询

带子查询的删除同样可以嵌套在 where 子句中,用于构造删除的条件。

【例 6-60】 删除"选修"表中班级名称为 09 财务的学生。

```
use jxgl
go
delete 选修 where left(学号,6) =
 (select 班级号 from 班级 where 班级名称 = '09财务(1)班')
```

6.5.4 清空表内容

另外,SQL 语言提供了 truncate table 命令来删除表中的所有数据,类似于不带 where 子句的 delete 语句,但比 delete 语句的运行速度快。原因在于,delete 语句删除数据时要在事务日志中做记录,以防止删除失败时可以使用事务处理日志来恢复数据。

格式:truncate table <表名>

说明:清空指定表的数据内容。

本章小结

T-SQL 语言是一种高效快速的结构化查询语言,其主要功能是实现对表的查询,以及插入、更新和删除等操作。实现同一查询可有多种方法,但执行效率会有差别。如嵌套查询与连接查询相比,嵌套查询逐步求解,层次清晰,易于构造,连接查询的执行效率较高。

习题 6

一、选择题

1. 指定当前数据库的操作有多种,下列不能确定 mydb 为当前数据库的操作是( )。

    A. 在查询窗口中输入 use mydb/go 后执行

    B. 在工具栏的"数据库"下拉列表框中选择 mydb

    C. 选择"文件"→"打开"命令

    D. 选择"查询"→"更改数据库"命令

2. select 语句中的 where 子句的基本功能是( )。

    A. 指定需查询的表的存储位置   B. 指定输出列的位置

    C. 指定行的筛选条件   D. 指定列的筛选条件

3. 在使用模式查找 like '_a%'时,可能的结果是( )。

    A. aili   B. bai   C. bba   D. cca

4. select 语句中的"where 成绩 between 80 and 90"表示成绩在 80～90 之间,且( )。

    A. 包括 80 岁和 90 岁   B. 不包括 80 岁和 90 岁

    C. 包括 80 岁但不包括 90 岁   D. 包括 90 岁但不包括 80 岁

5. 以下能够进行模糊查询的关键字为（　　）。

    A. order by　　　　　B. like　　　　　C. and　　　　　D. escape

6. select 语句中的 from 子句指定输出数据的来源，以下说法不正确的是（　　）。

    A. 数据源可以是一个或多个表　　　　B. 数据源必须是有外键参照的多个表

    C. 数据源可以是一个或多个视图　　　　D. 数据源不能为空表

7. 使用 order by 子句输出数据时，以下说法正确的是（　　）。

    A. 不能对计算列排序输出

    B. 当不指定排序方式时，系统默认升序

    C. 可以指定对多列排序，按优先顺序列出需排序的列，用空格隔开

    D. 当对多列排序时，必须指定一种排序方式

8. 以下对输出结果的行数没有影响的关键字是（　　）。

    A. group by　　　　B. where　　　　C. having　　　　D. order by

9. 关于 group by 子句与 compute by 子句的说法，不正确的是（　　）。

    A. 使用 group by 子句时，select 只能查询分组的列，即 group by 子句中的列名

    B. compute by 子句中包含统计函数，select 只能查询被统计的数值列

    C. compute by 子句一定要和 order by 子句同时使用

    D. 使用 group by 子句的输出只有统计结果，没有被统计的数据清单

10. 在关系数据库中，null 是一个特殊值，关于 null，下列说法正确的是（　　）。

    A. 判断元组的某一列是否为 null 一般使用＝null

    B. null 表示尚不确定的值

    C. 执行 select null＋5 将会出现异常

    D. null 只适用于字符和数值

11. 关于视图，以下说法正确的是（　　）。

    A. 视图与表都是一种数据库对象，查询视图与查询基本表的方法是一样的

    B. 与存储基本表一样，系统存储视图中每个记录的数据

    C. 视图可屏蔽数据和表结构，简化了用户操作，方便了用户查询和处理数据

    D. 视图数据来源于基本表，但独立于基本表，当基本表数据发生变化时，视图数据

      不变，在基本表被删除后，视图数据仍可使用

12. 在创建视图时，以下不能使用的关键字是（　　）。

    A. order by　　　B. compute　　　C. where　　　D. with check option

13. having 子句用来限定（　　）。

    A. 查询结果的分组条件　　　　B. 组或聚合的搜索条件

    C. 返回的行的搜索条件　　　　D. 结果集的排序方式

14. order by 子句用来限定（　　）。

    A. 查询结果的分组条件　　　　B. 组或聚合的搜索条件

    C. 返回的行的搜索条件　　　　D. 结果集的排序方式

15. 关于 delete 语句，下面说法正确的是（　　）。

    A. 一次只删除表中的一行记录　　　　B. 可以删除表中的多条记录

    C. 不能删除表中的所有记录　　　　D. 可以删除表

16. 关于 update 语句,下面说法正确的是(   )。
    A. 只能更新表中的一条记录　　　　B. 可以更新表中的多条记录
    C. 不能更新表中的所有记录　　　　D. 可以更改表结构

17. 关于 select 语句,下面说法正确的是(   )。
    A. 可以查询表或视图中的时间类型的数据
    B. 只能从一个表中获取数据
    C. 可以设置查询条件
    D. 不可以对查询结果排序

18. 在 select 语句中,如果查询条件出现了聚集函数,则定义查询条件的关键字是(   )。
    A. group by　　　　B. where　　　　C. having　　　　D. order by

19. 在模糊查询中,可以代表任何字符串的通配符是(   )。
    A. *　　　　　　　B. @　　　　　　C. %　　　　　　　D. #

20. 当利用 in 关键字进行子查询时,在内查询的 select 子句中可以指定(   )列名。
    A. 1个　　　　　　B. 两个　　　　　C. 3个　　　　　　D. 任意多个

21. 用(   )语句修改表的一行或多行数据。
    A. update　　　　 B. set　　　　　 C. select　　　　　D. where

22. 用来表示不等于的运算符是(   )。
    A. <=　　　　　　 B. >=　　　　　　C. =<　　　　　　 D. <>

23. 当子查询的结果返回多行记录时,不能使用运算符的是(   )。
    A. [not] in　　　　　　　　　　　B. [not] exists
    C. all、some(any)　　　　　　　　D. 不带 all、some(any)谓词的比较运算符

24. 关于 union 使用原则,下列说法不正确的是(   )。
    A. 每一个结果集的数据类型都必须相同或兼容
    B. 每一个结果集中的列的数量都必须相等
    C. 若对联合查询的结果进行排序,则 order by 子句必须置于第一个 select 子句后
    D. 如果对联合查询的结果进行排序,排序的依据必须是第一个 select 子句中的列

25. 关于表的自连接,下列说法不正确的是(   )。
    A. 自连接是内连接的一个特例　　　B. 在自连接时,必须为表起别名
    C. 自连接结果对数据统计无意义　　D. 在多表连接中,inner 关键字可省略

26. 不能与 SQL Server 数据库进行转换的文件是(   )。
    A. 文本文件　　　B. excel 文件　　　C. word 文件　　　D. access 文件

27. 关于导入/导出数据,下面说法不正确的是(   )。
    A. 可以将 SQL Server 数据库导出到 Access 数据库中
    B. 可以使用向导导入/导出数据
    C. 可以先保存导入/导出任务,待以后执行
    D. 导出数据后,原有数据被删除

28. 在 SQL 中,下列涉及空值的操作不正确的是(   )。
    A. age is null　　　B. age is not null　　C. age＝null　　　D. not(age is null)

29. 下面关于自然连接与等值连接的叙述,不正确的是(   )。

A. 自然连接是一种特殊的等值连接

B. 自然连接要求两个关系中具有相同的属性组，而等值连接不必

C. 两种连接都可以只笛卡儿积和选择运算导出

D. 自然连接要在结果中去掉重复的属性，而等值连接则不必

30. 若想查询出所有姓张、且出生日期为空的学生的信息，则 where 条件应为（　　　）。

A. 姓名 like '张％' and 出生日期 ＝ null

B. 姓名 like '张＊' and 出生日期 ＝ null

C. 姓名 like '张％' and 出生日期 is null

D. 姓名 like '张_' and 出生日期 is null

二、填空题

1. 用（　　）语句修改表的一行或多行数据。

2. delete 语句用（　　）语句指明表中要删除的行。

3. SQL Server 为用户提供了 4 个通配符，它们分别是：％、[]、（　　）和_。

4. 联合查询使用（　　）关键字。

5. 连接查询包括内连接、外连接和（　　）。

6. 使用（　　）子句可以创建一个新表，并用 select 查询结果集填充该表。

7. select 语句中实现分组的子句是（　　）。

8. SQL 语言中实现数据控制功能的语句主要有 grant 语句和（　　）。

9. select 语句中实现排序的子句是（　　）。

10. select 语句中 having 子句一般跟在（　　）子句之后。

11. 布尔运算符（　　）和 or 将多个条件合并成一个条件，而 not 应用于单个条件。

12. 子查询可以嵌入到 select、insert、update、delete 的 having 子句或者（　　）子句中。

13. （　　）查询依赖外部的查询。

14. （　　）返回所有匹配和不匹配的行。

15. 联合查询中，使用（　　）关键字可以返回所有行，而不管有没有重复行。

16. 如要返回附加的摘要数据，可以在 group by 子句中使用（　　）或 with cube。

17. 删除查询结果中相同行的关键字是（　　），返回查询结果所有行的关键字是 all。

18. delete 子句必须包含的子句是（　　）。

19. 一个 select 子句中还包括其他子查询的语句是（　　）。

20. （　　）相当于不带 where 子句的 delete 命令。

三、实践题

1. 查询"读者"表的所有信息。

2. 查询"图书"表中的图书种类。

3. 查阅读者编号为"1001"的读者的借阅信息。

4. 查询"图书"表中清华大学出版社出版的图书的书名和作者。

5. 查询书名中包含"程序设计"的图书信息。

6. 查询"图书"表中清华大学出版社出版的图书的信息，结果按图书单价升序排列。

7. 查询图书定价最高的前 3 个图书的图书编号、定价。

8. 查询借阅了"C 语言程序设计"图书且借阅日期最近的 3 名读者的读者编号和借书

日期。

9. 查询图书馆的藏书量。

10. 查询图书馆的图书总价值。

11. 查询各出版社的馆藏图书数量。

12. 查询 2011-10-1 和 2012-10-1 之间各读者的借阅数量(不能利用"已借数量"列)。

13. 查询 2011-10-1 和 2012-10-1 之间作者为"谭浩强"的图书的借阅情况。

14. 使用统计函数计算"读者"表中的借阅数量最多、最少和平均借阅数。

15. 使用统计函数计算"读者"表中每个单位门课的借阅数量最多、最少和平均借阅数。

16. 查询借阅图书数量超过 2 的读者编号、借阅数量(不能利用"已借数量"列)。

17. 查询馆藏图书最多的作者姓名及馆藏数量,并存储到一个新表"author"中。

18. 在"读者类型"表的"借阅期限"列之后增加一个"说明"列,名为"日"。

19. 查询所有男教师和所有男生,并标识身份。

20. 利用子查询,查询借阅了图书的读者的信息。

21. 利用子查询,查询没有借阅图书的读者的信息。

22. 使用嵌套查询,查询定价大于所有图书平均定价的图书信息。

23. 查询高等教育出版社出版的定价高于所有图书平均定价的图书信息。

24. 查询借阅了"TP0001"且日期最近的读者的读者编号、姓名、图书编号、借书日期。

25. 查询借阅了"数据库原理"图书的读者信息。

26. 查询借阅数量超过 2(包括两次)的读者信息。

27. 查询借阅人数超过 2(包括两人)的图书编号、图书名称。

28. 查询"读者"表中各单位的读者总数。

29. 查询"读者"表中管理学院的读者编号、姓名、单位,并统计总人数。

30. 查询"读者"表中管理学院的读者编号、姓名、单位,并按照读者类型分类统计人数。

31. 同时查询"读者"表中已借数量最少的教师和学生(相关子查询)。

32. 查询借书数大于平均借书数的读者信息。

第7章*

T-SQL程序设计

本章导读：

T-SQL 是内嵌在 SQL Server 系统中的结构化查询语言，除了具备数据定义、操纵和控制功能外，还引入了程序设计的思想和过程控制结构，增加了函数、系统存储过程，以及触发器等。灵活运用 T-SQL 语言，可以编写出基于客户/服务器模式的数据库应用程序。

知识要点：

- 程序设计基础
- 流程控制语句
- 内置函数
- 用户自定义函数

7.1 程序设计基础

程序设计的基础是处理数据，而数据在程序中最常见的形式是常量、变量和表达式。

7.1.1 常量

常量也称字面值或标量值，是表示一个特定数据值的符号，常量的格式取决于它所表示的值的数据类型。SQL Server 中的常量有以下几种形式。

1. 字符串常量

字符串常量分为 ASCII 字符串常量和 Unicode 字符串常量。

1) ASCII 字符串常量

ASCII 字符串常量是指用定界符单引号(')括起来，由英文字母(a～z, A～Z)和数字(0～9)，以及特殊符号(!, @)等 ASCII 字符组成的字符序列。如'中国'、'合肥'等。

如果在字符串中嵌入单引号(')，可以用两个连续的单引号('')表示嵌入的一个单引号(')，而中间没有任何字符的两个连续的单引号('')表示空串。

2) Unicode 字符串常量

Unicode 字符串常量则是以标识符(N)为前缀，再引导由定界符单引号(')括起来的字符串。如 N'china'、N'hefei'等。

Unicode 字符串常量被解释为 Unicode 数据。Unicode 数据中的每个字符用两个字节存储,而 ASCII 字符串中的每个字符使用一个字节存储。

注意：Unicode 字符串的前缀 N 是大写字母。如'database'是字符串常量,而 N'database' 是 Unicode 常量。

2. 整型常量

按照整型常量的不同表示方式,又分为二进制整型常量、十进制整型常量和十六进制整型常量。

1）二进制整型常量（bit）

即由 0 或 1 构成的串,没有定界符。如果使用一个大于 1 的数字,将被转换为 1。

2）十进制整型常量（integer）

由正/负号和数字 0~9 组成,正号可以省略。例如,2006、3、－2009。

3）十六进制整型常量

使用 0x 作为前辍,后面跟十六进制数字字符串,没有定界符。例如,0xcdE、0x12E9、0x （空二进制常量）。

3. 日期/时间常量

日期/时间常量是用定界符单引号（'）括起来的特定格式的字符。SQL Server 提供并识别多种格式的日期/时间,使用 set dateformat mdy|dmy|ymd 命令可以设置日期/时间格式。

常见的日期格式如下。

（1）字母日期格式：'April 15，1998'、'15-April-1998'。

（2）数字日期格式：'10/15/2004'、'2004-10-15'、'2009 年 3 月 22 日'。

（3）未分隔的日期格式：'980415'、'04/15/98'。

常见的时间格式有'14：30：24'、'04：24 PM'。

4. decimal 常量

decimal 常量由正/负号、小数点、数字 0~9 组成,正号可以省略。例如,91.3、－2 147 483 648.10。

5. float 和 real 常量

float 和 real 常量使用科学记数法表示。例如,101.5E5、0.5E－2。

6. 货币常量

货币常量是以可选货币符号（$）作为前缀,并可以带正/负号和小数点的一串数字,用来表示正的或负的货币值。SQL Server 提供两种数据类型（即 money 和 smallmoney）来存储货币数据,存储的精确度为 4 位小数。例如,$20、$45、$0.22 等。

7. uniqueidentifier 常量

uniqueidentifier 常量表示全局唯一标识符值的字符串。可以使用字符或二进制字符串格式指定。例如,以下两个示例指定相同的 GUID。

'6F9619FF-8B86-D011-B42D-00C04FC964FF'、0xff19966f868b11d0b42d00c04fc964ff

7.1.2 变量

变量是指在程序运行过程中其值可以变化的量,包括变量名和变量值两部分。变量名是对变量的命名,变量值是对变量的赋值。T-SQL 中的变量有两种:全局变量和局部变量。

1. 全局变量

全局变量是 SQL Server 2005 系统定义并自动赋值的变量,其作用范围是所有程序,主要用来记录 SQL Server 服务器的活动状态。

用户可以引用全局变量,但不能改变它的值,全局变量必须以@@开头。SQL Server 2005 提供了 30 多个全局变量,如表 7-1 所示。

表 7-1 全局变量名及其功能

全局变量名	功 能
@@connections	返回连接或企图连接到 SQL Server(最近一次启动以来)的连接次数
@@cpu_busy	返回自 SQL Server 最近一次启动以来,CPU 的工作时间总量,单位为毫秒
@@cursor_rows	返回当前打开的最后一个游标中还未被读取的有效数据行的行数
@@datefirst	返回一个星期中的第一天,set datefirst 命令设置 datafirst 参数值,取值范围为 1～7
@@dbts	返回当前数据库的时间戳值,数据库中的时间戳值必须是唯一的
@@error	返回最近一次执行 T-SQL 语句的错误代码号,0 表示成功
@@fetch_status	返回最近一次执行 fetch 语句的游标状态值
@@identity	返回最近一次插入行的 identity(标识列)列值
@@idle	返回 SQL Server 处于空闲状态的时间总量,单位为毫秒
@@io_busy	返回 SQL Server 执行输入/输出操作所花费的时间总量,单位为毫秒
@@langid	返回 SQL Server 使用的语言的 ID 值
@@language	返回 SQL Server 使用的语言名称
@@lock_timeout	返回当前会话所设置的资源锁超时时长,单位为毫秒
@@max_connections	返回允许连接到 SQL Server 的最大连接数目
@@max_precision	返回 decimal 和 numeric 数据类型的精确度
@@nestlevel	返回当前执行的存储过程的嵌套级数,初始值为 0,最大值为 16
@@options	返回当前 set 选项的信息
@@pack_received	返回 SQL Server 通过网络读取的输入包的数目
@@pack_sent	返回 SQL Server 写给网络的输出包的数目
@@packet_errors	返回 SQL Server 读取网络包的错误数目
@@procid	返回当前存储过程的 ID 值
@@remserver	返回远程 SQL Server 数据库服务器的名称
@@rowcount	返回最近一次 T-SQL 语句所影响的数据行的行数,0 表示不返回任何行
@@servername	返回本地运行 SQL Server 的数据库服务器的名称
@@servicename	返回 SQL Server 运行的服务状态,如 MSSQLServer、SQLServerAgent 等
@@spid	返回当前用户进程对应的服务器进程标识 ID 值
@@textsize	返回 set 语句的 textsize 值,即数据类型 text 或 image 的最大值,单位为字节
@@timeticks ·	返回计算机系统中最小时间分辨率(一次滴答)对应的微秒数
@@total_errors	返回磁盘读/写错误数目
@@total_read	返回磁盘读操作的数目
@@total_write	返回磁盘写操作的数目
@@trancount	返回当前连接中处于活动状态的事务数目
@@version	返回 SQL Server 的安装日期、版本号和处理器类型

2. 局部变量

局部变量是用户自定义的变量,其作用范围是声明它的批处理、存储过程或触发器等程序内部,一般用来存储从表中查询到的数据,或作为程序执行过程中的暂存变量。局部变量必须以"@"开头,且必须先用 declare 命令声明。声明局部变量的语法格式如下:

declare｛@局部变量名［as］数据类型｝［,…n］

说明:

(1) 局部变量名必须符合标识符命名规则。

(2) 数据类型可以是系统数据类型,也可以是用户自定义数据类型,但不能定义为 text、ntext 或 image 数据类型。如有需要,要指定数据宽度及小数精度。

(3) 声明多个局部变量名时,各变量名之间用逗号隔开。

(4) 局部变量声明后,系统自动初始化并赋值为 null,但局部变量声明时不能赋值。

(5) 给局部变量赋值要用赋值语句,赋值语句有两种:set 语句和 select 语句。

① Set 语句。

格式:set｛<@局部变量名>=<表达式>｝

说明:将"表达式"的值赋给"@局部变量名"指定的局部变量,一条语句只能给一个变量赋值。

【例 7-1】 计算两数之和。

```
declare @sum int,@a as int,@b as int
set @a = 10
set @b = 90
set @sum = @a + @b
print @sum
```

② select 语句。

格式:select <｛<@局部变量名>=<表达式>［,…n］｝［from <表名>［,…n］where <条件表达式>］

说明:

- 将"表达式"的值赋给"@局部变量名"指定的局部变量,或者从筛选记录中计算出"表达式"的值并赋给"@局部变量名"指定的局部变量。
- select 既可以查询数据,又可以赋值变量,但不能同时使用。如果 select 语句返回多个数值(多行记录),则局部变量只取最后一个返回值。
- 一条语句可以给多个变量赋值。

【例 7-2】 计算"选修"表中男生的平均成绩和总成绩。

```
use jxgl
declare @avgscore float,@sumscore float
select @avgscore = avg(成绩),@sumscore = sum(成绩) from 学生,选修
where 学生.学号 = 选修.学号 and 性别 = '男'
```

7.1.3　运算符

运算符是用来连接运算对象(或操作数)的符号,表达式是用运算符将运算对象(或操作数)连接起来的式子。T-SQL 提供了 7 类运算符及其对应表达式,分别是算术运算符及表

达式、字符串连接运算符及表达式、赋值运算符及表达式、比较运算符及表达式、逻辑运算符及表达式、位运算符及表达式、一元运算符及表达式。

1．运算符

1）算术运算符

算术运算符用于数值型数据的算数运算，算术运算符及其适用的数据类型如表 7-2 所示。

表 7-2　算术运算符及其含义

算术运算符	含　义	数　据　类　型
＋、－、*、/	加、减、乘、除	int、smallint、tinyint、decimal、float、real、money、smallmoney
％	求余	int、smallint、tinyin

2）关系运算符

关系运算符用来比较两个表达式的值是否逻辑相同，若值相同为 true，否则为 false。当参与比较的操作数含有 null 时，结果为 unknown。关系运算符及其含义如表 7-3 所示。

表 7-3　关系运算符及其含义

关系运算符	含　义	关系运算符	含　义	关系运算符	含　义
＝	等于	＞＝	大于或等于	!＝	不等于
＞	大于	＜＝	小于或等于	!＜	不小于
＜	小于	＜＞	不等于	!＞	不大于

注意：关系运算符又称为比较运算符，关系运算符不能用于 text、ntext、image 数据类型运算。另外，有时把 all、any、some、between…and、in、like 当做关系运算符。

3）位运算符

位运算符用于对数据进行按位运算。位运算符及其含义如表 7-4 所示。

表 7-4　位运算符及其含义

位 运 算 符	含　义
＆	位与，双目运算，当参与运算的两个位值都是 1 时，结果为 1，否则为 0
|	位或，双目运算，当参与运算的两个位值都是 0 时，结果为 0，否则为 1
^	位异或，双目运算，当参与运算的两个位值不同时，结果为 1，否则为 0
～	位取反，单目运算，即～1＝0，～0＝1

在进行整数数据的位运算时，先将整数转换为二进制数据，然后进行按位计算；也可以对整数和二进制数据进行混合运算，但不能同时为二进制数据类型。位运算中操作数的特点如表 7-5 所示。

表 7-5　位运算中的操作数

左 操 作 数	右 操 作 数
binary、varbinary	int、smallint、tinyint
int、smallint、tinyint	int、smallint、tinyin、binary、varbinary
bit	int、smallint、tinyint

4）逻辑运算符

逻辑运算符用来将多个关系表达式连接起来进行组合运算,返回值为 true 或 false。逻辑运算符及其含义如表 7-6 所示。

表 7-6 逻辑运算符及其含义

逻辑运算符	含 义
not	非运算,单目运算,对关系表达式的值取反,即 not(true)＝false、not(false)＝true
and	与运算,双目运算,参与运算的两个关系表达式的值都是 true 时才为 true,否则为 false
or	或运算,双目运算,参与运算的两个关系表达式的值都是 false 时才为 false,否则为 true

5）字符串运算符

字符串运算符是将两个字符串连接成一个新的字符串。其运算符只有一个,即加号(＋)。

6）赋值运算符

赋值运算符是将表达式的值赋给变量的运算符号。赋值运算符只有一个,即等号(＝)。

7）一元运算符

一元运算符是只对一个表达式进行运算的运算符号,该表达式的值可以是数值数据类型中的任何一种。一元运算符及其含义如表 7-7 所示。

表 7-7 一元运算符及其含义

逻辑运算符	含 义
＋	表示数据的正号
－	表示数据的负号
～	求一个数字的补数

2. 运算符的优先级

在使用多种运算符构成表达式时,有括号的先算括号内的,再算括号外的;无括号时,运算符的优先级决定了运算的先后顺序,并影响计算的结果。运算符的优先级顺序(由高到低)如表 7-8 所示。

表 7-8 一元运算符及其含义

运 算 符	优 先 级
＋(正)、－(负)、～(按位取反)	1
*(乘)、/(除)、%(模)	2
＋(加)、＋(串连)、－(减)	3
＝、＞、＜、＞＝、＜＝、＜＞、! ＝、! ＞、! ＜(比较运算符)	4
^(位异或)、&(位与)、|(位或)	5
not	6
and	7
all、any、between、in、like、or、some	8
＝(赋值)	9

注意：表中同一行运算符的优先级相同,当表达式中含有优先级相同的多个运算符时,根据它们在表达式中的位置,二元运算符按照从左到右的顺序执行,一元运算符按照从右到左的顺序执行。

7.2 流程控制语句

SQL Server 2005 提供了简单的程序结构来控制 T-SQL 语句、语句块和存储过程等的运行流程,主要程序结构包括块语句、分支语句和循环语句。

7.2.1 块语句

begin…end 语句的作用是将多条 T-SQL 语句合成一个语句块,并将它们作为一个整体处理。语法格式如下:

begin
    〈SQL 语句|语句块〉
end

说明:

(1) 将多条语句封装成一个语句块,服务器在处理时,整个语句块等同于一条语句。

(2) begin…end 语句也可以嵌套。

【例 7-3】 从"选修"表中求出学号为"08010101"的平均成绩,如果此平均成绩大于或等于 60 分,则输出"该同学全部通过考试,没有挂考"信息。

```
if (select avg(成绩) from 选修 where 学号 = '08010101' group by 学号)> = 60
  begin
    print '该同学全部通过考试,没有挂考'
  end
```

7.2.2 二分支语句

if…else 语句和 if [not] exists…else 语句是 T-SQL 语句提供的两种二分支结构。使用分支结构可以编写进行判断和选择操作的 SQL 语句(块)代码。

1. if…else 语句

if…else 语句用于判断条件是 true 或 false,并且根据判断结果指定要执行的语句。通常,条件是使用比较运算符对值或变量进行比较的表达式。语法格式如下:

if <条件>
    〈SQL 语句 1|语句块 1〉
[else
    〈SQL 语句 2|语句块 2〉]

说明:条件表达式为 true 时,运行 if…else 之间的"SQL 语句 1|语句块 1",否则,如果有 else 分支,运行 else 之后的"SQL 语句 2|语句块 2"。

【例 7-4】 根据给定教师的姓名,查询出该教师的本校工龄是否在 30 年以上。

```
if (select datediff(year,工作日期,getdate()) from 教师 where 姓名 = '李教师')> = 30
    print '该教师的工龄至少 30 年,可以提出退休申请'
```

```
else
    print '该教师的工龄不足 30 年,不可以提出退休申请'
```

2. if [not] exists…else 语句

if [not] exists…else 语句用于检测数据是否存在,而不考虑与之匹配的行数。对于存在性检测而言,使用 if [not] exists 要比使用 count(*)＞0 效率高。其语法格式如下:

if [not] exists <条件>

{SQL 语句 1|语句块 1}

[else

　　{SQL 语句 2|语句块 2}]

说明:条件表达式为 true 时,运行 if…else 之间的"SQL 语句 1|语句块 1",否则,如果有 else 分支,运行 else 之后的"SQL 语句 2|语句块 2"。

【例 7-5】 根据给定课程的课程类型,如果存在则计算该课程类型的门数。

```
if exists(select * from 课程 where 课程类型 = '考查')
    select count( * ) as '考查课门数' from 课程 where 课程类型 = '考查'
else
    print '没有考查课'
```

运行结果如图 7-1 所示。

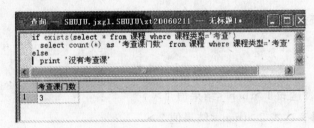

图 7-1　例 7-5 运行结果

7.2.3　多分支表达式

case 表达式是计算多个条件的表达式,并返回一个符合条件的表达式结果。case 表达式不是语句,不能独立运行,必须嵌入其他语句中才能起作用。case 表达式按照使用形式的不同有两种,即简单 case 函数和搜索 case 表达式。

1. 简单 case 函数

简单 case 函数是将表达式与 when 子句中的值依次进行比较,直到发现一个与表达式相等的值,返回该 when 子句关联 then 子句中的值,不再判断后续 when 子句中的值。其语法格式如下:

case <表达式>

　　when <值 1 >then <结果 1 >

　　[when <值 2 >then 　<结果 2 >

...

    when <值 n >then   <结果 n >

    ]

    [else <结果 n＋1 >]

end [as 表达式别名]

说明：

（1）case 函数在其开始处使用一个只计算一次的简单测试表达式。

（2）表达式的结果依次与分支中的 when 子句值进行比较，一旦匹配，返回 when 子句关联的 then 子句的值，然后执行 end 后面的子句。

（3）若所有 when 子句值都不满足表达式的结果，如果有 else 子句，则返回 else 子句值。

【例 7-6】 输出选修信息，并输出表中各课程号对应的课程名。

```
select 学号,课程号,
case 课程号
 when '01' then '计算机基础'
 when '02' then 'ASP 程序设计'
 when '03' then '数据库 SQL Server'
 else '其他课程'
end as 课程名称,成绩
from 选修
```

2. 搜索 case 表达式

语法格式如下：

```
case
  when <逻辑表达式 1 >then <结果值 1 >
  [when <逻辑表达式 2 >then <结果值 2 >
  ...
  when  <逻辑表达式 n >when <结果值 n >]
  [else <结果值 n＋1 >]
end
```

说明：

（1）依次计算 when 子句后的"逻辑表达式"，直到找到一个值为 true 的"逻辑表达式"，返回 when 子句关联的 then 子句的结果值，不再判断后续 when 子句中的值。

（2）若所有 when 子句后的"逻辑表达式"都不满足 true，如果有 else 子句，则返回 else 子句的结果值。

【例 7-7】 查询学生的相关信息，并将成绩按照以下规则替换：60 分以下替换为"不及格"，60～85 分替换为"合格"，85 分以上替换为"优秀"，其他替换为未考。

```
select 学号,姓名,成绩 =
  case
    when 成绩 is null then '未考'
    when 成绩 <60 then '不及格'
```

```
    when 成绩 < 85 then '合格'
    else '优秀'
  end
  from 学生,选修
  where 学生.学号 = 选修.学号
```

【例 7-8】 计算各教师的各门各班课程的课酬信息,课酬＝学时 * 课酬标准。其中,课酬标准为:教授为 50,副教授为 45,讲师为 35,助教为 30。

```
select 教师.工号,课程.课程号,班级.班级号,课酬 = 学时 *
  case
    when 职称 = '教授' then 50
    when 职称 = '副教授' then 45
    when 职称 = '讲师' then 35
    else 30
    end
  into   课酬
  from 教师,课程,授课,班级
  where 教师.工号 = 授课.工号 and 课程.课程号 = 授课.课
程号 and 班级.班级号 = 授课.班级号
go
select * from 课酬
go
```

	工号	课程号	班级号	课酬
1	130101	01	080101	1620
2	130102	02	080101	1800
3	130103	03	080101	2160
4	130102	04	080101	3600
5	130202	05	080101	1620
6	140101	11	080101	1400
7	140102	10	080101	2430
8	130101	08	080102	1800
9	130101	08	080201	3060
10	130201	07	080301	2240
11	wp0101	01	090101	1260
12	wp0201	02	090201	1080

图 7-2 例 7-8 运行结果

运行结果如图 7-2 所示。

7.2.4 循环语句

可以使用 while…continue…break 语句重复执行 SQL 语句或语句块。其语法格式如下:

```
while <条件>
  {SQL 语句 1|语句块 1}
[break]
  {SQL 语句 2|语句块 2}
[continue]
```

说明:

(1) 首先判断条件是否为 true,如果为 true,则按顺序往下执行循环体,本次循环执行完毕后,回到 while <条件>开始处,再次判断条件,如果为 true,继续执行循环体,重复前面的步骤,直至 while <条件>为假,跳出循环体,结束循环。

(2) break 语句是使程序完全跳出本层循环,结束整个循环体的执行。

(3) continue 语句是使程序终止本次循环,结束循环体中 continue 后面语句的执行,返回 while <条件>开始处,重新开始下一次的 while 循环。

【例 7-9】 求 1～100 的奇数之和。

```
declare @sum as int
```

```
declare @i as smallint
set @sum = 0
set @i = 0
while @i <= 100              /* 外层循环从 1 到 100 */
  begin
   set @i = @i + 1
    if (@i % 2) = 0           /* 如果@i 能够被 2 整除,则不是奇数 */
     continue
    else
     set @sum = @sum + @i
    if @i >= 99
     break
  end
print '1 到 100 之间的奇数之和为: ' + convert(char(6),@sum)  /* 输出和 */
```

运行结果如图 7-3 所示。

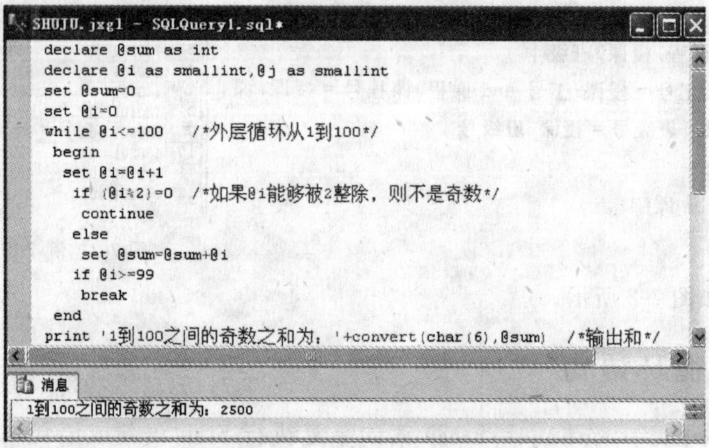

图 7-3　例 7-9 运行结果

7.2.5　其他语句

其他语句包括批处理语句、数据库切换语句和显示语句等,分别介绍如下。

1. 批处理语句

批是指从客户端传送到服务器上的一组完整数据和 T-SQL 指令的集合。批中语句被当做整体编译成一个可执行单元,然后从应用程序一次性发送到服务器执行,称为批处理。

一系列顺序提交的批处理称为脚本,一个脚本中可以包含一个或多个批处理。批处理和批处理之间的定界是通过 SQL Server 的关键字 go 来定界的。

在 SQL Server 2005 中,批处理指一次性分析、编译和执行,使用批处理有以下限制:

(1) 大多数 create 语句不可以在同一个批处理中使用,如 create procedure、create rule、create default、create trigger、create view 不能混合使用。

（2）不能在同一批处理中使用 alter table 命令修改表结构后立即引用其新增的列。

（3）不能在同一批处理中删除一个对象后又立即重建它。

（4）用 set 语句改变的选项在批处理结束时生效。

（5）如果在同一批处理中运行多个存储过程，则除第一个存储过程外，其余存储过程在调用时必须使用 execute 语句。

2. 切换数据库语句

使用 use 命令来切换数据库。其语法格式如下：

use 数据库名

说明：将指定的数据库切换为当前数据库，才可以对其及其中的对象做进一步操作。

3. 显示语句

rint 语句用于向客户端输出信息。其语法格式如下：

print '任何 ASCII 文本'|@变量|@@全局变量|字符串表达式

说明：

（1）向客户端输出一个字符串、一个局部变量或全局变量。

（2）如有必要，可用 convert 或 cast 函数将其他数据类型数据转换成字符串数据类型。

4. 暂停语句

waitfor 语句使程序暂停一段时间后或暂停到某一时刻后继续执行。其语法格式如下：

waitfor {delay 'hh:mm:ss'|time 'hh:mm:ss'}

说明：

（1）delay 表示暂停由"hh：mm：ss"指定的一段时间间隔后，再继续执行其后语句，最大值常为 24 小时。

（2）time 表示暂停到由"hh：mm：ss"指定的时间点，再继续执行其后语句。

5. 注释语句

注释语句用来说明程序代码的含义，提高程序的可读性，以使日后维护程序更加容易。SQL Server 2005 提供了两种注释形式。

格式1：--注释语句

格式2：/＊注释语句＊/

说明：

（1）--(双连字符)用于单行注释，从双连字符开始到结尾都是注释语句，一般放在程序后面，也可以单独另起一行。

（2）/＊…＊/用于多行注释，位置比较自由，既可以放在程序代码后面，也可另起一行，甚至放在程序代码内部。

（3）/＊…＊/不能跨越批处理，整个注释必须包含在一个批处理中。

【例 7-10】 查询学生选修成绩表。

```
use jxgl                      -- 切换数据库 jxgl 为当前数据库
select * from 选修
where left(学号,6) = '080101'   /* 筛选条件 */
order by 籍贯 asc             /* 升序输出,默认值为 ASC */
```

6. 无条件退出语句

return 语句可以出现在 T-SQL 语句的批处理、语句块和存储过程中的任何位置,其作用是无条件地从存储过程、批处理或语句块中退出,使其后的语句不被执行。其语法格式如下:

return[<整数值>]

说明:

(1) 结束当前程序的运行,返回到调用它的上一级程序。

(2) 整数值是被调用的存储过程向父进程报告本进程的执行状态。

(3) 如果没有指定返回值,SQL Server 系统会根据程序执行的结果返回一个内定值(-99~-1),常见内定值及其含义如表 7-9 所示。

表 7-9　内定值及其含义

返回值	含　义	返回值	含　义
0	程序执行成功	-7	资源错误
-1	找不到对象	-8	非致命错误
-2	数据类型错误	-9	已达到系统的极限
-3	死锁	-10、-11	致命的内部不一致错误
-4	违反权限原则	-12	表或指针错误
-5	语法错误	-13	数据库破坏
-6	用户造成的一般错误	-14	硬件错误

7. 无条件跳转语句

goto 语句用于改变程序的执行流程,使程序流程被无条件地转移到有标号的语句处继续执行,而位于 goto 语句和标号之间的语句不会被执行。其语法格式如下:

goto 标号

…

标号:

说明:

(1) goto 语句和标号可以用在语句块、批处理中和存储过程中,标号可以是数字和字符的组合,但必须以冒号(:)结尾。

(2) goto 语句破坏了程序结构化的特点,使得程序结构变得复杂而难以理解,建议不用。

(3) goto 语句实现的逻辑结构完全可以使用其他语句实现,goto 语句最好用于跳出深层次嵌套的控制流语句。

【例 7-11】 查询选修表,如果存在学号为"08010101"的学生,则显示"该学生的成绩存在",并查询出该学生所有课程的成绩,否则跳过这些语句,显示"该学生的成绩不存在"。

```
if (select count( * ) from 选修 where 学号 = '08010101') = 0
goto noation
begin
  print '该学生的成绩存在'
  select 学号,课程号,成绩 from 选修 where 学号 = '08010101'
end
noation: print '该学生的成绩不存在'
```

8. 返回错误代码语句

将报错信息显示在屏幕上,同时记录到 NT 日志中,其语法格式如下:

raiserror ({msg_id|msg_str}{,serverity,state}[,argument[,…n]])[with option[,…n]]

说明:

(1) msg_id 是存储于 sysmessages 表中的用户定义的错误信息标识号。用户定义的错误信息标识号应大于 50000。由特殊消息产生的错误号是 50000。

(2) msg_str 是一条特殊的消息,此消息最多包含 4000 个字符。

(3) serverity 表示用户定义的与消息关联的严重级别,用户可以定义 0~18 的严重级别,19~25 的严重级别只能由系统管理员引发。严重等级在 25 以上的错误在使用 raiserror 引发时,必须选择 with log 选项。

(4) state 是 1~127 的任意整数,表示有关错误发生的状态信息。

(5) with option 给出 raiserror 的选项,option 的取值及含义如表 7-10 所示。

表 7-10   option 取值及其含义

值	含　义
log	错误记录到 SQL Server 错误日志中和 Windows NT 应用程序日志中
nowait	将错误消息发送到客户端
seterror	始终将全局变量@@error 中的值置为用户自定义的报错消息的错误代码或 50000

【例 7-12】 在屏幕上显示一条信息,在信息中列出当前使用的数据库标识号和名称,信息由格式化字符串直接给出。

```
use jxgl
go
declare @dbid int
set @dbid = db_id()
declare @dbname nvarchar(128)
set @dbname = db_name()
raiserror('当前数据库的 id 值为: % d,数据库名为: % s.',16,1,@dbid,@dbname)
go
```

运行如果如图 7-4 所示。

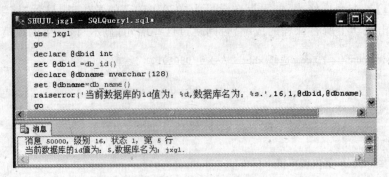

图 7-4　例 7-12 运行结果

7.3　内置函数

函数是由一条或多条 T-SQL 语句组成的集合,用于完成某个特定的功能。SQL Server 提供了两种类型的函数:内置函数和用户自定义函数,用户可以直接调用这些函数。

内置函数是系统预定义的函数,是 T-SQL 语言的一部分,一般分为三大类。

(1) 行集函数:返回的结果是对象,该对象可在 T-SQL 语句中作为表来引用。

例如,使用 openquery 函数执行一个分布式查询,以便从服务器 shuju 中提取"学生"表中的记录。

```
select * from openquery(shuju,'select name, id from 学生')
```

(2) 聚合函数:对一组值进行处理和计算,并返回一个单列值。

例如,设在当前数据库中拥有一个员工工资表"employee",其中有一个工资列"salary",统计所有员工的工资总和。

```
select sum(salary) from employee
```

(3) 标量函数:对传递给它的一个或者多个值进行处理和计算,并返回一个单列值。

7.3.1　字符串函数

常见的字符串函数如表 7-11 所示。

表 7-11　字符串函数及其功能

函　数　名	功　　能
upper(str)	将字符串转化为大写
ltrim(str)	删除字符串左边的空格
char(n)	求 ASCII 码值对应的字符
left(str,n)	从左边获取 n 个字符串
space(n)	输出 n 个空格
reverse(str)	反转输出字符串

续表

函 数 名	功 能
ascii(str)	求字符串中第一个字符的 ASCII 码值
replace(str1,str2,str3)	用字符串 str3 替换字符串 str1 中出现的字符串 str2
str(value,n[,m])	将数字转换成长度为 n 的字符串,同时含 m 位小数
len(str)	求字符串的字符个数,不包括尾部空格
lower(str)	将字符串转化为小写
rtrim(str)	删除字符串右边的空格
replicate(str,n)	将字符串连续输出 n 次
right(str,n)	从右边获取 n 个字符串
nchar(n)	返回 unicode 字符
datalength(str)	返回所占字符串的字节数
charindex(str1,str2[,n])	从字符串 str1 中指定的位置 n 处查找字符串 str2
stuff(str1,n,m,str2)	将 str1 从位置 n 到 m 的字符串替换为 str2
patindex('%subs%',str)	查找字符串 str 中指定格式的字符串 subs
substring(str,n,m)	从字符串中指定的位置 n 处开始取 m 个字符

【例 7-13】 在"教师"表中查找姓名以"李"开头的教师。

`select patindex('%李_%',姓名) from 教师`

【例 7-14】 测试字符串"中国北京"的存储空间。

`select datalength('中国北京')`

7.3.2 数学函数

常见的数学函数如表 7-12 所示。

表 7-12 数学函数及其功能

函 数 名	功 能	函 数 名	功 能
abs(x)	求绝对值	log10(x)	求以 10 为底的自然对数
sqrt(x)	求平方根	round(x,n)	$n<0$,对整数部分四舍五入,$n>0$ 为保留小数位
square(x)	求平方	ceiling(x)	求大于等于给定数的最小整数
power(x,y)	求 x 的 y 次方	floor(x)	求小于等于给定数的最大整数
sin(x)	求正弦值	pi()	返回圆周率
cos(x)	求余弦值	radians(x)	将角度值转换为弧度值
tan(x)	求正切值	degrees(x)	将弧度值转换为角度值
log(x)	求自然对数	sign(x)	求一个数的符号
exp(x)	求指数值	rand(x)	随机数

7.3.3 聚合函数

常用的聚合函数如表 7-13 所示。

表 7-13　聚合函数及其功能

函　数　名	功　　　能
avg([distinct|all]表达式)	返回表达式(含列名)的平均值,distinct 是去掉重复值,all 是所有值
count([distinct|all]表达式)	对表达式指定的列值进行计数,忽略空值,distinct|all 含义同上
count([distinct|all] *)	对表或组中的所有行进行计数,包含空值,distinct|all 含义同上
max([distinct|all]表达式)	表达式中最大的值,distinct|all 含义同上
min([distinct|all]表达式)	表达式中最小的值,distinct|all 含义同上
sum([distinct|all]表达式)	表达式值的合计,distinct|all 含义同上

【例 7-15】　查询"学生"表中学生的总数。

```
select count( * ) from 学生
```

【例 7-16】　统计参加选修课程的学生人数。

```
select count(distinct 学号) from 选修
```

【例 7-17】　统计"学生"表中各班级现有男生数。

```
select '班号' = left(学号,6),count( * ) as 人数 from 学生 where 性别 = '男'
group by left(学号,6)
```

注意：只有在 group by 子句中,列才能与聚集函数同时出现在 select 子句中。

【例 7-18】　统计"选修"表中各门课程的最高分、最低分、平均分。

```
select 课程号,max(成绩),min(成绩),avg(成绩) from 选修 group by 课程号
```

7.3.4　日期和时间函数

用于对日期和时间数据进行各种处理和运算,并返回一个字符串、数字值或日期和时间值,常见的日期和时间函数及其功能如表 7-14 所示。

表 7-14　日期和时间函数及其功能

函　数　名	功　　　能
getdate()	返回当前的系统日期和时间
dateadd(间隔因子,n,d)	计算日期时间＋$d+n$后的日期时间,间隔因子如表 7-15 所示
datediff (间隔因子,d1,d2)	计算 $d2-d1$ 的时间间隔,间隔因子如表 7-15 所示
datename(间隔因子,d)	返回日期时间 d 的名称,如 datename(month,'1980-3-4')＝03
day(d)	返回日的值
month(d)	返回月的值
year(d)	返回年的值

时间间隔因子可以使用年月日等表示日期时间的英文全称,也可以使用缩略字母表示,缩略字母形式如表 7-15 所示。

表 7-15 间隔因子及其功能

间隔因子	yyyy|yy	m|mm	dd|d	qq|q	dy|y	wk|ww	weekday	hh|h	mi|n	ss|s	ms
说明	年	月	日	季度	年内日数	年内周数	星期几	小时	分钟	秒	毫秒

7.3.5 转换函数

一般情况下,SQL Server 会自动完成各数据类型之间的转换,若自动转换的结果不符合预期结果,可考虑利用转换函数进行转换。SQL Server 2005 提供了两个转换函数:cast 函数和 convert 函数。

1. cast 函数

格式:cast(表达式 as 数据类型)
说明:用于将某种数据类型的表达式显式转换为另一种数据类型。

2. convert 函数

convert 函数的优点是可以格式化日期和数值型数据。在将日期时间类型的数据转换为字符类型的数据时,还可以指定转换后的字符样式。

格式:convert(数据类型[(长度)],表达式[,格式码])
说明:
(1)也用于将某种数据类型的表达式显式转换为另一种数据类型。
(2)第 1 个参数是目标数据类型,第 2 个参数是源数据,第 3 个参数是可选的格式码。
(3)用格式码转换日期时间的数据类型时,只适用于 datetime 数据类型的日期时间,不对 smalldatetime 数据类型的日期时间起作用。
(4)预定义的符合国际和特殊要求的日期时间输出格式码有 30 种,如表 7-16 所示。

表 7-16 convert()函数格式码说明及示例

格式码	年份位数	小时格式	说 明	示 例
0	2	12	默认	Apr 25 2005 1:05PM
1	2		美国	04/24/05
2	2		ANSI	05.04.25
3	2		英国/法国	25/04/05
4	2		德国	25.04.05
5	2		意大利	25-04-05
6	2		定制-仅日期	25 Apr 05
7	2		定制-仅日期	Apr 25,05
8		24	定制-仅时间	13:05:35
9	4	12	默认,毫秒	Apr 25 2005 1:05:35:123 PM
10	2		美国	04-25-05
11	2		日本	05/04/25

格式码	年份位数	小时格式	说　明	示　例
12	2		ISO	050425
13	4	24	欧洲	25 Apr 2005 13：05：35：123
14		24	定制时间,毫秒	13：05：35：123
100	4	12	默认	Apr 25 20051：05PM
101	4		美国	04/24/05
102	4		ANSI	2005.04.25
103	4		英国/法国	25/04/2005
104	4		德国	25.04.2005
105	4		意大利	25-04-05
106	4		定制-仅日期	25Apr2005
107	4		定制-仅日期	Apr25,2005
108		24	定制-仅时间	13：05：35
109	4	12	默认,毫秒	Apr 252005 1：05：35：123PM
110	4		美国	04-25-2005
111	4		日本	2005/04/25
112	4		ISO	20050425
113	4	24	欧洲	25 Apr 2005 13：05：35：123
114		24	定制时间,毫秒	13：05：35：123

注意：格式代码0、1和2也可用于数字类型,并对小数与千位分隔符的格式产生影响。但不同的数据类型所受的影响是不一样的：格式代码0(默认值),将返回该数据类型最惯用的格式。格式码1或者2通常显示更为详细或者更为精确的值。

【**例 7-19**】　用 convert()转换 money 数据类型数据,查看格式码分别为0、1、2的结果。

```
declare @num money
set @num = 1234.56
select convert(varchar(50), @num, 0)
select convert(varchar(50), @num, 1)
select convert(varchar(50), @num, 2)
```

返回结果分别如下：1234.56、1 234.56、1234.5600

【**例 7-20**】　用 convert()转换 float 数据类型数据,查看格式码分别为0、1、2的结果。

```
declare @num2 float
set @num2 = 1234.56
select convert(varchar(50), @num2, 0)
select convert(varchar(50), @num2, 1)
select convert(varchar(50), @num2, 2)
```

返回结果分别如下：1234.56、1.2345600e＋003、1.234560000000000e＋003

7.3.6　系统函数

常用的系统函数如表 7-17 所示。

表 7-17 系统函数及其功能

函 数 名	功 能
host_id()	返回客户进程的当前进程的 ID 号
host_name()	返回服务器端的计算机的名称
suser_sid()	返回 SQL Server sa 登录名的安全标识号
db_id()	返回指定数据的标识 ID
db_name()	根据数据库的标识 ID 返回相应的数据库的名称
datbaseproperty(数据库,属性名)	返回指定数据库在指定属性上的取值
object_id(对象名)	返回指定数据库对象的标识 ID
object _name(对象 Id)	根据数据库的标识 ID 返回相应的数据库对象的名称
object eproperty(对象 Id,属性名)	返回指定数据库对象在指定属性上的取值
col_length(数据库表名,列名)	返回指定表的指定列的长度
col_name(数据库表 Id,列序号)	返回指定表的指定列的名称

7.4 用户自定义函数

用户自定义函数的名称和源码分别存储在系统表 sysobjects 和 syscomments 中,通过系统存储过程 sp_help、sp_helptext 可以查看其概要信息和源码信息。用户自定义函数一经定义,就可以像调用内置函数一样来调用。用户自定义函数有 3 种类型:

(1) 返回单值的标量函数。

(2) 类似于视图的可更新内嵌表值函数。

(3) 使用代码创建结果集的多语句表值函数。

7.4.1 标量函数

标量函数是返回单个值的函数。标量函数可以接收多个参数进行计算,并返回单个值。标量函数类似于内置函数,可以在 SQL Server 的表达式中使用该函数。其语法格式如下:

create function <拥有者. 函数名>

　　（ [{ @形式参数名 [as] 数据类型 [= 默认值] } [,…n]] ）

returns 返回值数据类型

[with <encryption|schemabinding >[[,] …n]]

[as]

begin

函数语句体

return 返回值表达式

end

说明:

(1) 拥有者. 函数名:函数命名符合标识符命名规则。

(2) @形式参数名:定义形式参数(形参)时可以指定默认值,形参的数据类型不可以是 text、ntext、image、cursor、table 和 timestamp。

（3）returns 返回值数据类型：指定返回值的数据类型。

（4）with encryption：是指对函数语句进行加密，所定义的文本以加密的形式存储在系统表 syscomments 中。

（5）with schemabinding：指定将函数绑定到它引用的数据库对象，且不能修改（alter）和删除（drop）。

（6）标量函数的函数体语句定义在 begin…end 语句中，其中 return 语句是必不可少的，用于返回函数值。

（7）可以使用 select 语句或 execute 语句调用函数，调用函数时，如不为指定默认值的形参提供实参值（或指定关键字 default），则表示直接引用默认值。

【例 7-21】 创建一个用户自定义标量函数 fsum，求两个数的和。

```
Create function dbo.fsum (@num1 int,@num2 int = 6)
Returns int
As
Begin
Return @num1 + @num2
End
Go
declare @j int
execute @j = dbo.fsum 2,8
print @j
execute @j = dbo.fsum @num1 = 90,@num2 = 10
print @j
go
```

【例 7-22】 在 jxgl 数据库中创建一个用户自定义标量函数 fage，然后从"学生"表中查询学生的学号、姓名、性别和年龄；从"教师"表中查询教师的工号、姓名、性别和工龄。

```
create function dbo.fage(@priordate datetime,@curdate datetime)
returns int
as
begin
return year(@curdate) − year(@priordate)
end
go
select 学号,姓名,性别,dbo.fage(出生日期,getdate()) as 年龄 from 学生
go
select 工号,姓名,性别,dbo.fage(工作日期,getdate()) as 工龄 from 教师
go
```

7.4.2 内嵌表值函数

内嵌表值函数和视图相似，都包含一条 select 语句，其查询结果构成了内嵌表值函数的返回值——记录集（表）。内嵌表值函数也可以使用参数。其语法格式如下：

create function <[拥有者.]函数名>

（［｛@形式参数名［as］数据类型［＝默认值］｝［，…n］］）

returns table

［with <encryption|schemabinding >［［,］…n］］

［as］

return（select 语句）

说明：

（1）［拥有者.］函数名：函数名命名符合标识符命名规则。

（2）@形式参数名：定义形式参数时可以指定默认值，但调用时必须提供具体实参值或指定关键字 default 引用默认值。

（3）returns table：内嵌表值函数的返回值是一个表。

（4）内嵌表值函数的函数体不使用 begin…end 语句，而是通过 return 语句返回 select 语句查询得到的结果集，其功能相当于一个参数化的视图，即可以当成一个虚表来使用。

（5）内嵌表值函数只能通过 select 语句调用。

【例 7-23】　创建一个根据学号返回学生学号、姓名、性别、课程号和成绩等信息的函数。

```
create function dbo.finfo(@xh char(8) = '08010101')
returns table
as
return (
select 学生.学号,姓名,性别,课程号,成绩 from 学生,选修
where 学生.学号 = 选修.学号 and 学生.学号 = @xh)
go
select * from dbo.finfo(default)
go
```

运行结果如图 7-5 所示。

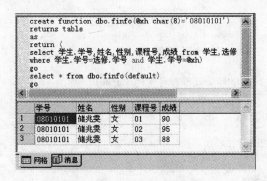

图 7-5　例 7-23 运行结果

7.4.3　多语句表值函数

多语句表值函数可以看做是标量函数和内嵌表值函数的联合，它集中了这两个函数的优点。和内嵌表值函数一样，多语句表值函数的返回值也是记录集（表）。区别在于：多语

句函数主体中的 returns 子句指定的 table 短语带有列名及其数据类型；函数返回值由带子查询(select 语句)的 insert 语句填充。其语法格式如下：

create function <[拥有者.]函数名>
　　（[{ @形式参数名 [as] 数据类型 [＝ 默认值] } [,…n]]）
returns <@表名>table（字段名 数据类型 [,…n]）
[with <encryption|schemabinding >[[,] …n]]
[as]
begin
insert [into] @表名 select 语句
return
end

说明：

(1) [拥有者.]函数名：函数名命名符合标识符命名规则。

(2) @形式参数名：定义形式参数时可以指定默认值，但调用时必须指定值或者指定关键字 default。

(3) @表名：是 table 类型的局部变量名，其作用域位于函数内，存储函数返回的行值。

(4) insert[into] @表名 select 语句：向@表名指定的表类型变量中填充由 select 语句查询到的数据。

(5) 函数的返回值也是一个表，但函数体必须在 begin…end 语句块中进行定义。

【例 7-24】 创建一个根据课程号查询返回选修该课程的学生学号、姓名、性别、课程号、成绩等信息的函数。

```
create function score_info(@courseid char(2))
returns @total_score table(
 课程号 char(2),学号 char(8),姓名 char(6),性别 char(2),成绩 tinyint)
as
begin
 insert @total_score
 select 课程号,选修.学号,姓名,性别,成绩
  from 选修,学生
  where 选修.学号 = 学生.学号 and 课程号 = @courseid
 return
end
go
select * from score_info('02')
```

7.4.4　修改函数

修改函数使用 alter function 语句，修改函数的实质是改变现有函数中存储的源代码，因而其格式与创建函数相同。

7.4.5　删除函数

删除函数的语法格式：drop function <[拥有者.]函数名>

本章小结

在 SQL Server 系统中,要编写程序,可使用 T-SQL 语言。本章首先介绍了 T-SQL 语言的变量、表达式、常用内部函数等编程基础,然后介绍了 T-SQL 语言的程序设计语句,最后介绍了用户自定义函数的创建和应用。

习题 7

一、选择题

1. 下列常量中不属于字符串常量的是(   )。

    A. '美丽的家园'   B. N'Tom and Jerry'   C. 'Tom''s car'   D. "Tom's car"

2. 在 T-SQL 语句中,可以用(   )命令标识一个批处理的结束。

    A. as   B. declare   C. go   D. end

3. 局部变量名必须用(   )符号开头。

    A. &   B. @   C. @@   D. #

4. 下列(   )是 SQL Server 2005 的条件分支语句。

    A. begin…end   B. return   C. while   D. if…else

5. 下列哪个不是 SQL Server 2005 支持的用户自定义函数(   )。

    A. 字符串函数   B. 内联表值型函数

    C. 单值的标量函数   D. 多语句型表值函数

6. 关于局部变量和全局变量的说法,下列正确的是(   )。

    A. SQL Server 中局部变量可以不声明就使用

    B. SQL Server 中全局变量必须先声明再使用

    C. SQL Server 中所有变量都必须先声明后使用

    D. 只有局部变量先声明后使用;全局变量是由系统提供的,用户不能自己建立

7. 下列可以作为局部变量使用的是(   )。

    A. [@myvar]   B. myvar   C. @myvar   D. my var

8. 下列不属于 SQL Server 全局变量的是(   )。

    A. @@error   B. @@connections

    C. @@fetch_status   D. @records

9. 利用(   )全局变量可以返回受上一条 T-SQL 语句影响的记录数。

    A. @@error   B. @@rowcount

    C. @@version   D. @@fetch_status

10. 下面(   )类型可以作为变量的数据类型。

    A. text   B. ntext   C. image   D. char

11. 下列算术运算与(−15)^5 等价的是(   )。

    A. power(−15,5)   B. round(−15,5)

　　　　C. －15mod5　　　　　　　　　　　　D. －15％5
12. 表达式'123'＋'456'的值是（　　　）。
　　A. 123456　　　　B. 579　　　　　　C. '123456'　　　D. "123456"
13. 以下（　）是 T-SQL 的二进制常量。
　　A. 1101　　　　　B. 0x345　　　　　C. ＆HA　　　　D. OB110
14. 在＋、－、％、＝ 4 个运算符中，最低级的运算符是（　　　）。
　　A. ＋　　　　　　B. －　　　　　　C. ％　　　　　D. ＝
15. 语句"use master go select ＊ from sysfiles go"包括（　　　）批处理语句。
　　A. 1　　　　　　B. 2　　　　　　　C. 3　　　　　D. 4
16. 用于求系统日期的函数是（　　　）。
　　A. year()　　　　B. getdate()　　　C. count()　　　D. sum()
17. 在 SQL Server 中通常包括以下几类函数,它们是（　　　）。
　　A. 标量函数　　　B. 聚合函数　　　C. 行集函数　　　D. 以上全部
18. 下列哪种函数用于判断两个日期相隔的时间差（　　　）?
　　A. dateadd　　　B. datediff　　　C. datename　　　D. getdate
19. 下列哪种函数用于求不大于某个数的最小整数（　　　）?
　　A. floor　　　　B. sin　　　　　C. square　　　　D. power
20. 如果数据表中的某列值是从 0 到 255 的整型数,最好使用哪种数据类型（　　　）?
　　A. int　　　　　B. tinyint　　　　C. bigint　　　　D. decimal
21. 运行命令 select ascii('Alklk')的结果是（　　　）。
　　A. 48　　　　　　B. 32　　　　　　C. 90　　　　　D. 65
22. 下列聚合函数用法正确的是（　　　）。
　　A. sum(＊)　　　B. max(＊)　　　C. count(＊)　　　D. avg(＊)
23. 下列聚合函数不忽略空值(null)的是（　　　）。
　　A. sum(列名)　　B. max(列名)　　C. count(＊)　　　D. avg(列名)
24. print round (998.88,0)和 print round(999.99,－1)的运行结果分别是（　　　）。
　　A. 999.00 和 990.00　　　　　　　B. 999.00 和 1000.00
　　C. 998.00 和 1000.00　　　　　　　D. 999.00 和 999.99
25. 下面关于标识符命名说法不合法的是（　　　）。
　　A. [my delete]　B. _mybase　　　C. $money　　　D. trigger1

二、填空题

1. SQL Server 中支持两种形式的变量：局部变量和（　　　）。
2. （　　　）是程序中不被执行的语句,主要用来说明代码的含义。
3. SQL Server 局部变量的赋值语句是 set 语句和（　　　）。
4. T-SQL 语句需要把日期时间数据常量用（　　　）括起来。
5. 在 SQL Server 中,case 结构是一个函数,只能作为一个（　　　）用在另一个语句中。
6. 在循环语句中,当执行到关键字（　　　）后将终止整个语句的执行。
7. 函数 len(substring(replicate('ab',5),2,6))的值为（　　　）。
8. 如果要查询一个列中数字的最大值,可以使用（　　　）函数。

9. 用于暂停 SQL 语句的命令是（　　）。

10. case 表达式的最后一个关键字是（　　）。

11. 用户自定义函数定义的信息存储在系统表 sysobjects 和（　　）中。

12. 函数 left('abcdef',2)的结果是（　　）。

13. 语句 select cast(getdate() as char)的执行结果是（　　）。

14. SQL Server 2005 采用的结构化查询语言称为（　　）。

15. 可以使用（　　）命令来标识 T-SQL 批处理的结束。

16. 客户机传递到服务器上的一组完整的数据和 SQL 语句称为（　　）。

17. 字符串常量分为 ASCII 字符串常量和（　　）字符串常量。

18. 自定义函数的返回值可以是系统的基本标量类型，也可以是（　　）。

19. 日期型数据类型为 datetime 和（　　）。

20. 货币型数据类型为（　　）和 money。

三、实践题

1. 编写一个程序，求两个数字之积。

2. 创建一个求两个数中最大值的函数。

3. 编写一个程序，输出所有的水仙花数。

4. 打印一个图形，如图 7-6 所示（提示：循环语句和字符串函数）。

```
       *
      * * *
     * * * * *
    * * * * * * *
```

图 7-6　习题运行结果

5. 创建一个函数，根据读者编号查询姓名、性别、借书名称、借还日期等信息。

6. 编写一个函数，根据图书编号查询图书名称、出版社、作者、定价等信息。

第8章

视图和游标

本章导读：

视图是从一个或多个基本表或其他视图中导出的虚拟表，其数据会随引用的基本表或其他视图的数据变化而变化。游标是一种数据访问机制，允许用户访问单独的数据行，而非整个数据行集，用户也可以通过游标查询、插入、更改或删除基表中的数据。

知识要点：

- 视图
- 游标

8.1 视图

视图不是真实存在的基表，而是从基表或其他视图中导出的虚拟表。视图中并不存放数据，只存放对基表或其他视图的查询定义，因此，对视图的操作终究都是对基表的操作。

8.1.1 视图的概念

视图保存了对基表或其他视图的查询定义，其运行结果是一种来源于对基表的查询数据集，用户可以像对基本表一样"对待"视图。和真实的表一样，视图也包含一系列带有行和列的数据，但是这些数据并不真实地存储在视图中，而存储在视图所引用的基表中。

视图兼有表和查询的特点：与表相似的是，视图可以更新其中的数据，并将结果永久地存储在磁盘上；与查询相似的是，视图可以从一个或多个相关联的表或视图中提取数据。

使用视图有很多优点，主要表现在以下4个方面。

(1) 简化数据操作：将频繁使用的复杂查询定义为视图，从而简化查询。

(2) 定制数据：通过视图，可以屏蔽数据的数据复杂性，使用户不必了解数据库的全部数据结构，就可以操作和管理数据库中的同一数据。

(3) 分割数据：使用视图，可以在逻辑上重构数据结构，并不破坏基表的原有结构，从而使原有的应用程序仍然可以通过视图来重载数据，而不需要做任何修改。

(4) 提高安全性：用户只能看到视图中的数据，不能看到基表中的数据。使用 with check option 选项，可以确保用户只能查询和修改满足条件的数据，从而提高数据的安全性。

8.1.2　创建视图

在创建视图时,需注意以下几点:

(1) 要创建视图,用户必须获取数据库所有者授权(使用 create view 语句),并具有与定义视图有关的表或视图的相应权限。

(2) 只能在当前数据库中创建视图,但可以引用其他数据库中的表和视图,甚至可以是其他服务器上的表和视图。

(3) 一个视图最多可以引用 1024 个列,且这些列可以来自不同的表或视图。

(4) 在用 select 语句定义的视图中,如果在视图的基表中加入新列,则新列不会在视图中出现,除非先删除视图再重建它。

(5) 如果视图中的某一列是函数、数学表达式、常量或来自多表的同名列时,则必须为此列定义一个不同的名称。

(6) 即使删除了一个视图所依赖的表或视图,该视图的定义仍然保留在数据库中。

1. 用视图设计器创建视图

在 SQL Server 2005 中,视图设计器的界面从上到下分为表区(又称关系图窗格)、列区、代码区和数据结果区 4 个区。初始状态时,表区中没有表。

【例 8-1】 用 SSMS 创建一视图,数据来源于"学生"表和"选修"表中的学号、姓名、性别、课程号、成绩,且课程号限定为"01"。

操作步骤如下:

(1) 启动 SSMS,在"对象资源管理器"窗格中展开要创建视图的数据库(jxgl),右击"视图",弹出快捷菜单,选择"新建视图"命令;单击释放后,会打开"视图设计器"和"添加表"对话框,如图 8-1 所示。

(2) 选择要添加的表、视图、函数或同义词,单击"添加"按钮,将其添加到视图设计器的表区中。这里添加"选修"表和"学生"表,然后单击"关闭"按钮,返回视图设计器。首先将学生.学号与选修.学号进行连接,然后在表区中选择需要的数据列,并设置相应的输出、排序类型、排序顺序和筛选器,最后单击"运行"按钮,将包含在视图中的数据行输出到数据结果区中,如图 8-2 所示。

注意:

① 如需添加新的表、视图或函数,可以右击表区中的空白区域,在弹出的快捷菜单中选择"添加表"命令,弹出如图 8-1 所示的"添加表"对话框,继续添加表、视图或函数。

② 如需移除已经添加的表、视图或函数,可以在表区中右击需要移除的表、视图或函数,在弹出的快捷菜单中选择"移除"命令。

③ 如果多表之间没有建立关系连接,视图查询结果会默认为交叉连接查询结果。

(3) 单击"保存"按钮,弹出"选择名称"对话框,输入视图名"View",如图 8-3 所示,然后单击"关闭"按钮,完成视图的创建。

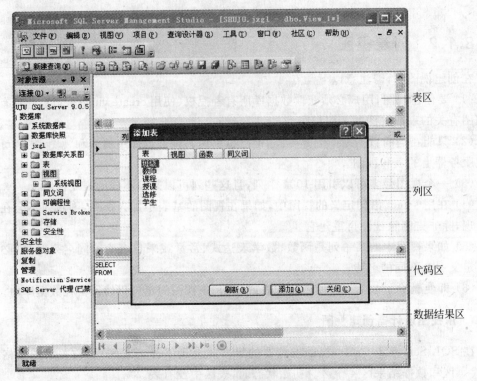

图 8-1　视图设计器和"添加表"对话框

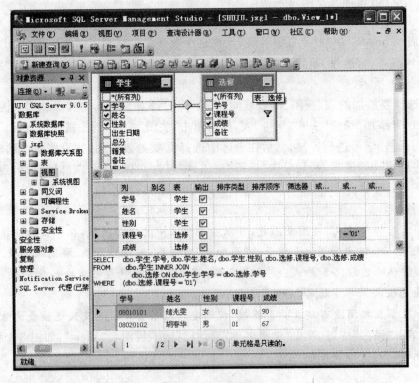

图 8-2　输出数据行

图 8-3　"选择名称"对话框

2. 用 T-SQL 语句创建视图

用 T-SQL 语句创建视图的语法格式如下：

create view［数据库拥有者.］<视图名>［(列名1,列名2［,…n］)］

［with {encryption | schemabinging | view_metadata}］

as sql-select 语句

［with check option］

说明：

（1）with encryption：在系统表 syscomments 中对 create view 语句进行加密。

（2）with schemabinging：将视图与其所依赖的表或视图结构关联。

（3）with view_metadata：指定引用视图的查询请求浏览模式的元数据时，向 DBLIB、ODBC 或 OLEDB API 返回有关视图的元数据信息，而不是返回给基表或其他表。

（4）with check option：限制在视图上的修改都要符合 SQL 语句中设置的条件。

（5）sql-select 语句中不能包含 compute 子句、compute by 子句或 into 子句。

（6）sql-select 语句中不能包含 order by 子句，除非另外指定 top 子句或 for xml。

（7）当存在计算列表达式、同名列、列别名时，必须指定视图中每列的名称。

【例 8-2】　创建一个视图，数据来源于"学生"表的学号、姓名、性别、籍贯、总分列数据，且学号的前 6 位为"080201"。

```
use jxgl
go
create view Inform
as
select 学号,姓名,性别, 籍贯,总分
  from 学生
  where left(学号,6) = '080201'
```

【例 8-3】　创建一个视图，其包含所有成绩不及格的课程名称及学生的学号和姓名等信息。

```
use jxgl
go
create view v_不及格
as
select 学生.学号,姓名,课程名称,成绩
  from 学生,选修,课程
  where 学生.学号 = 选修.学号 and 选修.课程号 = 课程.课程号 and 成绩<60
```

8.1.3　修改视图

修改视图有两种方式：一是使用 T-SQL 语句，二是使用 SSMS。

1. 使用 T-SQL 语句修改视图

使用 T-SQL 语句修改视图的语法格式如下：

alter view［数据库拥有者.］<视图名>

［with {encryption|schemabinging|view_metadata}］

as SQL 语句

［with check option］

功能：对指定的视图进行修改。

说明：

（1）不论视图是否加密，均可修改。

（2）各子句与创建视图的子句的含义一样。

2. 使用 SSMS 修改视图

使用 SSMS 修改视图的步骤如下：

（1）启动 SSMS，在"对象资源管理器"窗格中依次展开 SQL Server 9.0→"数据库"→"jxgl"→"视图"，右击需要修改的视图，在弹出的快捷菜单中选择"设计"命令，单击释放后，会打开如图 8-2 所示的视图设计器。

（2）在视图设计器中，可以对视图信息进行修改（修改方法与设计视图一样），修改完成后，单击工具栏上的"保存"按钮即可。

8.1.4　使用视图

视图是一个虚拟表，视图在使用上类似于表。利用视图不仅可以查询数据，还可以修改基表中的数据。要通过视图更新基表中的数据，必须保证视图是可更新视图。

可更新视图必须满足以下条件：

（1）视图中没有聚合函数，且没有 top、group by、union 子句及 distinct 关键字。

（2）视图的 select 语句不含有从基本表列通过计算所得的列。

（3）在一个基表上建立的视图，只有包含基本表的主码才是可更新视图。

（4）通过 instead of 触发器创建的可更新视图。

（5）利用视图修改数据时，一条语句不能影响多个基表中的数据，可以通过多条语句多次修改的方式作用多个表。

（6）利用视图修改列值时，必须符合基表对列值的约束条件。

（7）创建视图的 select 语句的 from 子句中至少包含一个基本表。

（8）若视图定义中使用了 with check option 子句，则对视图所执行的数据修改都必须符合视图中 select 语句所设定的条件。

1. 查询视图

视图的查询和表的查询一样,在使用视图查询时,若其关联的基本表添加了新字段,则必须重新创建视图才能查询到新字段。

【例 8-4】 查询视图 inform 中的所有记录。

```
select * from inform
```

2. 插入数据

当视图引用多个基表时,向视图插入数据只能指定其中一个表的列。

【例 8-5】 向视图 inform 插入一个新的学生记录。记录数据如下。

学号:'08020104',姓名:'马后炮',性别:'男'

```
insert into inform(学号,姓名,性别)values('08020104','马后炮','男')
```

运行后,"学生"表和"inform"视图中都会新增这条记录。

3. 更新数据

若一个视图(非分区视图)依赖多个基本表,则修改一次视图只能变动一个基本表的数据。而对于可更新的分区视图,则修改一次可以变动其依赖的多个基本表。

【例 8-6】 将视图 inform 新增的记录的性别修改为"女"。

```
update inform set 性别 = '女' where 学号 = '08020104'
```

4. 删除数据

对于依赖多个基表的视图(不包括分区视图),不能使用 delete 语句。

【例 8-7】 将 inform 视图新增的记录删除。

```
delete inform where 学号 = '08020104'
```

8.1.5 查看视图

查看视图同样有两种方法,一是利用 SSMS,二是利用 T-SQL 语句。利用 T-SQL 语句查看视图的命令主要有 3 个。

(1) sp_depends:查看视图对象的参照对象和字段信息。

(2) sp_help:查看数据库对象的数据类型信息。

(3) sp_helptext:查看视图的详细定义文本信息。

8.1.6 删除视图

删除视图同样有两种方法,一是利用 SSMS,二是利用 T-SQL 语句。利用 T-SQL 语句删除视图的语法格式如下:

drop view〔视图名〕

说明：删除指定名称的视图。

8.2 游标

在数据库应用程序中，对数据行的操作有两种方式：一种是基于数据行集合的整体处理方式，由用户直接使用 insert、update、delete 等 SQL 语句操作符合条件的数据行；另一种是逐行处理数据行的方式，而游标就是这种数据访问机制，允许用户访问单独的数据行，而非整个数据行集。另外，用户也可以使用游标查询、更改和删除基表中的数据。

游标在使用时共有 5 种状态，分别对应使用游标的 5 个步骤，即声明游标→打开游标→读取数据→关闭游标→删除游标。

8.2.1 游标的概念

SQL Sever 通过游标实现了对一个结果集进行逐行处理的方式，游标可以被看做是一种与查询结果集相关联的特殊指针，指向单个行的位置实体，以便对指定位置的数据行进行处理。使用游标可以在查询数据的同时对数据进行处理。游标的完整结果集在游标打开时，临时存储在 tempdb 数据库中。

游标的主要功能如下：

（1）允许定位在结果集的特定行中。

（2）从结果集的当前位置检索一行或多行。

（3）支持对结果集中当前位置的行进行数据的更新和删除。

（4）如果其他用户需要对显示在结果集中的数据库数据进行修改，游标可以提供不同级别的可见性支持。

（5）为脚本、存储过程和触发器提供访问游标结果集的 T-SQL 语句。

8.2.2 游标的分类

游标的分类方法有很多，根据游标结果集是否允许被修改，游标分为只读游标和可写游标；根据游标在结果集中的移动方式，SQL Server 将游标分为滚动游标和只进游标；根据游标的创建方式和执行位置，游标分为 T-SQL 游标、API（应用程序接口）游标和客户端游标 3 类；根据处理特性，游标分为静态游标、动态游标、只进游标和键集游标 4 类。

1. 静态游标

静态游标是指只能显示打开时的初始结果集的游标，不会动态实时地显示 update、insert、delete 语句对基表操作后的影响（除非重新打开游标），也无法通过游标来更新基表数据。静态游标是只读的，T-SQL 和 DB-Library 称静态游标为不感知游标，而一些数据库 API 将静态游标识别为快照游标。游标打开后，静态游标中的数据存储在 tempdb 数据库中。

2. 动态游标

动态游标是指滚动游标时，能动态实时地显示 update、insert、delete 语句对基表操作后的影响，而无须重新打开游标。

3. 只进游标

只进游标是指从头到尾按顺序提取数据行的游标，也能动态实时地显示 update、insert、delete 语句对基表操作后的影响。由于只进游标只向表尾移动，因而在行提取后对该行操作的影响不会动态实时地显示。SQL Server 将只进游标和动态游标作为静态游标选项。

4. 键集游标

键集游标是指依赖唯一标识数据行的关键字（键）来提取数据行的游标。游标打开后，键集游标中数据行的键值存储在 tempdb 数据库中。可以对基表中的非关键字列执行 update 操作，并能动态地显示，但不能动态地显示对基表执行的 insert 操作，除非重新打开游标。使用 API 函数，如 ODBC SQLSetPos 函数，对游标所做的 insert 操作，其影响显示在游标的末尾。如果试图提取一个在打开游标后被删除的行，则@@fetch_status 将返回"行缺少"状态。

8.2.3　声明游标

声明游标可以采用 ANSI 标准的语法格式，其语法格式如下：

declare 游标名称 [insensitive][scroll] cursor

for select 语句 　　　　　　　　　　　　 /* select 查询语句 */

[for{read only|update[of 列名[,…n]]}] 　 /* 可修改的列 */

说明：

（1）游标名称：必须遵从 SQL Server 标识符的命名规则。

（2）insensitive：静态游标，不会随基表内容的变化而变化，也不能和 for update 一起使用，因而无法更新游标内的数据（隐示只读游标）。省略时，对基表的删除和更新影响都会显示在游标后续提取的数据行中。

注意：当遇到以下情况时，游标自动设定 insensitive 选项。

① 在 select 语句中使用 distinct、group by、having、union 语句时。

② 使用 outer join 时。

③ 所选取的任意表没有索引时。

④ 将实数值当作选取的列时。

（3）scroll：滚动游标，支持 fetch 命令的所有提取选项（first、last、prior、next、relative、absolute），省略时，只支持 next 选项。

（4）select 语句：定义游标结果集的标准 select 语句，其中不允许使用 compute、compute by、for browse 和 into 子句。

（5）read only：只读游标，无法更新游标内的数据，即在 update 或 delete 语句的 where

current of 子句中,不允许引用该游标。省略时,允许更新游标内的数据。

(6) for update [of 列名[,…n]]:如果指定 of 列名[,…n],表示只更新给出的列,省略 of 列名[,…n]时,除非指定了 read only 并发选项,否则可更新所有列。

声明游标还可以采用 T-SQL 扩展定义的语法格式,其语法格式如下:

declare 游标名称 cursor

[local|global]   /* 游标作用域 */

[forward_only|scroll]   /* 游标移动方向 */

[static|keyset|dynamic|fast_forward]   /* 游标类型 */

[read_only|scroll_locks|optimistic]   /* 访问属性 */

[type_warning]   /* 类型转换警告信息 */

for select 语句   /* select 查询语句 */

[for update[of 列名[,…n]]]   /* 可修改的列 */

说明:

(1) 游标名称:必须遵从 SQL Server 标识符的命名规则。

(2) local:局部游标,作用域局限于创建它的批处理、存储过程或触发器中。

(3) global:全局游标,作用域局限于连接执行的任何存储过程或批处理中,都可以引用该游标名称。

(4) scroll:滚动游标,支持 fetch 命令的所有提取选项(first、last、prior、next、relative、absolute),static、keyset 和 dynamic 游标默认为 scroll。

(5) forward_only:只进游标,只支持 fetch next 选项。

注意:

① 游标移动方向默认为 forward_only,除非指定了 static、keyset、dynamic 选项或游标移动方向的 scroll 选项。

② forward_only 支持 static、keyset 和 dynamic 游标类型。

③ 指定 forward_only 时,若没有指定 static、keyset 和 dynamic 关键字,则游标作为 dynamic(动态游标)类型。

④ fast_forward 和 forward_only 是互斥的,如果指定一个,将不能指定另一个。

(6) static:静态游标。

(7) keyset:键集游标。

(8) dynamic:动态游标,不支持 fetch absolute 提取选项。

(9) fast_forward:优化了的 forward_only、read_only 游标。

注意:fast_forward 不能和 scroll、scroll_locks、optimistic、forward_only 和 for_update 同时使用。

(10) read_only:只读游标,禁止更新游标结果集中的数据,且在 update 或 delete 语句的 where current of 子句中不能引用该游标。

(11) scroll_locks:锁定数据行,确保通过游标进行的定位更新或定位删除执行成功,不能同时指定 scroll_locks 和 fast_forward。

(12) optimistic:指定数据行读入游标后已得到更新,则通过游标进行的定位更新或定位删除不成功。

（13）type_warning：指定如果游标从所请求的类型隐性转换为另一种类型，则给客户端发送警告消息。

（14）select 语句：定义游标结果集的标准 select 语句，其中不允许使用 compute、compute by、for browse 和 into 子句。

注意：

如果有下列 4 种情况之一，系统自动将游标声明为静态游标。

① select 语句中包含 distinct、union、group by 子句或 having 选项。

② select 语句查询的一个或多个基表没有唯一性索引。

③ select 子句的列名表中包含了常量表达式。

④ 查询使用了外连接。

如果有下列两种情况之一，系统自动将游标声明为只读游标。

① select 语句中包含 order by 子句。

② 声明游标时使用了 insensitive 选项。

（15）for update [of 列名[,…n]]：如果指定 of 列名[,…n]，表示只更新给出的列；如果省略，表示可更新所有列，除非指定了 read_only 并发选项。

【例 8-8】 使用 ANSI 标准方式声明一个只读游标，结果集为"学生"表中的所有男同学。

```
use jxgl
  declare boy insensitive cursor      /* insensitive 隐含只读游标 */
   for select * from 学生 where 性别 = '男'
  go
```

【例 8-9】 使用 T-SQL 扩展方式声明一个本地、只进、动态和只读游标，结果集为"学生"表中的所有女同学。

```
use jxgl
declare girl cursor
  local forward_only dynamic
  for select * from 学生 where 性别 = '女'
  for read only
```

8.2.4 打开游标

声明游标后，还必须打开游标才能获取游标的结果集。打开游标的语法格式如下：

open {{[global]游标名称}|游标变量的名称}

说明：

（1）global：存在同名全局游标和局部游标时，指定 global，则游标是全局游标，否则是局部游标。

（2）打开一个不存在的游标或者打开一个已经打开的游标，均会提示出错。

（3）打开游标后，可以使用全局变量@@cursor_rows 返回游标中数据行的数量，该变量取值如下。

① -m：表示游标异步构造，其绝对值表示目前已读取的行数。

② -1：表示游标为动态游标。

③ 0：表示没有游标打开。

④ n：表示游标中含有 n 行数据。

【例 8-10】 声明一个游标，结果集为"学生"表中的所有男同学，验证@@cursor_rows 全局变量在游标打开前后的状态值。

```
use jxgl
declare boy scroll cursor
   for select * from 学生 where 性别 = '男'
-- 没有打开游标时,@@cursor_rows 返回值为 0
if @@cursor_rows = 0
     print '没有打开的游标'
open boy
-- 打开游标后,@@cursor_rows 返回当前游标的总行数
if @@cursor_rows > 0
     print @@cursor_rows
go
```

8.2.5 读取游标

打开游标后，就可以对游标进行读取操作了。读取游标的语法格式如下：

fetch [[next|prior|first|last|absolute {n|@nvar }|relative {n|@nvar}]

from] {{[global]游标名称}|@游标变量名称}

[into@变量名[,…n]]

说明：

（1）next：游标的默认提取选项，返回当前行之后的数据行，如果 fetch next 为对游标的第一次提取操作，则返回结果集中的第一行。

（2）prior：返回当前行之前的数据行，如果 fetch prior 为对游标的第一次提取操作，则没有行返回，并且游标置于第一行之前。

（3）first：返回游标中的第一行并将其作为当前行。

（4）last：返回游标中的最后一行并将其作为当前行。

（5）absolute：返回数据集的第 n 行，n 为整型常量，@nvar 为 smallint、tinyint 或 int。

注意：

① 如果 n 或@nvar 为正数，从数据集的开始算起。

② 如果 n 或@nvar 为负数，从数据集的结尾算起。

③ 如果 n 或@nvar 为 0，没有行返回。

（6）relative：返回数据集中相对于当前行的第 n 行，n 为整型常量，@nvar 为 smallint、tinyint 或 int。

注意：

① 如果 n 或@nvar 为正数，从数据集的开始算起。

② 如果 n 或@nvar 为负数，从数据集的结尾算起。

③ 如果 n 或@nvar 为 0，返回当前行。

④ 对游标首次提取时，将 fetch relative 的 *n* 或@nvar 指定为负数或 0，则没有行返回。

(7) global：指定游标名称为全局游标，省略时为局部游标。

(8) 游标名称：要从中进行提取的开放游标的名称。

(9) @游标变量名：引用要进行提取操作的打开的游标。

(10) into @变量名[,…n]：允许将提取操作的列数据放到局部变量中。

注意：

① 列表中的各个变量从左到右与游标结果集中的相应列关联。

② 各变量的数据类型必须与结果列的数据类型或其隐性转换的数据类型相匹配。

③ 变量的数目必须与游标中列的数目一致。

(11) 读取游标时，可以使用全局变量@@fetch_status 来返回游标提取后的状态值，该变量的取值如下。

① 0：表示上一个 fetch 语句执行成功。

② −1：fetch 语句执行失败，没有提取出数据行，即所要读取的数据行不在结果集中。

③ −2：被提取的行不再是结果集中的"成员"，即已经被删除。

【例 8-11】 创建一游标显示 080101 班的所有成绩及格的同学记录，并通过使用全局变量@@fetch_status 输出游标中的所有记录。

```
use jxgl
declare pass_score scroll cursor
    for
    select * from 选修 where left(学号,6) = '080101' and 成绩> = 60 order by 学号
--打开游标
open pass_score
--读取游标
fetch next from pass_score
--循环读取游标
while @@fetch_status = 0
begin
 fetch next from pass_score
end
```

8.2.6 关闭游标

格式：close {{[global]游标名称}|@游标变量名称}

说明：

(1) 关闭一个开放的游标，释放当前结果集，解除定位游标行上的游标锁定。

(2) 关闭游标并不意味着释放它的所有资源，所以在关闭游标后，不能创建同名的游标。

(3) 关闭游标后，不允许提取和定位更新，除非重新打开游标。

【例 8-12】 关闭一个已经打开的游标，然后声明一个同名游标。

```
use jxgl
declare boy cursor
  for select * from 学生 where 性别 = '男'
  for read only
```

```
    open boy
    close boy
declare boy scroll cursor
  for select * from 学生 where 性别 = '男' and left(学号,6) = '080101'
go
```

运行结果如下：

服务器：消息 16915,级别 16,状态 1,行 8
名为 'boy' 的游标已存在.

8.2.7　删除游标

删除游标引用由 deallocate 语句实现。在释放最后的游标引用时,组成该游标的数据结构由 SQL Server 释放。

格式：deallocate {{[global] 游标名称}|@游标变量名称}

说明：

(1) 删除游标是指删除与游标名称或游标变量之间的关联,不能用 open 语句打开游标。

(2) 如果一个名称或变量是最后引用游标的名称或变量,则释放游标后,游标使用的任何资源也随之释放。

(3) 删除游标后,可以创建新的同名游标。

8.2.8　更新和删除游标数据

若要利用游标更新或删除游标及其基表数据,则该游标必须声明为可更新的游标,即声明游标时,使用 update 关键字；然后利用 update 语句或 delete 语句来更新和删除游标中的数据行,操作完毕后,基表中相应的数据行也会得到更新和删除。

1. 更新游标

格式：update <语句>where current of <游标名>

说明：更新游标中最近一次读取的记录。

【例 8-13】　声明一个可更新的游标 up_score_cursor,该游标中的数据为"选修"表中成绩小于 60 分的记录,并限定"成绩"为可更新列,然后通过游标将成绩加 5 分。

```
use jxgl
go
declare up_score_cursor cursor
for
select 学号,课程号,成绩
  from 选修 where 成绩< 60
  for update of 成绩
--打开游标
open up_score_cursor
--读取游标
fetch next from up_score_cursor
--循环更新和读取游标中的数据行
```

```
while @@fetch_status = 0
 begin
   update 选修 set 成绩 = 成绩 + 5
    where current of up_score_cursor
    fetch next from up_score_cursor
 end
-- 关闭游标
close up_score_cursor
-- 释放游标
deallocate up_score_cursor
-- 查询成绩中小于 60 的数据行
select 学号,课程号,成绩 from 选修 where 成绩<60
```

2．删除游标

格式：delete <语句>where current of <游标名>

说明：删除游标中最近一次读取的记录。

【例 8-14】 声明一个可更新的游标 up_score_cursor，该游标中的数据为"选修"表中成绩为空的记录，然后通过游标删除成绩为空的记录。

```
use jxgl
go
declare del_score_cursor cursor
for
select 学号,课程号,成绩
 from 选修 where 成绩 is null
 for update
-- 打开游标
open del_score_cursor
-- 读取游标
fetch next from del_score_cursor
-- 循环更新和读取游标中的数据行
while @@fetch_status = 0
 begin
   delete from 选修
     where current of del_score_cursor
   fetch next from del_score_cursor
 end
-- 关闭游标
close del_score_cursor
-- 释放游标
deallocate del_score_cursor
-- 查询成绩中为空的数据行
select 学号,课程号,成绩 from 选修 where 成绩 is null
```

8.2.9 游标的状态

在游标的使用过程中，可以使用函数 cursor_status 测试游标的状态，其返回值及含义如表 8-1 所示。

表 8-1   cursor_status 返回值及其含义

取值	含　义	取值	含　义
1	游标的结果至少有一页	−2	游标不可用
0	游标的结果集为空	−3	游标名称不存在
−1	游标被关闭		

【例 8-15】　测试游标的状态。

```
use jxgl
decalare status_boy scroll cusor
  for select * from 学生 where 性别 = '男'
print cursor_status('global','boy')
open boy
print cursor_status('global','boy')
go
```

运行结果如下：

```
−1
1
```

本章小结

　　视图是一个虚拟表,数据库中只存放视图的定义,不存放视图引用的数据,这些数据仍然存在于基表中。视图就像一个窗口,通过它可以查看和修改用户需要的数据。游标是映射结果集并在结果集内的单个行上建立一个位置的实体。游标为用户提供了定位、检索、修改结果集中单行数据的功能。

习题 8

一、选择题

1. (　　　)不显示 update、insert 或 delete 操作对数据的影响。
    A. 静态游标　　　　　B. 动态游标　　　　　C. 只进游标　　　　　D. 键盘驱动游标
2. 定义游标的语句为(　　　)。
    A. create cursor　　　B. create pro　　　　C. declare cursor　　D. declare proc
3. 读取游标的语句为(　　　)。
    A. read　　　　　　　B. get　　　　　　　C. fetch　　　　　　　D. make
4. 全局变量@@cursor_rows 的功能是(　　　)。
    A. 返回当前游标的所有行　　　　　　　　B. 返回当前游标的当前行
    C. 定位游标在当前结果集中的位置　　　　D. 返回当前游标中行的位置
5. 如果@@cursor_rows 返回 0,则表示(　　　)。
    A. 当前游标为动态游标　　　　　　　　　B. 游标结果集为空

    C. 游标已被完全填充   D. 不存在被打开的游标

6. cursor_status 函数返回-1,表示( )。

    A. 游标的结果集中至少存在一行   B. 游标被关闭

    C. 游标不可用   D. 游标名称不存在

7. 以下关于视图的描述,正确的是( )。

    A. 视图是一个虚表,并不存储数据   B. 视图同基表一样可以导出

    C. 视图只能从基表导出   D. 视图只能浏览,不能查询

8. 以下关于视图的描述,错误的是( )。

    A. 视图是从一个或多个基表中导出的虚表

    B. 视图并不实际存储数据,只在数据字典中保存其逻辑定义

    C. 在视图上定义新的基本表

    D. 查询、更新视图或在视图上定义新视图

9. 当视图所依赖的基表( )时,可以通过视图向基表插入记录。

    A. 有多个   B. 只有一个   C. 只有两个   D. 最多5个

10. 视图是从一个或多个表(或视图)中导出的虚表,但数据库中只存储视图的定义。视图可以进行的操作有( )。

    A. 删除和修改视图   B. 建立索引

    C. 只有前两个   D. 建立默认值

11. 以下( )不是可更新视图必须满足的条件。

    A. 创建视图的 select 语句中没有聚合函数

    B. 创建视图的 select 语句中不包含通过计算从基表中的列推导出的列

    C. 创建视图的 select 语句中没有 top、group by、union 子句

    D. 创建视图的 select 语句中包含 distinct 关键字

12. 删除一个视图会影响到( )。

    A. 基于该视图的视图   B. 数据库

    C. 基表   D. 查询

13. 下面关于关系数据库视图的描述,不正确的是( )。

    A. 视图是关系数据库三级模式中的内模式

    B. 视图能够对机密数据提供安全保护

    C. 视图对重构数据库提供了一定程度的逻辑独立性

    D. 对视图的一切操作最终要转换为对基本表的操作

14. 以下关于视图的描述中,错误的是( )。

    A. 可以对任何视图进行任意的修改操作

    B. 能够简化用户的操作

    C. 能够对数据库提供安全保护作用

    D. 对重构数据库提供了一定程度的独立性

15. 在关系数据库中,为了简化用户的查询操作,且不增加数据的存储空间,应该创建的数据库对象是( )。

    A. table(表)   B. index(索引)   C. cursor(游标)   D. view(视图)

二、填空题

1. SQL Server 中支持 3 种游标,即 T-SQL 游标、API 游标和( )。

2. SQL Server 支持 4 种 API 服务器游标类型,即静态游标、动态游标、( )和键盘驱动游标。

3. 打开游标的语句是( )。

4. 如果要显示游标结果集中的最后一行,必须在定义游标时使用( )关键字。

5. 读取游标数据的语句是( )。

6. 每次访问视图时,视图都是从( )提取所包含的行和列。

7. 视图是否可更新取决于视图定义的( )语句。

8. 定义视图时,使用( )子句目的是强迫对视图的修改符合视图定义时设置的条件。

9. 通过视图查询数据,引用的是在视图上定义的( )。

10. 如果视图是基于多个表使用连接操作而导出的,那么对视图执行( )操作时,每次只能影响其中一个表。

三、实践题

1. 创建视图 inform,该视图引用"读者"表中女性的读者编号、姓名、性别、已借数量。

2. 查询视图 inform,并显示其中的所有数据。然后与 select 读者编号,姓名,性别,已借数量 from 读者 where 性别='女' 的查询结果比较异同。

3. 向视图 inform 执行 insert into inform(读者编号,姓名,性别)values('1011','贾诸葛','女')操作后,观察 select * from 读者和 select * from Inform 运行结果的区别,并说明原因。

4. 使用"读者"表声明游标 mycursor,然后打开游标,提取结果集的第一行和最后一行。

5. 验证@@cursor_rows 函数的作用。

(1) 声明一个静态游标 mycursor2,结果集中包含"读者"表的所有行,打开游标,用 select 显示@@cursor_rows 函数的值。

(2) 声明一个键集游标 mycursor3,结果集中包含"读者"表的所有行,打开游标,用 select 显示@@cursor_rows 函数的值。

(3) 声明一个动态游标 mycursor4,结果集中包含"读者"表的所有行,打开游标,用 select 显示@@cursor_rows 函数的值。

第9章 存储过程和触发器

本章导读：

存储过程是一组存储在服务器上的 T-SQL 语句和可选控制语句的预编译集合，它是按名存储并运行于服务器上，独立于表的数据库对象。而触发器是一种在关系表上定义，随用户修改相关数据而自动执行的特殊存储过程，主要用于强化复杂的规则和要求。

知识要点：
- 存储过程
- 触发器

9.1 存储过程

存储过程可以通过输入参数接收调用程序的实参输入，也可以通过输出形参将运行结果返回给调用程序，还可以通过状态参数判断存储过程的执行成功与否。用户自定义的存储过程名存储于系统表 sysobjects 中，而存储过程中定义的源码内容存储于系统表 syscomments 中。

9.1.1 存储过程概述

存储过程是一个独立于表之外的数据库对象，可以作为一个单元被用户的应用程序调用。SQL Server 支持 5 种类型的存储过程。

1. 系统存储过程

SQL Server 提供了大量的系统存储过程，很多管理活动都是通过系统存储过程实现的。系统存储过程名以 sp_为前缀，存储在 master 数据库中，用户可以在任何数据库中执行系统存储过程。另外，用户可以在 master 数据库中定义 sp_为前缀的自定义系统存储过程。

2. 用户存储过程

是指用户自行创建并存储在用户数据库中的存储过程。为了与系统存储过程相区别，一般不要将用户存储过程名定义为以 sp_为前缀的名称。如果用户自定义的存储过程和系统存储过程同名，那么用户存储过程永远不会执行。

3．临时存储过程

临时存储过程分为局部临时存储过程和全局临时存储过程。

局部临时存储过程名称以 ♯ 为前缀，存放在 tempdb 数据库中，只由创建并连接的用户使用，当该用户断开连接时将自动删除局部临时存储过程。

全局临时存储过程名称以 ♯♯ 为前缀，存放在 tempdb 数据库中，允许所有连接的用户使用，在所有用户断开连接时自动删除。

4．远程存储过程

位于远程服务器上的存储过程。

5．扩展存储过程

利用外部语言（如 C 语言）编写的存储过程，以弥补 SQL Server 的不足之处，扩展新的功能，扩展存储过程名以 xp_为前缀。

9.1.2 存储过程的创建

SQL Server 提供了两种创建存储过程的方法：使用 SSMS 管理工具和使用 T-SQL 语句的。

1．使用 T-SQL 语句

在 SQL Server 中，使用 create procedure 命令创建存储过程。其语法格式如下：

create proc[edure] <存储过程名>[；分组编号]

[{@形式参数 数据类型}[= 默认值][output][varying]][,…n]

[with { recompile | encryption | recompile,encryption}]

[for replication]

as {SQL 语句[,…n] }

功能：在当前数据中创建指定名称的存储过程。

说明：

（1）存储过程名：必须符合标识符规则，且对于数据库及其所有者是唯一的。其中，局部临时存储过程的过程名需以 ♯ 引导，全局临时存储过程的过程名需以 ♯♯ 引导。

（2）分组编号：是可选的整数，用来对一组同名的存储过程进行分组编号，以便于一条 drop procedure 语句即可删除一组同名的存储过程。

（3）@形式参数：可以定义多个形式参数（形参），形参有输入参数和输出参数之分。

（4）数据类型：指明形参的数据类型，包括 text、ntext 和 image 等数据类型。当形参是输入参数时，不能使用 cusor（游标）数据类型。

（5）默认值：定义输入参数时，可以赋以默认值，默认值可以是常量或者 null，输入参数默认值可以使用 like 关键字及其通配符（％、_、[]、[^]），当输入参数赋以默认值时，调用存储过程可以省略实参，否则调用时，必须提供实际参数（实参）值。

（6）output：表示形参是输出参数，输出参数可以将返回值传递给调用程序，省略

output 子句时表示参数是输入参数。

（7）varying：指明输出参数支持的结果集是由存储过程动态构造的，内容可以变化，当形参数据类型定义为 cursor（游标）类型时，必须同时指明 varying 选项。

（8）recompile：表示每次重新编译存储过程。encryption 表示加密存储过程文本。

（9）for replication：表示创建的存储过程只能在复制过程中执行，不能在订阅服务器上执行。for replication 和 with encryption 不能联合使用。

（10）as：表示指定要执行的操作。

（11）SQL 语句：过程中包含的任意类型和数目的 SQL 语句。但有一些限制，如不可以使用创建数据库对象的语句。

【例 9-1】 创建一个存储过程，求任意一个数的阶乘。

```
use jxgl
if exists(select name from sysobjects where name = 'fact' and type = 'p')
drop proc fact
go
create procedure fact
 @n int,@f int output
 as
  if @n < 0
  print '你输入的是' + cast(@n as varchar(20)) + ',请输入非负数'
  else
  begin
    declare @i int
    set @i = 1
    set @f = .1
    while @i < = @n
     begin
       set @f = @f * @i
       set @i = @i + 1
     end
    print cast(@n as varchar(20)) + '的阶乘是: ' + cast(@f as varchar(20))
  end
```

2. 使用 SSMS 创建存储过程

【例 9-2】 使用 SSMS 创建一个打印 9×9 乘法表的存储过程。

操作步骤如下：

（1）启动 SSMS，在"对象资源管理器"窗格中依次展开"数据库"→jxgl→"可编程性"，右击"存储过程"，弹出快捷菜单，如图 9-1 所示。选择"新建存储过程"命令，会显示 SQL 语句编辑器，如图 9-2 所示。

（2）根据需要修改存储过程模板中的代码，修改完成后，单击工具栏中的"执行"按钮返回 SSMS 窗口，可以发现存储过程"multi"，如图 9-3 所示。

注意：在 SSMS 中可以对已创建的存储过程执行删除、重命名操作，也可通过属性执行查看、修改存储过程等操作。

图 9-1　快捷菜单

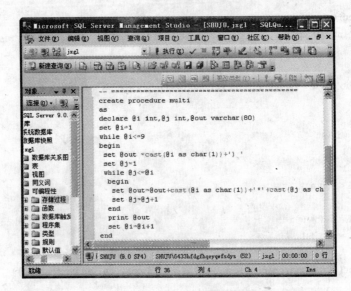

图 9-2　SQL 语句编辑器

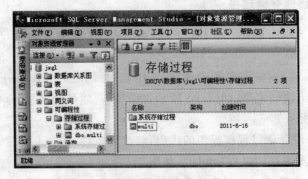

图 9-3　发现存储过程

代码如下：

```
create procedure multi
as
declare @i int,@j int,@out varchar(80)
set @i = 1
while @i < = 9
begin
 set @out = cast((@i as char(1)) + ') '
 set @j = 1
 while @j < = @i
  begin
   set @out = @out + cast((@i as char(1)) + ' * ' + cast(@j as char(1)) + ' = ' + cast(@i * @j
as char(2)) + space(2)
   set @j = @j + 1
  end
 print @out
 set @i = @i + 1
end
```

9.1.3 存储过程的执行

存储过程的执行是在查询分析器中使用 execute 语句，其语法格式如下：

［exec［ute］］

｛［@返回状态值 ＝ ］

｛存储过程名［;分组编号］| @存储过程名变量｝｝

［［@形式参数名称 ＝ ］｛实际参数值 | @实际参数变量［output］| ［default］｝］［,…n ］

［with recompile］

说明：

（1）execute：执行存储过程的命令，该命令若是批处理中的第一条，则可以省略。

（2）@返回状态值：是一个可选的整型局部变量，用于保存存储过程的返回状态。该变量用于 execute 语句时，必须已在批处理、存储过程或函数中声明。

（3）存储过程名：要调用的存储过程的名称。

（4）@存储过程名变量：局部变量名，代表存储过程的名称。

（5）@形式参数名称：是指存储过程中已定义的形式参数名称，在使用时要注意以下两点。

① 在使用格式"@形式参数名称＝实际参数值 | @实际参数变量"时，形式参数名称及其实际参数值不一定按照 create procedure 语句中定义的顺序出现。

② 在使用格式"实际参数值 | @实际参数变量"时，即省略"@形式参数名称"，要求必须按顺序传递给 create procedure 语句中定义的输入参数。

（6）实际参数值：存储过程调用时传递给输入参数的值。

（7）@实际参数变量：存储过程调用时传递给输入参数的实际参数变量，其用法同（5），或者用来保存并返回输出参数的变量，此时需要配合 output 选项。

（8）output：表示@实际参数变量是用来保存并返回输出参数的变量。

（9）default：表示调用存储过程时，使用存储过程定义时指定的默认值作为输入参数，实际调用可以省略。在调用存储过程时，如果形式参数没有事先定义默认值而指定了 default 关键字，或缺少输入参数值，都会出错。

（10）with recompile：表示执行存储过程时强制重新编译，该选项不能用于扩展存储过程。建议尽量少用该选项，因为它会消耗较多的系统资源。

【例 9-3】 执行存储过程 fact。

```
declare @f as float
execute fact - 3,@f output          -- 你输入了 - 3,请输入非负数
print''
execute fact 3,@f output            -- 3 的阶乘是: 6
```

9.1.4　存储过程的查看

使用系统存储过程 sp_help、sp_helptext 来查看存储过程信息，其格式和功能如下。

格式 1：sp_help <存储过程名>

说明：查看存储过程的概要信息。

格式 2：sp_helptext <存储过程名>

说明：查看存储过程的定义文本信息。

【例 9-4】 查看存储过程 fact 的过程名的概要信息和定义文本信息。

```
use jxgl
sp_help fact
go
sp_helptext fact
```

9.1.5　存储过程的修改

SQL Server 提供了两种修改存储过程的方法：使用 SSMS 和使用 T-SQL 语句的 alter procedure 命令。修改存储过程的 T-SQL 语句的格式如下：

alter proc[edure] 存储过程名[;编号]

　　[{@参数名 数据类型}[varying][= 默认值][output]][,…n]

　　with {recompile|encryption|recompile,encryption}]

　　　as SQL 语句[,…n]

说明：各参数含义与 create procedure 语句相同。

【例 9-5】 修改存储过程 fact 为判断一个数是否是水仙花数。

```
use jxgl
go
alter proc fact
@n int
as
  if @n < 100 or @n > 999
    print '你输入了' + cast(@n as varchar(20)) + ',请输入 3 位正数'
```

```
    else
     begin
       declare @i int,@j int,@k int
       set @i = @n/100
       set @j = (@n - @I * 100)/10
       set @k = @n % 10
       if @n = @i * @i * @i + @j * @j * @j + @k * @k * @k
        print cast(@n as char(3)) + '是水仙花数'
       else
        print cast(@n as char(3)) + '不是水仙花数'
     end
    go
```

9.1.6 存储过程的重命名

SQL Server 提供了两种重命名存储过程的方法：使用 SSMS 和使用系统存储过程的 sp_rename 命令。使用 sp_rename 重命名存储过程的语法格式如下：

sp_rename [@objname=]'对象名',[@newname=]'新对象名'

说明：

(1) [@objname =] '对象名'：指定存储过程的当前名称。

(2) [@newname =] '新对象名'：指定存储过程的新名称。

【例 9-6】 将存储过程名 fact 修改为 marquee。

```
sp_rename fact,marquee
execute marquee 153
```

9.1.7 存储过程的删除

SQL Server 提供了两种删除存储过程的方法：使用 SSMS 和使用 T-SQL 语句的 drop procedure 命令。使用 T-SQL 语句删除存储过程的语法格式如下：

drop procedure 存储过程名[;分组编号]

说明：删除指定名称的存储过程,如果同时指定存储过程的分组编号,那么只删除指定编号的存储过程,否则同名的存储过程一起删除。

9.1.8 存储过程的应用

存储过程不仅可以封装数据,还可以通过参数实现数据的传入和传出,但存储过程的返回值不能作为表达式的一部分,其返回值必须通过 execute 语句才能得到。

1. 使用存储过程封装处理数据的语句

【例 9-7】 创建一个存储过程,查询学号为 090102 的学生信息。

```
use jxgl
go
create proc pro_学生
```

```
as
select 学号,姓名,性别,year(getdate()) - year(出生日期) as 年龄,籍贯
 from 学生
 where left(学号,6) = '090102'
go
```

2. 使用带输入参数的存储过程

【例 9-8】 创建一个存储过程,实现根据姓名查询该学生成绩的功能。

```
use jxgl
go
create proc pro_学生_选修
@xm char(6)
as
select 学生.学号,姓名,课程号,成绩
 from 学生,选修
 where 学生.学号 = 选修.学号 and 姓名 = @xm
go
```

3. 使用输入参数带默认值的存储过程

【例 9-9】 创建一个存储过程,实现根据课程号查询该课程选修信息的功能。

```
use jxgl
go
-- 创建存储过程的代码如下:
create proc pro_课程_选修
@kch char(2) = '01'
as
select 课程.课程号,课程名称,学号,成绩 from 课程,选修
where 课程.课程号 = 选修.课程号 and 课程.课程号 = @kch
-- 调用存储过程的代码如下:
go
exec pro_课程_选修
go
exec pro_课程_选修 default
go
exec pro_课程_选修 '02'
go
```

4. 使用带输出参数的存储过程

【例 9-10】 创建一个存储过程,实现查询教师平均工资的功能。

```
use jxgl
go
-- 以下是创建存储过程的代码:
create proc pro_avg_教师
@avgscore float output
```

```
as
select @avgscore = avg(基本工资) from 教师
go
-- 以下是执行存储过程的代码：
declare @avgscore float
exec pro_avg_教师 @avgscore output
print '教师的平均工资：' + cast(@avgscore as varchar(6))
```

运行结果如下：

警告：聚合或其他 SET 操作消除了空值。

教师的平均工资：2226

5. 使用带输入/输出参数的存储过程

【例 9-11】 创建一个存储过程，实现根据姓名查询该生所选课程的平均成绩。

```
use jxgl
go
create proc pro_avg_成绩
@xm char(6),@avgscore float output
as
select @avgscore = avg(成绩)
 from 学生,选修
 where 学生.学号 = 选修.学号 and 姓名 = @xm
go
-- 以下是执行存储过程代码：
declare @xm char(6), @avgscore float
set @xm = '储兆雯'
exec pro_avg_成绩 @xm,@avgscore output
print @avgscore
```

6. 使用输出参数是游标类型的存储过程

【例 9-12】 创建一个存储过程，实现逐行显示"学生"表中数据的功能。

（1）创建存储过程的代码如下：

```
use jxgl
go
if exists (select name from sysobjects where name = 'cursor_选修'and type = 'p')
drop proc cursor_选修
go
create proc cursor_选修
@xh char(8) = '08010101',
@js_cursor cursor varying output
as
 set @js_cursor = cursor forward_only static for
 select * from 选修 where 学号 = @xh
open @js_cursor
go
```

（2）调用存储过程的代码如下：

```
declare @xh char(8),@my cursor
set @xh = '08010101'
exec cursor_选修 @xh,@my output
while(@@fetch_status = 0)
  begin
    fetch next from @my          -- 提取数据
  end
close @my                        -- 关闭游标
deallocate @my                   -- 删除游标
```

	学号	课程号	成绩	备注
1	08010101	01	90	NULL

	学号	课程号	成绩	备注
1	08010101	02	95	NULL

	学号	课程号	成绩	备注
1	08010101	03	88	NULL

图 9-4　例 9-12 运行结果

（3）运行结果如图 9-4 所示。

7. 使用带返回状态值的参数，返回值只能是整数

【例 9-13】　创建存储过程 avgscore，根据给定的班级名称计算该班级的平均成绩，并将结果用输出参数返回。如果指定的班级名称存在，则返回 1，否则返回 0。

```
create procedure avgscore
@class varchar(20),@score float output
as
declare @classid int
set @classid = 0
-- 根据参数中指定的班级名称 class 获取班级编号
select @classid = 班级号 from 班级
  where 班级名称 = @class
if @classid = 0
  return 0
else
  begin
  select @score = avg(成绩) from 选修 where left(学号,6) = @classid
  return 1
  end
go
-- 调用存储过程
declare @score float
declare @result int
exec @result = avgscore '08 会计(1)班', @score output
-- 检查返回值
if @result = 1
  print'平均成绩:' + cast(@score as varchar(20))
else
  print '没有对应的记录'
```

8. 创建用户自定义的系统存储过程

【例 9-14】　创建一个自定义存储过程，显示指定表名的索引，如果没有指定表名，则返回"学生"表的索引信息。

```
use master
go
if exists(select name from sysobjects where name = 'sp_showtableindex' and type = 'p')
drop proc sp_showtableindex
go
create proc sp_showtableindex @tablename varchar(30) = '学生'
as
select tab.name as 表名, inx.name as 索引名, indid as 索引标识号
from sysindexes inx join sysobjects tab on tab.id = inx.id
where tab.name like @tablename
go
use jxgl
go
exec sp_showtableindex
```

9. 创建带编号的存储过程

【例 9-15】 创建一组存储过程 score, 显示"选修"表中各班级的最高分和最低分。

```
if exists(select name from sysobjects where name = 'proc_score' and type = 'p')
drop proc score
go
create procedure proc_score;1
as
select left(学号,6) as 班级号, max(成绩) as 最高分 from 选修 group by left(学号,6)
go
create procedure proc_score;2
as
select left(学号,6) as 班级号, min(成绩) as 最低分 from 选修 group by left(学号,6)
go
exec proc_score;1
exec proc_score;2
```

9.2 触发器

触发器是由用户定义的一类特殊的存储过程,常用于强制业务规则和数据完整性。它不能被显式地调用,而是当有影响到触发器保护数据的事件发生时会自动执行,这一点也是触发器与存储过程不同的地方,存储过程是由命令调用执行的。

9.2.1 触发器概述

触发器是一个功能强大的工具,用于保证表中数据的变化遵循数据库设计者确定的完整性约束和规则。如向表中插入、更新、删除数据时,会对其关联表的数据同时进行调整,以实时反映数据的同步变化。

1. 触发器功能

使用触发器有助于保持数据库的数据完整性,在触发器中可以完成以下几个功能:

（1）不允许删除或更新特定的数据记录。

（2）不允许插入不符合逻辑关系的记录。

（3）删除参照表的一条记录的同时级联删除被参照表的相关记录。

（4）更新参照表的一条记录的同时级联更新被参照表的相关记录。

2. 触发器类型

SQL Server 2005 的触发器分为 DML 触发器和 DDL 触发器两种类型。

1）DML 触发器

激活 DML 触发器的触发事件包括 insert、delete 和 update 3 类数据操纵（DML）操作。根据激活 DML 触发器执行的时机不同，常将 DML 触发器分为以下两类。

（1）instead of 触发器：在触发事件（insert、delete 和 update）的操作之前激活，其功能不是执行触发事件的操作，而是替代执行 instead of 触发器本身。instead of 触发器可以在表和视图上定义，每个 insert、delete 和 update 操作只能有一个 instead of 触发器。

（2）after 触发器：在触发事件（insert、delete 和 update）的操作成功执行之后激活，其功能是除非触发体中有回滚语句，否则即使违反规则，也仍然执行触发事件的操作。after 触发器只能在表上定义，每个 insert、delete 和 update 操作可以有多个 after 触发器。

2）DDL 触发器

激活 DDL 触发器的触发事件包括服务器和数据库中发生的数据定义（DDL）操作。

3. inserted 表和 deleted 表

使用 DML 触发器时，SQL Server 会为每个触发器建立两个特殊的临时表：inserted 表和 deleted 表。这两个表存储在内存中，由系统维护和管理，不允许用户对其修改，每个触发器只能访问自己的临时表，它们与创建触发器的表具有相同的结构。触发器执行完毕，这两个表自动释放。

（1）inserted 表：用于存储 insert 和 update 语句所影响的行的副本。当用户执行 insert 和 update 操作时，新的数据行同时被添加到激活触发器的表和 inserted 表中。

（2）deleted 表：用于存储 delete 和 update 语句所影响的行的副本。当用户执行 delete 和 update 操作时，指定的原数据行被用户从基本表中删除，然后转移到 deleted 表中。一般来说，在基本表和 deleted 表中不会存在相同的数据行。

注意：update 操作可以看成两个步骤，首先，将基本表中要更新的原数据行移到 deleted 表中，然后从 inserted 表中复制更新后的新数据行到基本表中。

9.2.2 DML 触发器

当数据库中发生数据操纵（DML）事件时，将自动调用 DML 触发器，从而确保数据的一致性和正确性。

1. 注意事项

（1）create trigger 语句必须是批处理中的第一条语句。

（2）创建触发器的权限默认分配给表的所有者，且不能将该权限转移给其他用户。

（3）触发器为数据库对象，其名称必须遵循标识符的命名规则。

（4）只能在当前数据库中创建触发器，但可以引用其他数据库中的对象。

（5）不能在临时表或系统表上创建触发器，可以引用临时表，但不能引用系统表。

（6）如已经在表的外键上定义了级联删除或级联更新，则不能在该表上定义 instead of delete 或 instead of update 触发器。

（7）虽然 truncate table 语句类似于没有 where 子句的 delete 语句，但它并不会引发 delete 操作类型的触发器。

（8）writetext 语句（更新 text、ntext 或 image 类型的列）不会引发 insert 或 update 操作类型的触发器。

（9）触发器不能返回任何结果，应避免使用 select 语句给变量赋值，除非设置 set nocount。

2. 使用 T-SQL 语句创建 DML 触发器

SQL Server 提供了两种创建触发器的方法：使用 SSMS 和使用 T-SQL 语句的 create trigger 命令。使用 T-SQL 语句的 create trigger 命令创建触发器的语法格式如下：

```
create trigger <触发器名>
 on {表名|视图名}
[with encryption]{
      {for|after|instead of}{[delete][,][insert][,][update]}
      as
      [if update(列)[{and|or}update(列)][,…n]]
      |[if columns_updated(){bitwise_operator}update_bitmask
      {comparison_operator}column_bitmask[,…n]
      SQL 语句[,…n]}
```

功能：在指定的表上创建一个指定名称的触发器。

说明：

（1）表名|视图名：是指在其上执行触发器的表或视图，有时也称为触发器表或触发器视图。可以选择是否指定表或视图的所有者名称。

（2）with encryption：在 syscomments 表中加密 create trigger 语句定义的文本内容。

（3）after：指定触发器只有在触发 SQL 语句中指定的所有操作都已成功执行后才激发。所有的引用级联操作和约束检查也必须成功完成后才能执行此触发器。如果仅指定 for 关键字，则 after 是默认设置。不能在视图上定义 after 触发器。

（4）instead of：指定执行触发器而不是执行触发 SQL 语句，从而代替触发 SQL 语句的操作。在表或视图上，每个 insert、update 或 delete 语句最多可以定义一个 instead of 触发器。然而，可以在每个具有 instead of 触发器的视图上定义视图。

（5）{[delete][,][insert][,][update]}：指定在表或视图上执行哪些数据修改语句时将激活触发器的关键字。必须至少指定一个选项。在触发器定义中允许使用以任意顺序组合的这些关键字。如果指定的选项多于一个，需用逗号分隔这些选项。

（6）as：引入触发器要执行的操作。

（7）if update（列）：用于判断指定的列（计算列除外）是否进行了 insert 或 update 操作（delete 操作除外），可以指定多列。因为在 on 子句中指定了表名，所以在 if update 子句中的列名前不要包含表名。返回 true 值时表示插入或更新了列数据。

（8）if columns_update（）：用于判断指定列是否进行了 insert 或 update 操作，返回值为二进制位。若指定列进行了插入或更新操作，则返回值为二进制位 1，否则为二进制位 0。

（9）bitwise_operator：二进制运算符。

（10）update_bitmask：二进制位串。

（11）SQL 语句：在尝试 delete、insert 或 update 操作时要执行的 T-SQL 语句。

【例 9-16】 在"学生"表上定义一个触发器，当"学生"表上的数据变化时，显示表中的所有内容。

（1）打开查询分析器，输入创建触发器的代码：

```
use jxgl
go
create trigger 学生_chang on 学生
  after insert,update,delete
as
  select * from 学生
```

（2）单击"执行"按钮，运行结果如图 9-5 所示，其中显示了"学生_chang"触发器。

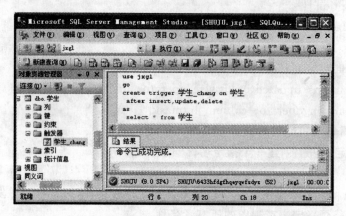

图 9-5　例 9-16 运行结果 1

（3）输入针对"学生"表的插入、删除、更新操作命令，代码如下：

```
insert into 学生(学号,姓名,性别) values ('09060101','王昭君','女')
```

（4）单击运行按钮，运行结果如图 9-6 所示。

3. 使用 SSMS 创建 DML 触发器

【例 9-17】 在"学生"表上创建一个 after 类型的插入触发器"ins_stu"，在插入记录时，给予提示禁止插入记录的信息。

操作步骤如下：

图 9-6 例 9-16 运行结果 2

（1）启动 SSMS，在"对象资源管理器"窗格中依次展开"数据库"→jxgl→"表"→"学生"，右击"触发器"，弹出快捷菜单，选择"新建触发器"命令，如图 9-7 所示。

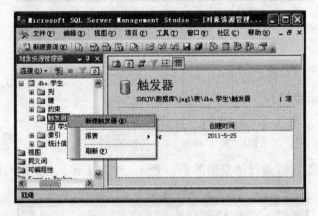

图 9-7 SSMS 对话框 1

（2）单击释放后，打开 SQL 语句编辑器，如图 9-8 所示。

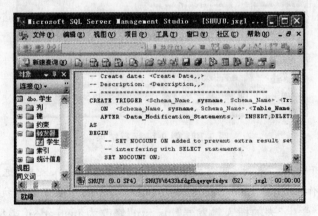

图 9-8 SQL 语句编辑器

（3）在 SQL 语句编辑器中输入触发器代码，如图 9-9 所示。

代码如下：

```
create trigger ins_stu
on 学生
for insert
```

图 9-9   输入触发器代码

```
as
raiserror('禁止插入记录',10,1)
```

验证触发器的语句如下：

```
insert into 学生(学号,姓名,性别,出生日期)
  values('09050102','刘飞翔','男','1991 - 6 - 7')
```

（4）单击"执行"按钮，运行结果如图 9-10 所示，其中显示了刚创建的触发器名称。

图 9-10   例 9-17 运行结果

注意：用户打开"学生"表时，可以发现上述记录已经被插入表中，这是由于 after 触发器在触发事件的操作（本例是 insert 操作）成功执行后，才激活触发器并执行触发体。

【例 9-18】   将"学生"表的插入触发器"ins_stu"修改为 instead of 类型，在插入记录时，给予提示禁止插入记录的信息。

```
use jxgl
go
alter trigger ins_stu
on 学生
instead of insert
as
```

```
raiserror('禁止插入记录',10,1)
```

验证触发器的语句如下：

```
insert into 学生(学号,姓名,性别,出生日期)
  values('09050103','刘飞娜','女','1992-7-17')
```

注意：用户打开"学生"表，可以发现上述记录并没有插入表中，这是由于 instead of 触发器替代执行了触发事件的操作，即不执行触发事件的操作，只执行触发器本身。

4. 修改 DML 触发器

SQL Server 提供了两种修改 DML 触发器的方法：使用 SSMS 和使用 T-SQL 语句。使用 T-SQL 语句修改触发器的语法格式如下：

alter trigger <触发器名>on ｛表名|视图名 ｝
[with encryption]｛
｛for|after|instead of｝｛[delete][,][insert][,][update]｝
　　as
　　[if update(列)[｛and|or｝update(列)][,…n]]
　　|[if columns_updated()｛bitwise_operator｝update_bitmask)
　　｛comparison_operator｝column_bitmask[,…n]
　　SQL 语句[,…n]｝

说明：各子句的含义同创建触发器中的子句一样。

【例 9-19】　修改触发器"学生_change"，使之满足：向"选修"表插入某门课程的成绩时，检查"课程"表中是否存在该门课程，如果没有则显示提示信息并禁止插入该记录。

```
use jxgl
go
alter trigger 学生_chang
on 选修
after insert
as
if (select count( * ) from 课程,inserted where 课程.课程号 = inserted.课程号) = 0
begin
   raiserror('没有此课程',16,1)
   rollback transaction
end
return
```

验证触发器的作用，可以向"选修"表中加入以下记录：

```
insert into 选修 (学号,课程号,成绩) values ('08010101','15',60)
```

运行结果如下：

```
服务器: 消息 50000,级别 16,状态 1,过程 学生_chang,行 7
没有此课程
```

5. 禁用和启动 DML 触发器

在操作表和使用触发器的时候,有时可能需要临时禁用某个触发器,使用完毕后可能需要继续启用触发器,这就需要用到禁用或启动触发器的命令。

格式:alter table <表名>{enable|disable} trigger <all|触发器名>

说明:

(1) enable 是启动触发器,而 disable 是禁用触发器。

(2) all 代表所有触发器,而触发器名表示指定触发器。

6. 删除 DML 触发器

当不需要某个触发器的时,可以删除它。触发器被删除后,触发器所在表中的数据不会因此而改变。另外,当某个表被删除时,与该表相关的所有触发器也会自动删除。

格式:drop trigger <触发器名>

说明:删除指定名称的触发器。

7. 管理 DML 触发器

触发器是特殊的存储过程,所有适合存储过程的管理方式都适用于触发器。

(1) sp_helptrigger <表名>:查看指定表中定义的当前数据库的触发器类型。

(2) sp_help <触发器名>:查看触发器的概要信息,如名称、属性、类型和创建时间。

(3) sp_helptext <触发器名>:查看触发器的详细定义文本信息。

(4) sp_depends <表名>|<触发器名>:查看指定表的触发器或触发器涉及的表。

(5) sp_rename <触发器旧名><触发器新名>:将触发器旧名修改为新名。

8. 应用 DML 触发器

触发器可以很好地维护数据,在向表中添加数据或更改记录后,对其关联表的数据进行调整,以反映数据的变化。如果触发器执行的一些动作可以通过约束来实现,则首先要考虑约束,因为触发器比约束占用更多的系统资源,但对于强制各种规范化和强制实施复杂的业务规则,必须使用触发器。

1) 级联更新

【例 9-20】 在"学生"表上创建一个 update 触发器,当更新学生学号时,同时更新"选修"表中的学生学号。

```
create trigger up_学生
on 学生
for update
as
declare @oldid char(8),@newid char(8)
select @oldid = deleted.学号,@newid = inserted.学号
    from deleted,inserted where deleted.姓名 = inserted.姓名
update 选修 set 学号 = @newid where 学号 = @oldid
```

2）级联删除

【例 9-21】　在"学生"表上创建一个 delete 触发器,当删除学生记录时,同时删除"选修"表中对应的学生记录。

```
create trigger del_学生 on 学生
after delete
as
delete from 选修
where 学号 in (select 学号 from deleted)
```

3）禁止插入(级联限制)

【例 9-22】　在"选修"表上创建一个触发器,当向"选修"表中插入学号时,同时检查"学生"表中是否存在该学号,若不存在,不允许插入该记录。

```
create trigger ins_选修 on 选修
after insert
as
if not exists(select * from 学生 where 学号 = (select 学号 from inserted))
begin
print '学号不存储在学生表中,不能插入该记录'
rollback transaction
end
```

4）禁止更新特定列

【例 9-23】　在"班级"表上创建一个 update 触发器,禁止对"班级"表中的班级号进行修改。

```
create trigger up_班级 on 班级
after update
as
if update(班级号)
begin
print   '课程表的班级号不能修改'
rollback transaction
end
```

5）禁止删除特定行

【例 9-24】　在"选修"表上创建一个 delete 触发器,禁止删除"选修"表中成绩大于 60 的记录。

```
create trigger del_删除
on 选修
for delete
as
declare @score int
select @score = 成绩 from deleted
if @score > 60
begin
 rollback transaction
 raiserror('不允许删除成绩大于 60 的记录',16,1)
end
```

【例 9-25】　在"学生"表上创建一个 update 触发器,并使用 update()函数测试:当更新学生学号时,同时更新"选修"表中的学生学号。

```
create trigger up_学生
on 学生
for update
as
if update(学号)
update 选修 set 选修.学号 = inserted.学号          -- 选择 inserted 表
from 选修,inserted,deleted
where 选修.学号 = deleted.学号                    -- 选择 deleted 表
```

【例 9-26】 在"选修"表上创建一个 update 触发器,并使用 update()函数测试:当更新学生成绩时,显示修改过的记录信息。

```
create trigger up_选修
on 选修
for update
as
if update(成绩)
begin
   select inserted.学号,
     inserted.课程号,
     deleted.成绩 as 原成绩,
     inserted.成绩 as 新成绩
   from deleted,inserted
   where deleted.学号 = inserted.学号 and deleted.课程号 = inserted.课程号
end
```

【例 9-27】 在"选修"表上创建一个 update 触发器,并使用 columns_updated()函数测试:当更新学生成绩时,显示修改过的记录信息。

分析:由于"选修"表共有 4 列,从左到右依次为学号、课程号、成绩和备注列,因此 columns_updated()函数测试将返回 4 位二进制值,且该值的最低位代表学号列,最高位代表备注列。若返回 0100,则表示只更新成绩列。

```
if exists(select * from sysobjects where name = 'up_选修' and type = 'tr')
drop trigger up_选修
go
create trigger up_选修
on 选修
for update
as
if columns_updated()&0100 = 4
begin
select inserted.学号,inserted.课程号,deleted.成绩 as 原成绩,inserted.成绩 as 新成绩
from deleted,inserted
where deleted.学号 = inserted.学号 and deleted.课程号 = inserted.课程号
end
```

9.2.3 DDL 触发器

DDL 触发器是 SQL Server 2005 中新增的功能,激活 DDL 触发器的事件主要有 create、alter 和 drop 开头的数据定义语句。DDL 只有 after 类型的触发器,没有 instead of 触发器。

1. 创建 DDL 触发器

使用 T-SQL 语句创建 DDL 触发器的语法格式如下:

```
create trigger <触发器名>
 on {all server|database}
  {for[after]}{事件类型名|事件组名}
   as{SQL 语句[,…n]}
```

说明:

(1) all server|database 表示触发器的作用域是当前服务器还是当前数据库。

(2) 事件类型名|事件组名表示事件的名称或事件组的名称。

2. 应用 DDL 触发器

【例 9-28】 使用 DDL 触发器防止数据库上的任意表被修改和删除。

```
create trigger safety
on database
for drop_table,alter_table
as
print '不允许删除任意表或修改表操作'
rollback
```

本章小结

存储过程是一段在服务器上执行的程序,它在服务器端对数据库记录进行处理,然后把结果返回到客户端。存储过程必须由用户、应用程序或者触发器显示调用并执行。而触发器是当特定事件发生时自动执行或者激活的,与连接数据库的用户或应用程序无关。

习题 9

一、选择题

1. 创建存储过程的语句是(　　　)。

　　A. create procedure　　B. create sub　　C. create function　　D. create trigger

2. 执行存储过程的命令是(　　　)。

　　A. do　　　　　　　　B. execute　　　　C. call　　　　　　D. go

3. 下列选项不属于存储过程的优点的是(　　　)。

　　A. 增强代码的重用性和共享性

　　B. 可以加快运行速度,减少网络流量

　　C. 可以作为安全性机制

　　D. 减轻服务器负担

4. 以下触发器当对[表 1]进行(　　　)操作时触发。

```
create   trigger  abc  on  表1
for  insert , update , delete
as
...
```

　　A. 只是修改　　　　　　　　　　B. 修改、插入、删除

　　C. 只是删除　　　　　　　　　　D. 只是插入

5. 下列对触发器的操作语句,不正确的是(　　　)。

　　A. 级联修改数据库中所有的相关表

　　B. 撤销或回滚违反引用完整性的操作,防止非法修改数据

　　C. 增强代码的重用性和共享性

　　D. 查找修改数据前后,表状态之间的差别,并根据差别采取相应的措施

6. 一个触发器可以定义在(　　　)个表。

　　A. 只有一个　　　　B. 一个或多个　　C. 1~3个　　　　　D. 任意多个

7. 下列条件中不能激活触发器的是(　　　)。

　　A. 更新数据　　　　B. 查询数据　　　C. 删除数据　　　　D. 插入数据

8. 允许指定表列名的触发器是(　　　)。

　　A. 更新数据　　　　　B. 查询数据　　　C. 删除数据　　　　　D. 插入数据

9. 关于触发器操作的语句,不正确的是(　　　)。

　　A. create trigger　　　B. alter trigger　C. insert trigger　　D. drop trigger

10. (　　　)表用于存储 delete 和 update 语句所影响的行的副本。

　　A. deleted　　　　　B. delete　　　　C. update　　　　D. updated

11. 下列对触发器的描述中错误的是(　　　)。

　　A. 触发器属于一种特殊的存储过程

　　B. 触发器与存储过程的区别在于触发器能够自动执行并且不含有参数

　　C. 触发器有助于在添加、更新或删除表中的记录时保留表之间已定义的关系

　　D. 既可以对 inserted、deleted 临时表进行查询,也可以进行修改

12. 在 SQL Server 服务器上,存储过程是一组预先定义并(　　　)的 T-SQL 语句。

　　A. 保存　　　　　　B. 编译　　　　　C. 解释　　　　　D. 编写

13. 在 SQL Server 2005 中,当数据表被修改时,系统自动执行的数据库对象是(　　　)。

　　A. 存储过程　　　　B. 触发器　　　　C. 视图　　　　D. 索引

14. 存储过程是存储在数据库中的代码,下列不属于存储过程优点的是(　　　)。

　　A. 可通过预编译机制提高数据操作的性能

　　B. 可方便地按用户视图表达数据

　　C. 可减少客户端和服务器端的网络流量

　　D. 可实现一定的安全控制

15. 有"教师"表(教师号,教师名,职称,基本工资),其中基本工资和取值与教师职称有关,实现该约束的可行方案是(　　　)。

　　A. 在"教师"表上定义一个视图

　　B. 在"教师"表上定义一个存储过程

    C. 在"教师"表上定义插入和修改操作的触发器

    D. 在"教师"表上定义一个标量函数

二、填空题

1. 存储过程运行在(　　)端,并将数据处理结果返回给客户端。

2. 存储过程分为5种,其中(　　)存储过程以 sp_开头并存储在 master 数据库中。

3. 存储过程输出参数游标时,必须同时指定关键字(　　)和 output。

4. 临时存储过程以♯开头,而全局存储过程以(　　)开头。

5. 定义存储过程时可以定义形式参数,其中输出参数以关键字(　　)指定。

6. 触发器是在(　　)上定义的特殊存储过程。

7. after(for)和(　　)关键字用来规定 DML 触发器激活的时机。

8. 针对 DML 触发器,writetext 语句不会触发(　　)或 update 操作类型的触发器。

9. DML 触发器执行时,会产生两个特殊的逻辑表,分别是 inserted 表和(　　)。

10. DML 触发器执行时,执行(　　)操作可以同时产生两个逻辑表。

三、实践题

1. 编写一个存储过程 narcissus,实现输出所有水仙花数的功能。

2. 在 library 数据库中,编写一个存储过程 reader_info,要求实现功能:输入读者编号,产生该读者的基本信息,调用存储过程;没有输入读者编号,显示"1001"读者的信息。

3. 在 library 数据库中,编写一个存储过程 book_lend,要求实现功能:根据图书号输出该图书的借阅人数。

4. 在"借阅"表上创建一个 instead of 触发器"ins_借阅",检查插入的读者编号是否存在于"读者"表中,否则禁止插入该记录,并给予提示信息。

5. 编写一个触发器"ins_读者",使得在向"读者"表上添加记录时,读者的已借数量不能大于20,并给出提示信息。

6. 创建一个触发器"up_图书",检查"图书"表中的定价列,如果定价小于20,提示定价太低。

7. 创建一个触发器"del_读者",检查当删除"读者"表中的记录时,删除"借阅"表中的相关记录。

第10章

备份和恢复

本章导读：

在数据库的使用过程中，难免会由于软/硬件故障、病毒入侵、操作不当等因素造成数据的丢失或损坏。备份和恢复是保证数据库有效性、正确性和可靠性的重要措施。运用适当的备份策略，可以保证及时有效地恢复数据库中的重要数据，将数据损失量降低到最小点。

知识要点：

- 故障
- 备份
- 恢复

10.1 故障概述

在数据库系统中大致存在 4 种故障：事务内部故障、介质故障、系统故障和计算机病毒故障。不同的故障需要不同的处理方法。

10.1.1 事务内部故障

事务故障，是指对数据库进行的操作违反了事务本身的特性或人为设置的规则，如输入数据错误、运算溢出、并发死锁等情况，使事务未能正常完成就终止的一类故障。事务内部故障分为预期的和非预期的，其中大部分是非预期的。

（1）预期的事务内部故障：是指可以通过事务程序本身发现的事务内部故障。如网上购物时，客户账户余额减少，但是商家账户余额没有相应增加。其方法是通过事务回滚，撤销其对数据库的修改，从而使数据库恢复到一致性的状态。

（2）非预期的事务内部故障：是指不能由事务程序发现的（如溢出错误、并发死锁），违反了某些完整性限制而导致的故障。其方法是强行回滚事务，在保证该事务对其他事务没有影响的条件下，利用日志文件撤销其对数据库的修改，使数据库恢复到事务运行之前的状态。

10.1.2 系统故障

系统故障又称为软故障，是指数据库在运行过程中，由于硬件故障、数据库软件及操作系统的漏洞、突然停电等情况，使得活动事务非正常中断的一类故障，该类故障影响正在运行的事务（内存缓冲区中的数据丢失），但不破坏数据库（硬盘等外设上的数据未受损失）。

其方法是在重新启动后,对于未完成的事务可能已经写入数据库的内容,需要回滚其所有未完成的事务写入的结果,以保证数据库中的数据的一致性;对于已完成的事务可能部分或全部留在缓冲区的结果,需要重做其所有已提交的事务,以保证数据库数据恢复到一致状态。也就是说,当数据库发生系统故障时,容错对策是在重新启动系统后,撤销(undo)所有未提交的事务,重做(redo)所有已提交的事务,以达到容错目的。

10.1.3　介质故障

介质故障又称为硬故障,是指数据库在运行过程中,由于磁头碰撞、磁盘损坏、强磁干扰、天灾人祸等情况,使得存储介质上的部分或全部数据丢失的一类故障,该类故障可能因为物理存储设备损坏,导致数据文件及数据全部丢失,破坏性较大。

其方法有两种:一是软件容错;二是硬件容错。

(1) 软件容错是使用数据库备份及事务日志文件,通过恢复技术,恢复数据库到备份结束时的状态。软件容错有其局限性,不能完全恢复数据库,只能恢复到备份数据库的备份结束点。

(2) 硬件容错是采用双物理存储设备,如双硬盘镜像,使两个硬盘的存储内容相同,当一个硬盘出现介质故障时,另一个硬盘的数据没有被破坏,从而达到数据库完全恢复的效果。

10.1.4　计算机病毒故障

计算机病毒故障,是指计算机病毒对计算机系统破坏的同时也可能破坏数据库系统(主要是数据文件)。其方法是采用杀毒软件杀毒,如果查杀失败,则需用数据库备份文件,以软件容错的方式恢复数据文件,从而达到数据正常工作的状态。

10.2　备份

备份是指对数据库全部或部分(文件和文件组)内容进行处理,生成一个副本的过程。数据库备份记录了在进行数据库备份操作时的所有数据状态。通过适当备份,可以将数据库从多种故障中恢复过来。

10.2.1　备份概述

备份是系统维护和管理的一项重要内容,执行备份必须拥有对数据库进行备份的权限。在 SQL Server 2005 中,只有固定服务器角色 sysadmin(系统管理员)和固定数据库角色 db_owner(数据库所有者)、db_backupoperator(数据库备份执行者)可以做备份操作,但 sysadmin(系统管理员)可以授权其他角色执行数据库备份操作。

一般情况下,数据库需备份的内容包括系统数据库、用户数据和事务日志 3 个部分。

(1) 系统数据库主要包括 master、msdb 和 model 数据库,记录了重要的系统信息。一旦损坏,SQL Server 2005 系统将无法正常运行,因此必须完全备份,以便在系统发生故障时能够利用备份还原整个系统。但不必备份 tempdb 数据库,因为其内容总是在启动后自动建立。

（2）用户数据包含了用户加载的信息资源，根据其重要性可分为关键数据和非关键数据。关键数据一旦损坏，不易甚至不能重新建立，因此必须进行完全备份。

（3）事务日志记录了用户对数据库的各种事务操作，平时系统会自动管理和维护所有的数据库事务日志文件。相对于数据库备份而言，事务日志备份所需要的时间较少，但还原所需要的时间却较长。

10.2.2　备份类型

SQL Server 2005 提供了 3 种备份类型：完整备份、差异备份、事务日志备份。

1．完整备份

完整备份是指备份数据库的全部或特定文件（组）的内容。完整备份的时间和存储空间由数据库中的数据容量决定。恢复时不需要其他支持文件，操作相对简单。

完整备份是恢复数据库的基础文件，事务日志备份和差异备份都要依赖完整备份。

完整备份适用于数据更新缓慢或只读的小型数据库。完整备份由于备份速度较慢，而且占用大量的磁盘空间，所以通常安排在数据库系统的事务运行数目相对较少时（如晚间）进行，以避免对用户的影响和提高数据库备份的速度。

2．差异备份

差异备份是指只备份自上次完整备份之后更改的数据。差异备份一般比完整备份占用更少的空间。差异备份的时间和存储空间由上次完整备份后变化的数据容量决定。差异备份之前，必须至少有一次完整备份，而还原时，必须先还原完整备份，才能还原差异备份。在进行多次差异备份后，只能恢复到最后一次差异备份时的状态。

差异备份及其还原所用的时间较短，因而通过增加差异备份的备份次数，可以降低丢失数据的风险，但是它无法像事务日志备份那样将数据库恢复到故障点或特定的即时点。

3．事务日志备份

事务日志备份是指对数据库发生的所有事务进行备份，包括从上次进行完整备份、差异备份和事务日志备份之后，所有已经完成的事务。事务日志备份所需的时间和存储空间最小，适用于数据库变化较为频繁或不允许在最近一次数据库备份之后发生数据丢失或损坏的情况。

在事务日志备份之前，必须至少有一次完整备份，而还原时，必须先还原完整备份，然后还原差异备份，最后按照事务日志备份的先后顺序，依次还原各次事务日志备份的内容。

10.2.3　备份设备

备份设备是指用来存储数据库或事务日志备份的存储介质。备份设备以文件的形式存储在物理介质上，并和数据库一样具有物理设备名和逻辑设备名两种命名方式。备份和恢复数据库时可以交替使用物理和逻辑名称。

物理设备名是操作系统用来标识备份设备的名称，它标识了备份设备的物理存储路径和文件名。使用物理设备名标识的备份设备称为临时备份设备，其名称没有记录在系统设备表中，只能使用一次。

逻辑设备名是用来标识物理备份设备的别名或公用名称。使用逻辑设备名标识的备份设备称为永久备份设备，其名称永久地存储在 SQL Server 的系统表中，可以多次使用。使用逻辑设备名称的优点是引用时相对简单，而引用物理设备名需要路径及文件名。

备份设备可以是磁盘、磁带或命名管道。当使用磁带时，SQL Server 2005 只支持本地磁带机作为备份设备；当使用磁盘时，SQL Server 2005 支持本地主机磁盘和远程主机磁盘作为备份设备；当使用命名管道时，SQL Server 2005 支持第三方软件供应商提供命名管道来备份和恢复数据库。

备份之前，必须首先建立存储备份数据的备份设备。创建和删除备份设备的方法有两种：使用 SSMS 和使用系统存储过程。一般不要将备份设备建立在数据库所在的磁盘上。

1. 使用 SSMS 创建和删除备份设备

使用 SSMS 创建和删除备份设备的步骤如下：

（1）启动 SSMS，在"对象资源管理器"窗格中展开 SQL Server 9.0→"服务器对象"，右击"备份设备"，弹出快捷菜单，选择"新建备份设备"命令，打开"备份设备"窗口。在"名称"文本框中输入备份设备的逻辑名，如"my_bak"，在"文件"文本框中设置备份设备的物理路径及名称，如"d:\backup\my_bak.bak"，如图 10-1 所示。

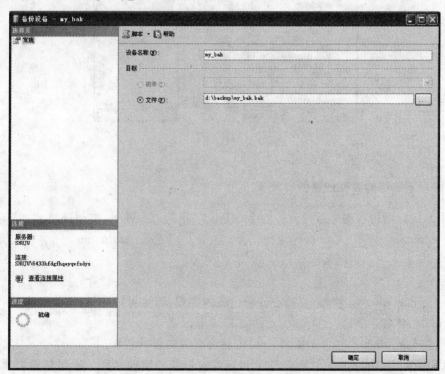

图 10-1 "备份设备"窗口

（2）单击"确定"按钮，返回 SSMS，可以看到已建好的备份设备，如图 10-2 所示。

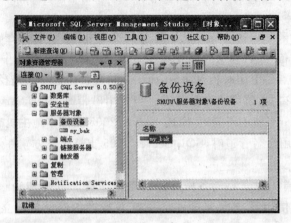

图 10-2　SSMS 窗口

（3）当备份设备不需要时，可以将其删除，在"对象资源管理器"窗格中右击要删除的备份设备，在弹出的快捷菜单中选择"删除"命令，即可删除该备份设备，如图 10-3 所示。

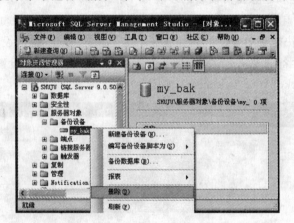

图 10-3　删除备份设备

2．使用系统存储过程创建备份设备

使用系统存储过程创建备份设备的命令是 sp_addumpdevice。其语法格式如下：

sp_addumpdevice ［@devtype = ］'类型'，［@logicalname = ］'逻辑名'，［@physicalname =］'物理名'

说明：

（1）［@devtype =］'类型'：指定备份设备的类型，取值可以是 disk、tape、pipe，分别代表磁盘、磁带、命名管道。

（2）［@logicalname =］'逻辑名'：指定备份设备的逻辑名称。

（3）［@physicalname =］'物理名'：指定备份设备的物理名称。物理名称必须遵循操作系统文件的命名规则或者网络设备的通用命名规则，并且必须包括完整的路径。对于远程硬盘文件，可以用"\\主机名\共享路径名\路径名\文件名"表示；对于磁带设备，可以用

"\\.\tape n"表示,其中,n 为磁带驱动器序列号。

【例 10-1】 创建一个备份设备,逻辑名为"mydisk",物理名为"d:\backup\my_disk.bak"。

```
sp_addumpdevice @devtype = 'disk',
@logicalname = 'mydisk', @physicalname = 'd:\backup\my_disk.bak'
```

或:

```
sp_addumpdevice 'disk','mydisk','d:\backup\my_disk.bak'
```

3. 使用系统存储过程删除备份设备

使用系统存储过程删除备份设备的命令是 sp_dropdevice。其语法格式如下:

sp_dropdevice [@logicalname=]'逻辑名',[@delfile=]'delfile'

说明:

(1) [@logicalname =]'逻辑名':指定备份设备的逻辑名称。

(2) [@delfile=]'delfile':指定参数时,同时删除相应的物理文件。

10.2.4 备份操作

在完整备份和差异备份类型下,SQL Server 2005 提供了两种备份组件(备份内容选择方案):数据库,文件和文件组。数据库组件备份是指备份整个数据库,而文件和文件组组件备份是指备份特定的、相关的数据库文件或文件组。无论执行哪种备份类型和哪种备份组件,都可以使用 SSMS 执行备份操作,或者使用 T-SQL 语句执行备份操作。

1. 使用 SSMS 执行备份操作

不同类型的备份操作略有区别,这里介绍完整恢复模式下对数据库执行的完整备份操作:

(1) 启动 SSMS,在"对象资源管理器"窗格中依次展开 SQL Server 9.0→"数据库"。选择需要备份的数据库(jxgl),然后右击,弹出快捷菜单,选择"任务"→"备份"命令,会显示"备份数据库"窗口的"常规"界面,如图 10-4 所示。

说明:

① 源:在"数据库"下拉列表框中选择要备份的数据库;在"备份类型"下拉列表框中选择备份类型(完整、差异、事务日志),默认选择完整备份。在完整备份和差异备份状态下,"备份组件"选项组可用,其提供了两种备份组件:数据库、文件和文件组。备份组件默认选择数据库,如果选择"文件和文件组",会打开"选择文件和文件组"窗口,如图 10-5 所示。

② 备份集:在"名称"文本框中输入备份集名称;在"说明"文本框中输入备份集描述(可选);在"备份集过期时间"选项组中选择过期方式,并设置过期时间,其中,0 表示永不过期。

注意:"删除"按钮用来逻辑删除备份设备,"内容"按钮用来查看备份设备的现有内容。

③ 目标:在"备份到"选项组中选择备份设备的类型,然后单击"添加"按钮,会弹出如图 10-6 所示的"选择备份目标"对话框,从中可以选择备份设备,也可以指定备份文件名。

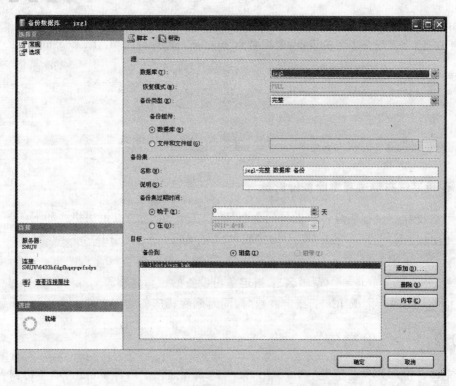

图 10-4　"备份数据库"窗口的"常规"界面

图 10-5　"选择文件和文件组"窗口

（2）在"备份数据库"窗口中单击"选项"，进入"选项"界面，如图 10-7 所示。

说明：

① 覆盖媒体：在"备份到现有媒体集"中选择"追加到现有备份集"或"覆盖所有现有备份集"，并设置是否"检查媒体集名称和备份集过期时间"；在"备份到新媒体并清除所有现有备份集"中设置"新建媒体集名称"和"新建媒体集说明"。

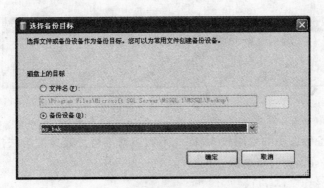

图 10-6 "选择备份目标"对话框

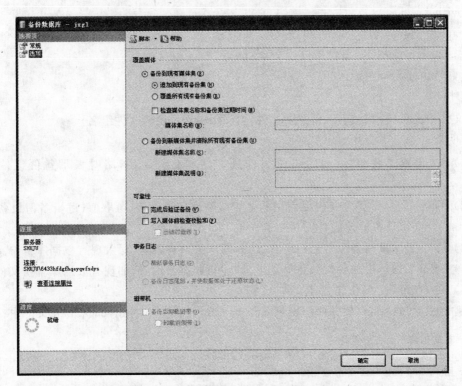

图 10-7 "备份数据库"窗口的"选项"界面

② 可靠性：设置"完成后验证备份"或"写入媒体前检查校验和"。

③ 事务日志：在完整备份和差异备份状态下不可用，在事务日志备份状态下可用。其中，"截断事务日志"表示截断(就是将日志中不需要的部分清除掉)已经备份的事务日志，以节约日志文件空间；"备份日志尾部，并使数据库处于还原状态"表示备份当前活动事务日志。

(3) 单击"确定"按钮，运行备份操作，完成后弹出完成提示对话框，如图 10-8 所示。

2. 使用 T-SQL 语句执行备份操作

1) 完整备份

完整备份是制作数据库中全部和部分内容(包含事务日志)的一个副本，备份过程花费

图 10-8　备份成功对话框

的时间相对较长,备份占用的空间较大,因此不宜频繁进行。其典型语法格式如下:

backup database <数据库名称>

[<文件或文件组>[,…n]]

to <备份设备>[,…n]

[with

[name=备份集名称]

[[,]description = '备份集描述文本']

[[,]{init|noinit}]]

其中,

<文件或文件组>::={file=逻辑文件名|filegroup=逻辑文件组名}

说明:

(1) <文件或文件组>:表示备份组件是文件和文件组,省略时表示备份组件是数据库。

(2) <备份设备>:指定备份要使用的逻辑或物理备份设备,可取值{逻辑备份设备名}|{disk|tape}='物理备份设备名'。

(3) init:表示重写备份集上的所有数据,即抹去原有备份,写入现有数据库备份文件。

(4) noinit:表示追加备份到备份集上,即保留原有备份,追加现有数据库备份文件。

(5) description:备份集描述文本。

【例 10-2】　将“jxgl”数据库备份到 d 盘 backup 文件夹下的 myback.bak 文件中。

```
-- 首先创建一个备份设备
sp_addumpdevice 'disk','mydata','d:\backup\myback.bak'
-- 用 backup database 备份数据库 jxgl
backup database jxgl to mydata with name = 'jxgl 完整备份',description = '备份'
```

【例 10-3】　将“jxgl”数据库备份到 d 盘 dbk 文件中的多个备份设备上。

```
-- 创建第一个备份设备
exec sp_addumpdevice 'disk','file1','d:\dbk\file1.bak'
-- 创建第二个备份设备
exec sp_addumpdevice 'disk','file2','d:\dbk\file2.bak'
-- 用 backup database 备份数据库 jxgl
backup database jxgl to file1,file2 with name = 'dbbk'
```

【例 10-4】　将“jxgl”数据库备份到网络中的另一台主机 data 上的共享目录 backup 中。

```
-- 首先创建一个备份设备
sp_addumpdevice 'disk','thecopy','\\data\backup\jxgl.dat'
```

```
-- 用 backup database 备份数据库 jxgl
backup database jxgl to thecopy
```

当一个数据库很大时,对整个数据库进行备份可能会花费很多时间,这时可以采用文件和文件组组件备份,即对数据库中的部分文件或文件组进行备份,其最大优点是只还原已损坏的文件或文件组,而不用还原数据库的其余部分。

注意:文件和文件组备份通常需要事务日志备份来保证数据库的一致性,文件和文件组备份后还要进行事务日志备份,以反映文件或文件组备份后的数据变化。

【例 10-5】 将数据库 mn7 的文件 mn7d_data 备份到文件"d:\temp\mn7d_data.dat"中。

```
backup database mn7 file = 'mn7d_data' to disk = 'd:\temp\mn7d_data.dat'
```

【例 10-6】 将数据库 mn7 的文件组 group1 备份到文件"d:\temp\group1.dat"中。

```
backup database mn7 filegroup = 'group1' to disk = 'd:\temp\group1.dat'
with name = 'group backup of test'
```

2) 差异备份

指对最近一次完整备份结束以来发生改变的数据区进行备份。当数据库自上次备份以来只修改了很少的数据时,适合使用差异备份。其典型语法格式如下:

```
backup database <数据库名称>
to <备份设备>[,…n]
[<文件或文件组>[,…n]]
with differential
[[,]name=备份集名称]
[[,]description = '备份描述文本']
[[,]{init|noinit}]
```

说明:differential 表示进行差异备份,其他选项的含义与完整备份类似。

【例 10-7】 假设对数据库"jxgl"进行了一些修改,现在要做一个差异备份,且将该备份添加到"例 10-2"的现有备份之后。

```
backup database jxgl to mydata
with differential,
noinit,
name = 'jxgl 差异备份', description = '第 1 次差异'
```

3) 事务日志备份

事务日志是自上次备份事务日志后对数据库执行的所有事务的一系列记录,备份事务日志将对最近一次备份事务日志以来的所有已完成的事务日志进行备份。使用事务日志备份,可以将数据库恢复到故障点或特定的即时点。其典型语法格式如下:

```
backup log <数据库名称>
to <备份设备>[,…n]
[with
[[,]name=备份集名称]
```

[[,]description='备份描述文本']

[[,]{init|noinit}]]

[[,] {norecovery}]]

说明：

（1）norecovery：备份尾事务日志并使数据库处于还原状态。

（2）其他选项的含义与完整备份类似。

【例10-8】 将数据库"jxgl"的日志文件备份到文件"d:\backup\mylog. bak"中。

```
-- 创建备份设备
exec sp_addumpdevice 'disk','mylog','d:\backup\mylog.bak'
-- 备份事务日志
backup log jxgl to mylog with name = 'jxgl 日志备份',description = '第 1 次日志'
```

3. 设置数据库恢复模式

数据库的恢复模式直接影响备份类型及备份策略的选择，"完整"或"大容量日志"恢复模式支持事务日志备份。恢复模式有两种方法：使用 T-SQL 语句和使用 SSMS。

1）使用 T-SQL 语句

格式：alter database <数据库名>set recovery {simple|full|bulk_logged}

说明：simple 表示简单模式，full 表示完整模式，bulk_logged 表示大容量日志模式。

2）使用 SSMS 管理工具

在 SSMS 的"对象资源管理器"窗格中设置数据库属性即可，如图 10-9 所示。

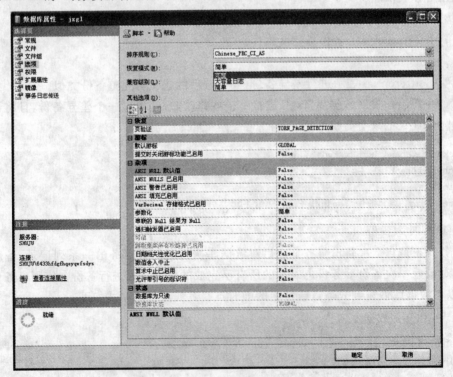

图 10-9　设置数据库属性

10.2.5 备份策略

对数据库的备份是一个系列性的间断性行为,在实际应用中,用户往往根据不同的数据库业务特点,制定不同的备份策略(备份类型的组合),常见的备份策略有:

(1) 完整＋差异:先进行完整备份,再进行差异备份,适用于频繁更改且数据量较少的数据库。

(2) 完整＋日志:先进行完整备份,再进行事务日志备份,适用于数据库频繁更改,但是由于完整备份时间过长而不希望经常完整备份。

(3) 完整＋差异＋日志:先进行完整备份,再进行差异备份,最后进行事务日志备份,适用于可以减少所需还原事务日志备份的数量,缩短恢复数据库的时间。

10.3 恢复

恢复就是把遭到破坏或丢失的数据或出现重大错误的数据还原到备份时的状态。恢复是备份的逆过程,数据库备份后,一旦发生系统崩溃或者出现数据丢失,就可以将数据库的副本加载到系统中,让数据库还原到备份时的状态。

10.3.1 恢复概述

恢复可以还原数据库备份时的相关文件,但同时会丢失备份完成后对数据库所做的修改。SQL Server 2005 提供了 3 种数据库恢复模式:简单恢复模式、完整恢复模式、大容量日志恢复模式。

1. 简单恢复模式

简单恢复模式可以将数据库恢复到上次备份的时刻,可能会产生最多的数据丢失。简单恢复模式无法将数据库恢复到故障点或特定的某时刻。数据库出现故障时,其恢复过程如下:

(1) 还原最新的完整备份。

(2) 如果有差异备份,则还原最新的差异备份。

简单恢复模式支持的备份类型有完整备份、差异备份(可选)。

2. 完整恢复模式

完整恢复模式使用完整备份、差异备份和事务日志备份,可以将数据库恢复到故障点或特定的时间点。为保证这种恢复能力,包括大容量操作(如 select into、create index 和大容量装载数据)在内的所有操作都必须完整地记入日志,因而会造成日志占用的空间较大,对性能也有所影响。数据库出现故障时,其恢复过程如下:

(1) 备份当前活动事务日志(尾日志备份,恢复操作之前对事务日志尾部执行的备份)。

(2) 还原(最新)完整备份。

(3) 如果有差异备份,则还原最新的差异备份。

（4）按时间还原自完整备份或差异备份后所有的事务日志备份。

（5）应用尾日志备份。

完整恢复模式支持的备份类型有完整备份、差异备份（可选）和事务日志备份。

3. 大容量日志恢复模式

大容量日志恢复模式为某些大规模或大容量复制操作提供了最佳性能和最少的日志使用空间，它是对完整恢复模式的补充。该种恢复模式只允许数据库恢复到事务日志备份的时刻，不支持即时点恢复，因此可能产生数据丢失。数据库出现故障时，其恢复过程如下：

（1）备份当前活动事务日志（尾日志备份）。

（2）还原（最新）完整备份。

（3）如果有差异备份，则还原最新的差异备份。

（4）按时间还原自完整备份或差异备份后所有的事务日志备份。

（5）手工重做最新日志备份后所有的更改。

大容量日志恢复模式支持的备份类型与完整恢复模式支持的备份类型相同。

注意：

（1）在完整或大容量日志恢复模式下，SQL Server 2005 及更高版本要求在恢复数据库之前执行尾日志备份。

（2）尾日志备份可以捕获尚未备份的日志记录，防止数据丢失并确保日志链的完整性。

（3）将数据库恢复到故障点时，尾日志备份是恢复计划中的最后一个相关备份。如果无法备份日志尾部，则只能将数据库恢复为故障前创建的最后一个备份。

（4）并非所有还原方案都要求执行结尾日志备份。如果先前的日志备份中包含恢复点，或者准备移动或替换（覆盖）数据库，并且在最新备份后不需要将该数据库恢复到某一时间点，则无须使用结尾日志备份。并且，如果日志文件受损且无法创建结尾日志备份，则必须在不使用结尾日志备份的情况下还原数据库，但最新日志备份后提交的任何事务都将丢失。

（5）如果数据库受损（例如，数据库无法启动），则仅当日志文件未受损、数据库处于支持结尾日志备份的状态并且不包含任何大容量日志更改时，尾日志备份才能成功。

10.3.2   恢复操作

恢复既可以使用 SSMS 执行，也可以使用 T-SQL 语句执行。

1. 使用 SSMS 执行恢复操作

不同恢复模式下的恢复操作略有区别，本例介绍完整恢复模式下对数据库的完整备份执行的恢复操作：

（1）启动 SSMS，在"对象资源管理器"窗格中选择要还原的数据库（jxgl），右击，在弹出的快捷菜单中选择"任务"→"还原"→"数据库"命令，打开"还原数据库"窗口的"常规"界面，如图 10-10 所示。

（2）在此选择"源设备"，单击其右侧的按钮，弹出"指定备份"对话框，如图 10-11 所示。"备份媒体"下拉列表框中提供了"文件"和"备份设备"两个选项，本例选择"备份设备"选项。

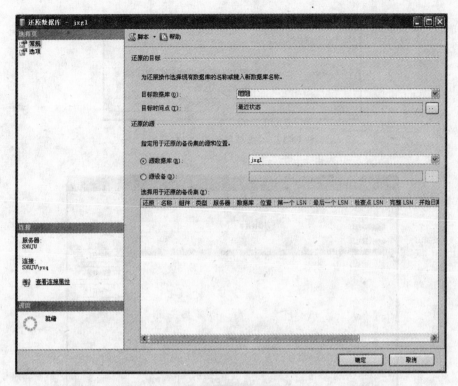

图 10-10 "常规"界面

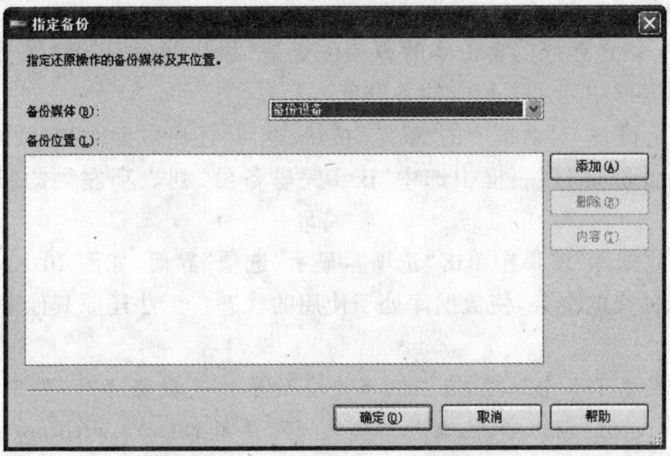

图 10-11 "指定备份"对话框 1

单击"备份位置"列表框右侧的"添加"按钮,弹出"选择备份设备"对话框,如图 10-12 所示。"备份设备"列表框中列出了已建的备份设备,本例选择 mydata,单击"确定"按钮,返回"指定设备"对话框,如图 10-13 所示。

说明:

① 还原的目标:在"目标数据库"文本框中输入或选择目标数据库的名称;在"目标时间点"中设置恢复的时间点,默认为最近状态。

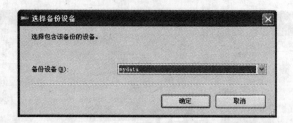

图 10-12 "选择备份设备"对话框

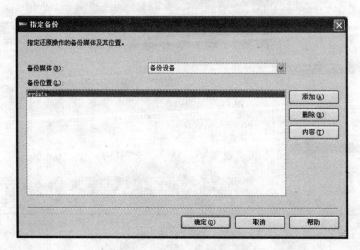

图 10-13 "指定备份"对话框 2

② 还原的源：指定还原的备份集的源和位置是"源数据库"还是"源设备"，"选择用于还原的备份集"列表框中列出了相应的备份集。

（3）单击"指定设备"对话框中的"确定"按钮，返回"还原数据库"窗口的"常规"界面，在"选择用于还原的备份集"列表框中选中"jxgl 完整备份"列表项左侧的"还原"复选框，如图 10-14 所示。

（4）在"还原数据库"窗口中单击"选项"，显示"选项"界面，如图 10-15 所示。将恢复状态设置为"回滚未提交的事务，使数据库处于使用的状态。无法还原其他事务日志。"

注意：

① 恢复状态提供了 3 个选项，在应用多个备份集恢复数据库时，除了最后一个备份集使用 restore with recovery 选项外，其他备份集一律使用 restore with norecovery 选项。

② SQL Server 2005 将数据库还原到不同服务器实例时，才可以使用相同的数据库名；如果在同一个服务器上移动数据库，必须为数据库指定新名称，否则会弹出出错提示对话框，如图 10-16 所示。

（5）单击"确定"按钮。还原成功后，会弹出如图 10-17 所示的对话框。

2. 使用 T-SQL 语句执行恢复操作

使用 T-SQL 语句 restore 可以完成对整个数据库的还原，也可以完成事务日志的还原，或者完成还原数据库的某个文件或文件组。

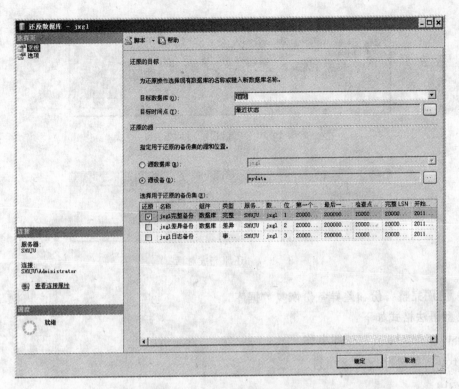

图 10-14　选中"还原"复选框

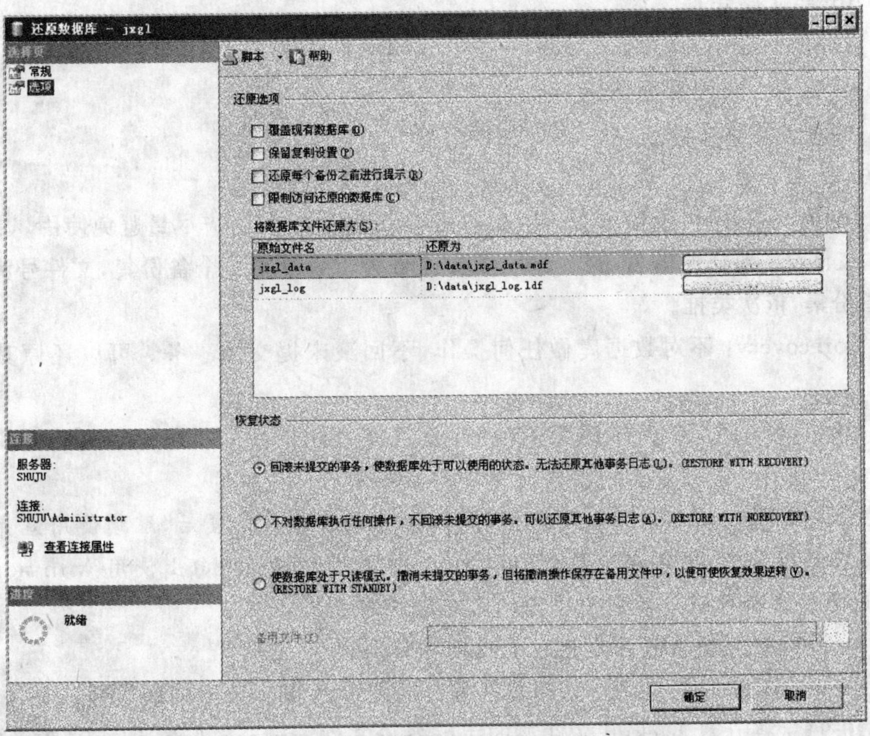

图 10-15　"选项"界面

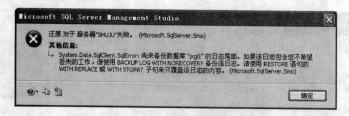

图 10-16　出错提示对话框

图 10-17　还原完成对话框

1) 使用完整备份和差异备份恢复数据库

典型语法格式如下：

restore database 数据库名称

[from <备份设备>[,…n]]

[with

[[,]replace]

[[,]file=文件号]

[[,]{norecovery|recovery| standby ={撤销文件名}}]

[[,]{stopat=时间和日期}]

[[,]move '逻辑文件名' to '物理文件名'][,…n]]

说明：

(1) replace：指定将覆盖现有的同名数据库以及相关文件，应尽量避免使用。

(2) 文件号：要还原的备份集序号，如文件号为 1 表示第 1 个备份集，文件号为 2 表示第 2 个备份集，依次类推。

(3) norecovery：不对数据库做任何操作，不回滚未提交的事务。可以还原其他事务日志。

(4) recovery：回滚任何未提交的事务，使数据库处于可用状态。无法还原其他事务日志。

注意：在使用多个 restore 语句恢复时（如使用完整备份恢复后，继续使用差异备份恢复），SQL Server 2005 要求在除最后 restore 语句之外的所有语句上使用 with norecovery 选项，此时数据库处于还原步骤中中间的未完成状态。

(5) stopat：将数据库还原到指定的日期和时间状态。

(6) move '逻辑文件名' to '物理文件名'：将数据库副本还原到新位置。

【例 10-9】 将 d 盘 backup 文件夹的完整备份文件 myback.bak 还原为"教学管理"数据库，路径为 e:\data\，如果当前服务器中存在"教学管理"数据库，则覆盖该数据库。

```
-- 方法一：使用备份设备
restore database 教学管理 from mydata
with
move 'jxgl_data' to 'e:\data\教学管理.mdf',
move 'jxgl_log' to 'e:\data\教学管理.lgf',
replace
-- 方法二：直接指定磁盘文件名
restore database 教学管理 from disk = 'd:\backup\myback.bak'
with
move 'jxgl_data' to 'e:\data\教学管理.mdf',
move 'jxgl_log' to 'e:\data\教学管理.lgf',
replace
```

2）使用事务日志备份恢复数据库

典型语法格式如下：

restore log 数据库名称

[from <备份设备>[,…n]]

[with

[[,]replace]

[[,]file＝文件号]

[[,]move '逻辑文件名' to '物理文件名'][,…n]

[[,]{norecovery|recovery}]]

说明：各参数的含义同 1）。

【例 10-10】 假设对数据库"jxgl"先后做了完整备份（例 10-2）、差异备份（例 10-7）和事务日志备份（例 10-8），现在利用这 3 个备份来恢复数据库。

```
-- 备份尾日志
backup log jxgl to mylog with norecovery
-- 还原完整备份
restore database jxgl from mydata
With replace,               -- 覆盖现有的同名数据库
file = 1,                   -- 完整备份序号
norecovery                  -- 注意，表示继续恢复
-- 这时数据库无法使用,继续恢复差异备份
restore database jxgl from mydata
with file = 2,              -- 差异备份序号
norecovery                  -- 注意，表示继续恢复
-- 这时数据库仍然无法使用,继续恢复事务日志备份
restore log jxgl from mylog
with file = 1,              -- 日志备份序号
norecovery                  -- 注意，表示继续恢复
-- 应用尾日志
restore log jxgl from mylog
with file = 2,              -- 尾日志备份序号
recovery                    -- 完成恢复,数据库可以使用
```

10.3.3　恢复策略

在实际应用中,对数据库的恢复是一系列的连续行为,一般是几种备份类型组合的逆过程。

1. 简单恢复模式数据库恢复

利用已有的完整备份和差异备份,可以将数据库恢复到故障发生之前的差异备份。若数据库备份策略如表 10-1 所示。

表 10-1　数据库备份方案 1

时间	备 份 事 件	时间	备 份 事 件
周日	创建完整备份	周二	创建差异备份
周一	创建差异备份	周三	创建差异备份

周四,数据库出现故障,将数据库恢复到周三即可,其方案如下:

方案一:使用完整备份(周日创建的完整备份)＋最新的差异备份(周三的差异备份)。

方案二:使用完整备份(周日创建的完整备份)＋各次的差异备份(依次周一的差异备份、周二的差异备份、周三的差异备份)。

2. 完整恢复模式数据库恢复

利用已有的完整备份、差异备份和事务日志备份,可以将数据库恢复到指定的时间点。若数据库备份策略如表 10-2 所示。

表 10-2　数据库备份方案 2

时　间	备 份 事 件	时　间	备 份 事 件
上午 8:00	创建完整备份	下午 6:00	创建完整备份
中午	创建事务日志备份	晚上 8:00	创建事务日志备份
下午 4:00	创建事务日志备份		

晚上 9:00 时,数据库出现故障,若对数据库恢复,可采用以下方案。

方案一:使用最新完整备份来恢复数据库。

(1) 创建当前活动事务日志的尾事务日志备份。

(2) 还原最新的完整备份(下午 6:00 创建的完整备份),然后还原晚上 8:00 的事务日志和尾事务日志备份。

方案二:使用较早的完整备份来还原数据库。

(1) 创建当前活动事务日志的尾事务日志备份。

(2) 还原最早的完整备份(上午 8:00 创建的完整备份),然后按顺序还原全部 4 个事务日志备份,即中午、下午 4:00、晚上 8:00 和尾事务日志备份。

◯本章小结

备份和恢复是 SQL Server 系统中的两个最重要的组件,利用备份和恢复组件可以保护数据库中的关键数据。实施计划妥善的备份和恢复策略可以避免由于各种故障造成的数据丢失,从而有效地应对灾难的发生。

习题 10

一、选择题

1. 在下列( )情况下,可以不使用日志备份的策略。

    A. 数据非常重要,不允许任何数据丢失

    B. 数据量很大,而提供备份的存储设备相对有限

    C. 数据不是很重要,更新速度也不是很快

    D. 数据更新速度很快,要求精确恢复到意外发生前几分钟

2. 对 SQL Server 2005 采用的备份和恢复机制,下列说法正确的是( )。

    A. 在备份和恢复数据库时用户都不能访问数据库

    B. 在备份和恢复数据库时用户都可以访问数据库

    C. 在备份时对数据库访问没有限制,但在恢复时只有系统管理员可以访问数据库

    D. 在备份时对数据库访问没有限制,但在恢复时任何人都不能访问数据库

3. 使用数据库恢复命令可以达到下列目的( )。

    A. 恢复因磁盘等存储介质损坏而丢失或损坏的数据库

    B. 恢复因偶然删除数据而造成的数据库损坏

    C. 将一个 SQL Server 中的数据复制到另一个 SQL Server 数据库中,实现数据
       传播

    D. 以上均正确

4. 在下列情况下,SQL Server 可以进行数据库备份的是( )。

    A. 创建或删除数据库文件时   B. 创建索引时

    C. 执行非日志操作时   D. 在非高峰活动时

5. 下面哪个不是备份数据库的理由( )。

    A. 数据库崩溃时恢复

    B. 数据从一个服务器转移到另外一个服务器

    C. 记录数据的历史档案

    D. 转换数据

6. 日志文件用于记录( )。

    A. 程序运行过程   B. 数据操作

    C. 对数据的所有更新操作   D. 程序执行的结果

7. 通过构建永久备份设备可以对数据库进行备份,下列说法正确的是( )。

    A. 不需要指定备份设备的大小   B. 一个数据库一次只能备份在一个设备上

    C. 只能将备份设备建立在磁盘上   D. 每个备份设备都是专属于一个数据库的

8. 系统在运行过程中,由于某种硬件故障,使存储在外存上的数据部分损失或全部损失,这种情况称为( )。

    A. 事务故障   B. 系统故障   C. 介质故障   D. 人为错误

9. 差异备份的内容是( )。

A. 上次差异备份之后修改的数据库全部内容

B. 上次完全备份之后修改的数据库全部内容

C. 上次日志备份之后修改的数据库全部内容

D. 上次完全备份之后修改的数据库内容,但不包括日志等其他内容

10. 在 SQL Server 2005 中,关于事务日志备份说法正确的是(　　)。

　　A. 对故障恢复模式没有要求　　　　B. 要求故障恢复模式必须是完全的

　　C. 要求故障恢复模式必须是简单的　D. 要求故障恢复模式不能是简单的

二、填空题

1. 可以使用(　　)语句创建备份设备,使用存储过程 sp_dropdevice 删除备份设备。

2. SQL Server 2005 使用(　　)或物理名称两种方式来标识备份设备。

3. 常见的备份设备类型有(　　)、磁带和命名管道。

4. SQL Server 2005 支持 3 种备份类型:完整备份、差异备份、(　　)备份。

5. 数据库的恢复模式包括简单模式、完整模式和(　　)3 种类型。

6. (　　)是操作系统用来标识备份设备的名称。

7. (　　)是用来标识物理备份设备的别名或公用名称。

8. (　　)是制作数据库结构、对象和数据的副本,以便在破坏时修复数据库。

9. 使用(　　)命令可以实现数据库的恢复操作。

10. 创建备份设备使用的系统存储过程是(　　)。

三、实践题

1. 创建一个逻辑名为 mydump 的磁盘备份设备,其物理名称为 E:\dump\dump.bak。

2. 将数据库 library 中的文件组 group2 和 group3 设为只读,然后对数据库 library 进行完整备份,将备份存储到名为 mydump 的备份设备上,并且覆盖所有备份集。

3. 对数据库 library 进行差异备份,将备份存储到名为 mydump 的备份设备上,并将本次备份追加到指定的媒体集上;将日志备份到 E:\dump\dumplog.bak 文件上,并且覆盖所有的备份集。

4. 对数据库 library 中的文件组 group1 进行备份,将备份存储到 E:\dump\dump1.bak 文件上,并且覆盖所有的备份集;将日志备份到名为 mydumplog 的备份设备上,其物理名称为 E:\dump\dumplog1.bak,并且覆盖所有的备份集。

5. 利用备份设备 mydump 中的"library 完整备份"进行数据库完整恢复,恢复后的数据库名为 library;利用备份设备 mydump 中的"library 差异备份"进行数据库差异恢复,恢复后的数据库名为 library,同时利用 E:\dump\dumplog.bak 文件进行数据库 library 的日志恢复。

6. 利用备份设备 mydump 中的"library 完整备份"进行文件组"group1"的部分恢复,还原后的数据库名为"library1"。

第11章

数据库的安全性控制

本章导读：

合理有效的数据库安全机制，不仅可以保证被授权用户方便地访问数据库中的数据，还能够防止非法用户的入侵。SQL Server 的安全性管理建立在身份验证和权限许可的基础上，并通过登录、数据库用户、角色、权限等机制实现。

知识要点：

- 数据安全性概述
- 登录
- 数据库用户
- 角色
- 权限

11.1　数据安全性概述

安全性是数据库管理系统的重要特征。在数据库应用系统的不同层次提供对有意和无意损害行为的安全防范，就是数据库的安全控制。数据库的安全控制不仅涉及技术方面，还涉及管理规范、政策法律方面等内容。

11.1.1　安全概述

在网络环境下，数据库的安全体系涉及 3 个层次：网络系统层、操作系统层、数据管理系统层。它们与数据库的安全性紧密联系并逐层加强，从外到内保证数据的安全。在规划和设计数据库的安全性时，要综合每一层的安全性，使 3 层之间相互支持和配合，提高整个系统的安全性。这里只讨论数据库管理系统的层次，SQL Server 2005 的安全模型分为 3 层：服务器安全管理、数据库安全管理和数据库对象的访问权限管理。

影响数据安全性的因素很多，不仅有硬件因素，还有环境和人的因素。数据库安全性包括计算机安全理论、策略、技术，计算机安全管理、评价、监督，计算机安全犯罪、侦察、法律等内容。概括起来，计算机系统的安全性问题可分为三大类：技术安全类、管理安全类和政策法律类。这里只涉及技术安全类。

11.1.2　安全标准

为了准确地测定和评估计算机系统的安全性能,规范和指导计算机系统的生产,各国逐步建立和发展了一套"可信计算机系统安全性的评测标准"。其中,1985 年美国国防部颁布的《DoD 可信计算机系统评估标准》(Trusted Computer System Evaluation Critical, TCSEC)和 1991 年美国国家计算机安全中心(NCSC)颁布的《可信计算机系统评估标准关于可信数据库系统的解释》(Trusted Database Interpretation,TDI) 最为重要。TDI 将 TCSEC 扩展到数据库管理系统,定义了数据库系统设计与实现中需要满足及其评估的安全性级别标准。

TCSEC/TDI 将系统划分为 DCBA 4 组,D、C1、C2、B1、B2、B3、A1 从低到高 7 个等级。较高的安全等级提供的安全保护要包含较低等级的所有保护要求,同时提供更多完善的保护。下面介绍 7 个安全等级的基本要求。

(1) D 级:提供最小保护。如 DOS 是操作系统中安全标准为 D 的典型例子,它具有操作系统的基本功能,如文件系统的基本功能(如文件系统、进程调度等),但在安全性方面几乎没有专门的机制来保障。

(2) C1 级:提供自主安全保护。实现用户与数据的分离,进行自主存取控制,保护和限制用户权限的传播。

(3) C2 级:提供受控的存取保护。将 C1 级的 DAC 进一步细化,以个人身份注册负责,并实施审计和隔离,是安全产品的最低档次。

(4) B1 级:标记安全保护。对系统的数据加以标记,并对标记的主体和客体实施强制存取控制。B1 级较好地满足了大型企业或一般政府部门对于数据的安全需求,这一级别的产品被认为是真正意义上的安全产品。满足 B1 级的产品出售允许冠以 security 或 trusted 字样。

(5) B2 级:结构化保护。建立形式化的安全策略模型并对系统的所有主体和客体实施 DAC 和 MAC。达到 B2 级的系统非常稀少,在数据库方面没有此级别的产品。

(6) B3 级:安全域保护。要求可信任的运算基础必须满足访问监控器的要求,审计跟踪能力更强,并提供系统恢复过程。

(7) A1 级:验证设计。在提供 B3 级保护的同时给出系统形式化设计说明和验证,以确保各安全保护的真正实现。

11.2　登录

登录(身份验证)是指核对连接 SQL Server 实例的登录名和密码是否正确,从而确认其是否具有访问服务器的权限。登录属于 SQL Server 2005 安全模型结构中的第一层次,总是由 DBA 负责。

11.2.1　登录账户

用户连接到 SQL Server 服务器的账号均称为登录账户。登录账户只有成功连接上 SQL Server 服务器实例,才有可能访问整个 SQL Server 服务器的资源。

1. 两类登录账户

SQL Server 2005 提供了两类登录账户：Windows 登录账户和 SQL Server 登录账户。

Windows 登录账户是 Windows 系统(Windows 身份验证模式)负责验证身份的登录账号,授予 Windows 用户或组对 SQL Server 系统的访问权限。

SQL Server 登录账号是 SQL Server 系统(SQL Server 身份验证模式)自身负责验证身份的登录账号。

2. 默认登录账户

(1) sa：即默认系统管理员(System Administrator)账户,该账户在 SQL Server 系统和所有数据库中拥有所有的权限。默认情况下,它指派给服务器角色 sysadmin,且不允许更改和删除。在安装 SQL Server 时,如果使用混合模式进行身份验证,则 SQL Server 安装程序将提示更改 sa 的登录密码,建议立即分配密码,以防止未授权用户访问。以 sa 账户登录后可以创建和管理其他登录账户。

(2) BULTIN\Administrators：表示 Windows 系统中的 Administrators 组的成员账户都允许作为 SQL Server 登录账户,与 sa 权限等价。

打开 SSMS,在"对象资源管理器"窗格中依次展开"服务器实例名(SHUJU)"→"安全性"→"登录名",其中显示了系统的内置登录名,如图 11-1 所示。

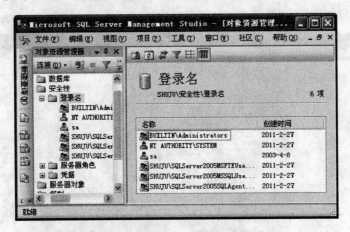

图 11-1　默认的登录账户

11.2.2　身份验证模式

不管使用哪种登录账户,只有通过身份验证,才能连接到指定的 SQL Server 服务器实例,进而访问整个 SQL Server 服务器的资源。SQL Server 提供了两种身份验证模式：仅Windows 模式和混合模式(SQL Server 和 Windows),两种模式具有同样的安全机制。

1. 仅 Windows 模式

SQL Server 通常运行在 Windows 服务器平台上,而 Windows 本身有一套用户管理系统,具有验证用户身份和管理用户登录的功能。在这种模式下,只要用户通过 Windows 身份认证,就可以连接到 SQL Server 实例,而 SQL Server 通过回叫 Windows 获取信息,重新验证账户名和密码。Windows 模式只允许使用 Windows 登录账户连接 SQL Server 服务器。

2. 混合模式(SQL Server 和 Windows)

在混合模式下,既可以使用 Windows 模式验证 Windows 登录账户,也可以使用 SQL Server 模式验证 SQL Server 登录账户。当使用 SQL Server 身份验证时,还需要同时提供登录名和密码。

3. 设置身份验证模式

要设置身份验证模式,用户必须拥护系统管理员账户并操作"服务器属性"窗口。有关"服务器属性"窗口的操作,请参阅 3.3.2 节管理服务器的"安全性"选项部分。

11.2.3　创建登录账户

1. 使用 SSMS 创建登录账户

【例 11-1】 利用 SSMS 创建登录账户。

(1)启动 SSMS,在"对象资源管理器"窗格中右击"安全性"选项,弹出快捷菜单,选择"新建"→"登录"命令,打开"登录名-新建"窗口的"常规"界面,如图 11-2 所示。

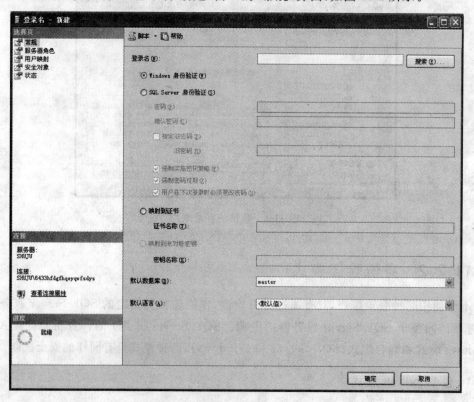

图 11-2　"登录名-新建"窗口的"常规"界面

（2）在"常规"界面中，根据需要设置登录名、身份验证模式和默认设置（指定默认登录的数据库以及语言，如没指定数据库，则登录账户的权限局限在 master 数据库内）。

① Windows 身份验证：如果选择"Windows 身份验证"单选按钮，则需要选择已有的 Windows 账户并映射为登录账户。单击"名称"文本框后的"搜索"按钮，弹出如图 11-3 所示的"选择用户或组"对话框，从中选择现有的 Windows 系统用户（SHUJU\win_rega）映射为登录账户。

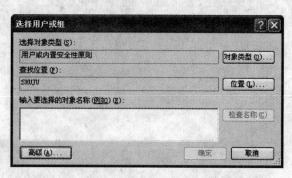

图 11-3 "选择用户或组"对话框

② SQL Server 身份验证：如果选择"SQL Server 身份验证"单选按钮，则提示输入密码和确认密码（建议登录账户名称为 sql_rega、密码为 test）。

（3）在"服务器角色"界面，可以为登录账户设置服务器角色，对于普通的登录账户来说，一般无须指定服务器角色，如图 11-4 所示。

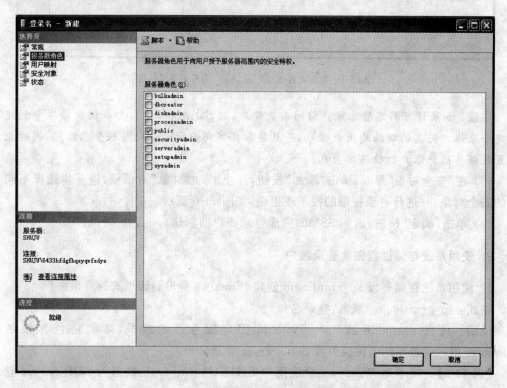

图 11-4 "登录名-新建"窗口的"服务器角色"界面

（4）在"用户映射"界面，设置内容包括两个："映射到此登录名的用户"用于为登录账户设置能访问的数据库及其在各个数据库中映射的数据库用户；"数据库角色成员身份"用于指定数据库用户所属的数据库角色，如图 11-5 所示。

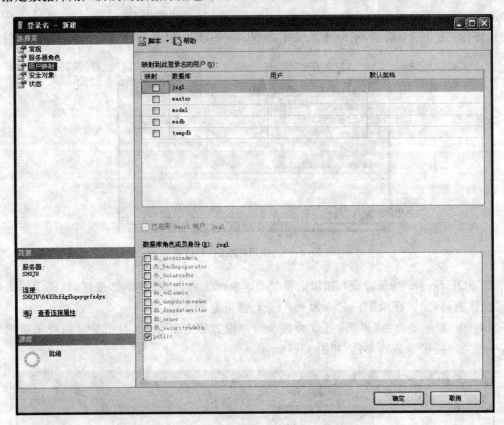

图 11-5　"登录名-新建"窗口的"用户映射"界面

注意：如果许可新建登录账户访问某数据库，则 SQL Server 自动在该数据库中创建与新建登录账户同名的数据库用户账户，并且将数据库用户账户自动关联登录账户，同时允许设置数据库用户账户的数据库角色。

（5）在"安全对象"界面，单击"添加"按钮，弹出"添加对象"对话框，进一步选择不同类型的安全对象，并进行对象权限的授予或拒绝，如图 11-6 所示。

（6）单击"确定"按钮，返回 SSMS，完成登录账户的创建。

2. 使用系统存储过程创建登录账户

1）使用系统存储过程 sp_grantlogin 创建 Windows 身份验证模式的登录账户

格式：sp_grantlogin '域名\登录名'

说明：只有 sysadmin 或 securityadmin 固定服务器的成员，才能将包含域名的 Windows 用户或者组的名称映射为 SQL Server 登录账户。

【例 11-2】　将本地 Windows 系统用户 SHUJU\win_regb 映射为 SQL Server 登录账户。

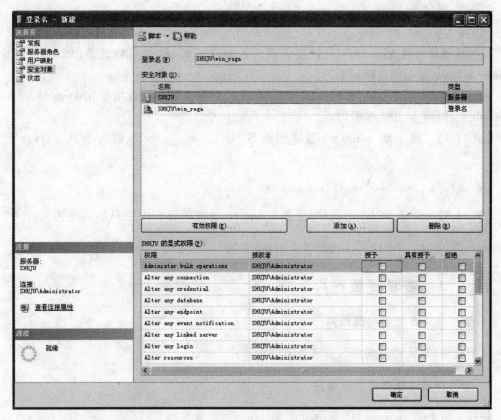

图 11-6 "登录名-新建"窗口的"安全对象"界面

```
sp_grantlogin 'SHUJU\win_regb'
```

2）使用系统存储过程 sp_addlogin 创建 SQL Server 身份验证模式的登录账户

格式：sp_addlogin '登录名'[,'登录密码'][,'默认数据库'][,'默认语言']

说明：登录名称可以包含 1～128 个字符，字符包括任何字母、符号和数字，但不能出现反斜杠(\)和系统已经存在的登录名（如 sa 和 public）。

【例 11-3】 创建 SQL Server 登录账户 sql_regb，密码为 test，默认数据库为 jxgl。

```
sp_addlogin 'sql_regb','test','jxgl'
```

3. 使用 T-SQL 语句创建登录账户

格式：create login 登录名

[with

[[,]default_database＝默认数据库名]

[[,]default_language＝默认语言名称]

[[,]password＝ '登录名']

[[,]check_expiration＝off|on]

[[,]check_policy＝on|off]

]
说明：

(1) 当登录名是 Windows 身份验证模式的登录名时，登录名格式是[域名\登录名] form windows，且不能省略定界符[ ]。

(2) 当登录名是 SQL Server 身份验证模式的登录名时，需指定 password、check_expiration、check_policy 等子句。

【例 11-4】 将本地 windows 系统用户 SHUJU\win_regc 映射为 SQL Server 登录账户。

```
create login [SHUJU\win_regc] from windows
```

【例 11-5】 创建 SQL Server 登录账户 sql_regc，密码为 test，默认数据库为 jxgl。

```
create login sql_regc with password = 'test',default_database = jxgl
```

11.2.4 查看登录账户

1. 使用 SSMS 查看登录账户

参照查看"默认登录账户"，查看所有登录账户。

2. 使用存储过程查看登录账户

格式：sp_helplogins[[@loginnamepattern=]'登录名']
说明：

(1) 只有 sysadmin 和 securityadmin 固定服务器角色的成员才可以执行 sp_helplogins 命令，并检查服务器上的所有数据库，以确定与这些数据库中相关的登录账户。

(2) 如果指定登录名(必须已存在)，则查看指定登录名的相关登录信息，否则查看所有登录名的相关信息。

【例 11-6】 使用存储过程 sp_helplogins 查看 SQL Server 登录账户 sql_rega。

```
sp_helplogins 'sql_rega'
```

11.2.5 修改登录账户

1. 使用 SSMS 修改登录账户

参照查看"默认登录账户"，打开"SQL Server 登录属性"对话框，即可自行修改。

2. 使用系统存储过程修改登录账户

1) 使用系统存储过程 sp_denylogin 拒绝 Windows 用户或用户组的登录账户
格式：sp_denylogin '用户或用户组'
说明：sp_denylogin 只能拒绝 Windows 用户或用户组的登录账户。
2) 使用系统存储过程 sp_revokelogin 废除 sp_addlogin 或 sp_grantlogin 创建的登录

账户

格式：sp_revokelogin '用户或用户组'

说明：废除(删除)指定的登录账户，包括 sp_addlogin 或 sp_grantlogin 创建的登录账户。

3) 使用系统存储过程 sp_password 修改 SQL Server 登录账户的密码

格式：sp_password '旧密码'，'新密码'，'登录账户'

说明：对指定的登录账户进行修改，用新密码替代旧密码。

3．使用 T-SQL 语句修改登录账户

1) 使用 alter login 启用或禁用登录账号

格式：alter login 登录名 enable|disable

说明：启用或禁用指定的登录账号。

2) 使用 drop login 删除登录账号

格式：drop login 登录名

说明：删除指定的登录名。

11.3 数据库用户

用户是指能够在 SQL Server 2005 安全机制下，访问数据库对象及其数据的操作员或客户。通过登录验证并不意味着用户能够访问 SQL Server 实例中的数据库及其数据，登录账户只有在获取访问某个数据库的权限之后，才能够对数据库对象(表、视图、存储过程)等进行权限许可下的操作。

登录账户访问数据库的权限是通过 SQL Server 指派数据库用户账户来实现的。也就是说，一个登录账户连接到 SQL Server 实例后，管理员必须为它在某数据库中创建一个数据库用户账户，才能通过数据库用户账户来访问该数据库。

11.3.1 默认数据库用户

一个登录名可以映射为多个数据库用户，但在一数据库中只能与一个数据库用户相对应。SQL Server 2005 成功安装后，默认数据中包含两个特殊的数据库用户：dbo 和 guest。

(1) dbo：数据库的所有者，是在创建数据库时，由系统自动为登录账户指派的数据库用户，拥有对本数据库的所有操作权限，它与登录名 sa 相对应，不能从数据库中删除。

(2) guest：当一个登录账户登录 SQL Server 服务器时，如果该服务器上的所有数据库都没有为其指派数据库用户，那么该登录账户可以访问授予 guest 用户的数据库。当满足下列条件时，登录账户采用数据库用户 guest 访问数据库。

① 登录账户拥有登录 SQL Server 实例的权限，但没有或无法通过自己的数据库用户账户访问数据库的权限。

② 数据库中含有数据库用户 guest。

注意：系统数据库除 model 以外，都存在数据库用户 guest，且不能删除 master 和

tempdb 数据库中的 guest。默认情况下，新建数据库中不含有数据库用户 guest，但可以添加到其中。

11.3.2 新建数据库用户

一般来说，用户除了 guest 账户以外，都与某个登录名关联。因此新建用户账户之前，必须事先确认一个关联的登录名。

1. 使用 SSMS 创建数据库用户

【例 11-7】 在数据库 jxgl 中，将登录名 SHUJU\win_rega 映射为数据库用户 win_rega_u。

(1) 启动 SSMS，在"对象资源管理器"窗格中选中 jxgl 的"安全性"，右击"用户"，在快捷菜单中选择"新建用户"命令，单击释放后，打开"数据库用户-新建"窗口，如图 11-7 所示。

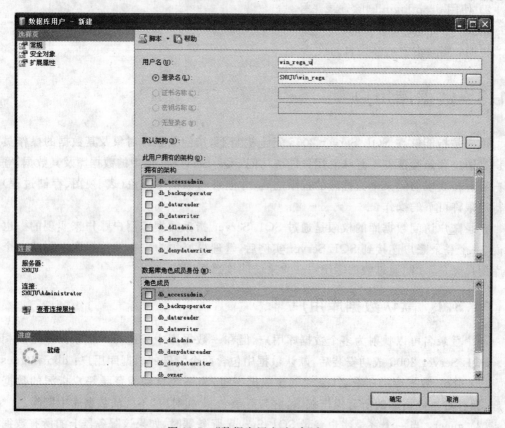

图 11-7 "数据库用户-新建"窗口

在"登录名"文本框中选择登录账户(SHUJU\win_rega)；在"用户名"文本框中输入数据库用户名(win_rega_u)；在上下两列表框中分别设置"拥有的架构"和"角色成员"。

(2) 单击"确定"按钮，返回 SSMS，完成数据库用户的创建。

2. 使用系统存储过程创建数据库用户

格式：sp_grantdbaccess '登录名' [,'数据库用户名']

说明：

（1）将 SQL Server 登录名或 Windows 用户名（或组名）映射为当前数据库用户。

（2）如果没有指定数据用户名，则数据库用户名默认与登录名相同。

【例 11-8】　为登录账户 SHUJU\win_regb 在数据库 jxgl 中创建数据库用户 win_regb_u。

```
use jxgl
go
sp_grantdbaccess 'SHUJU\win_regb','win_regb_u'
```

【例 11-9】　为登录账户 sql_rega 在数据库 jxgl 中创建一个数据库用户 sql_rega_u。

```
use jxgl
go
sp_grantdbaccess 'sql_rega','sql_rega_u'
```

3. 使用 T-SQL 语句创建数据库用户

格式：create user 数据库用户名 {for|from} login 登录名 [with default_schema = 架构名]

说明：将 SQL Server 登录名或 Windows 用户名（或组名）映射为当前数据库用户。

【例 11-10】　为登录账户 sql_regc 在数据库 jxgl 中创建一个数据库用户 sql_regc_u。

```
use jxgl
go
create user sql_regc_u for login sql_regc
```

【例 11-11】　为登录账户 win_regc 在数据库 jxgl 中创建一个数据库用户 win_regc_u。

```
use jxgl
go
create user win_regc_u from login [SHUJU\win_regc]
```

11.3.3　查看数据库用户

1. 使用 SSMS 查看数据库用户

展开目标数据库（jxgl）目录，单击"用户"选项，在右侧窗格中将显示当前数据库包含的所有数据库用户账户，如图 11-8 所示。

2. 使用系统存储过程 sp_helpuser 查看数据库用户

格式：sp_helpuser ['数据库用户名']

说明：查看当前数据库中指定数据库用户名的信息，如果没有指定数据库用户名，则报告当前数据库中所有的数据库用户信息。

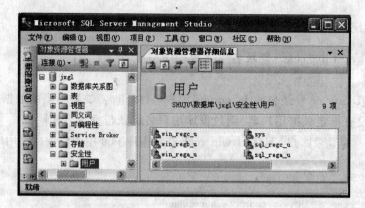

图 11-8　查看数据库用户

【**例 11-12**】　使用存储过程 sp_helpuser 查看当前数据库(jxgl)中的数据库用户信息。

```
use jxgl
go
sp_helpuser
```

运行结果如图 11-9 所示。

	UserName	GroupName	LoginName	DefDBName	DefSchemaName	UserID	SID
1	dbo	db_owner	NULL	NULL	dbo	1	0x0105
2	guest	public	NULL	NULL	guest	2	0x00
3	INFORMATION_SCHEMA	public	NULL	NULL	NULL	3	NULL
4	sys	public	NULL	NULL	NULL	4	NULL
5	win_reg_u	public	SHUJU\...	master	dbo	5	0x0105

图 11-9　例 11-12 的运行结果

11.3.4　删除数据库用户

1. 使用 SSMS 删除数据库用户

右击要删除的用户,从弹出的快捷菜单中选择"删除"命令,在出现的提示框中单击"是"按钮,即可确认删除。

2. 使用系统存储过程 sp_revokedbaccess 删除数据库用户

格式:sp_revokedbaccess '数据库用户名'
说明:从当前数据库中删除指定的数据库用户。

3. 使用 T-SQL 语句删除指定的数据库用户

格式:drop user '数据库用户名'
说明:从当前数据库中删除指定的数据库用户。

11.4 角色

角色是一组具有相同权限的安全账户的集合。角色联系两个集合：权限的集合和数据库用户的集合。角色是权限的载体，类似于 Windows 域中的组，将一些用户集中起来，分别赋予不同的操作权限，对角色授予、拒绝和废除的权限同样适用于角色的成员（用户）。

角色是为了管理权限而引入的技术，SQL Server 是通过授予用户的角色而赋予用户的权限，当一个用户要具有与某角色相同的权限时，只需将用户加入该角色中，使之成为该角色的一个成员即可。每个用户可以附属于多个不同的角色成员，从而拥有不同的权限。

11.4.1 角色类型

角色分为两种类型：服务器角色和数据库角色。数据库角色又分为固定数据库角色和用户自定义数据库角色。

1. 服务器角色

服务器角色是指对 SQL Server 服务器执行管理操作的权限集合。服务器角色和登录相对应，每一个角色所具有的管理 SQL Server 的权限都是 SQL Server 内置的，不能添加、修改和删除，管理员所能操作的只是添加、修改和删除角色的成员。

服务器角色适用于服务器的范围内，与具体数据库无关。对服务器操作的权限不能直接授予登录账户，只有登录账户成为某服务器角色的成员，才具有该服务器角色的权限。

SQL Server 2005 中定义了 9 种（固定）服务器角色，如表 11-1 所示。

表 11-1　服务器角色

服务器角色	权 限 描 述
sysadmin	全称为 System Administrators（下同），在 SQL Server 中执行任何活动
serveradmin	Server Administrators，设置服务器范围的配置选项，关闭服务器
setupadmin	Setup Administrators，管理连接服务器和启动过程
securityadmin	security Administrators，管理登录和创建数据库的权限，读取错误日志和更改密码
processadmin	Process Administrators，管理在 SQL Server 中运行的进程
dbcreator	Database Creators，创建、更改和删除数据库
diskadmin	Disk Adminstrators，管理磁盘文件
bulkadmin	Bulk Insert Adminstrators，执行 bulk insert（大容量插入）语句
public	public 角色具有查看任何数据库的权限

注意：属于 Windows 组的登录账户自动被设置为 sysadmin 服务器角色的成员。

2. 数据库角色

数据库角色是指对数据库对象执行操作的权限集合。数据库角色是和数据库用户相对应，在一个数据库角色中可以有多个用户，一个用户也可以属于多个数据库角色，数据库角色是在数据库级别定义的，并且存在于每个数据库中。

1）固定数据库角色

固定数据库角色是指 SQL Server 自动创建的、固定的、不能被数据库管理员（或用户）修改或删除的数据库角色。每个数据库都拥有一系列固定数据库角色，尽管在不同数据库中会存在同名的数据库角色，但各自的范围仅限于各自所属的数据库内。

SQL Serve 2005 中定义了 10 种固定数据库角色，如表 11-2 所示。

表 11-2　固定数据库角色

固定数据库角色	权 限 描 述
public	最基本的数据库角色，每个数据库用户都属于数据库角色，不能删除
db_owner	在数据库中拥有全部权限
db_accessadmin	可以添加或删除用户
db_datareader	可以查看来自数据库中所有用户的表的全部数据
db_datawriter	可以更改来自数据库中所有用户的表的全部数据
db_ddladmin	可以添加、修改或删除数据库中的对象
db_securityadmin	可以管理数据库角色和成员，并管理数据库中的语句和对象权限
db_backupoperator	可以对数据库进行备份
db_denydatareader	可以拒绝选择数据库中的数据
db_denydatawriter	可以拒绝更改数据库中的数据

注意：public 角色是一个特殊的数据库角色，自动捕获数据库用户的所有默认权限。默认情况下，public 角色的成员只能“看到”该数据库，不能操作该数据库。

2）用户自定义数据库角色

用户自定义数据库角色是指由用户自己创建并定义权限的数据库角色，以便对具有同样操作权限的用户进行统一管理。用户自定义数据库角色又分为标准角色和应用程序角色两种。

（1）标准角色：通过对用户权限等级的认定将用户划分为不同的用户组，使用户总是属于一个或多个角色，从而实现管理的安全性。所有的固定数据库角色或 SQL Server 管理者自定义的某一角色都是标准角色。

（2）应用程序角色：应用程序角色是特殊的数据库角色，允许用户通过特定应用程序获取特定数据。应用程序角色不包含任何成员，在使用之前，需要在当前连接中通过密码将其激活。激活一个应用程序角色后，当前连接将丧失它所具备的特定用户权限，只获得应用程序角色所拥有的权限。

11.4.2　管理服务器角色成员

通常，一个登录账户可以不属于任何服务器角色，也可以属于多个服务器角色。将一个登录账户加入一个角色的方法有多种，常见的方法有两种：

（1）选择登录账户，为登录账户授予或拒绝服务器角色（有关步骤参考新建登录账户）。

（2）选择服务器角色，为服务器角色添加或删除登录账户。

11.4.3　新建数据库角色

创建用户自定义数据库角色既可以使用 SSMS，也可以使用 T-SQL 语句和系统存储过程。

1. 使用 SSMS 创建用户自定义数据库角色

（1）启动 SSMS，在"对象资源管理器"窗格中依次展开服务器实例（SHUJU）→"数据库"→jxgl→"安全性"→"角色"，右击"数据库角色"，在弹出的快捷菜单中选择"新建数据库角色"命令，如图 11-10 所示。

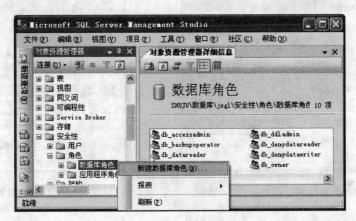

图 11-10 "新建数据库角色"命令

（2）单击释放后，打开如图 11-11 所示的"数据库角色-新建"窗口。在"名称"文本框中输入用户自定义角色的名称（user_role），并根据需要设置所有者和角色拥有的架构。

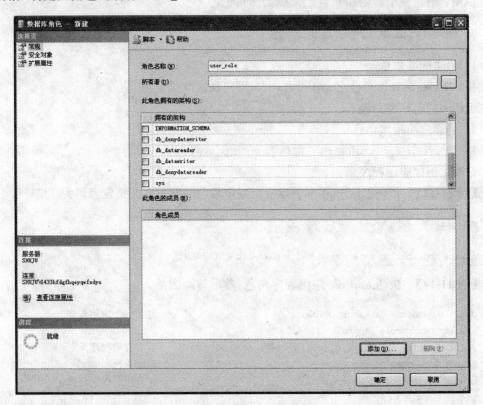

图 11-11 "数据库角色-新建"窗口

　　(3) 单击"添加"按钮,弹出"选择数据库用户或角色"对话框,如图 11-12 所示。单击"浏览"按钮,弹出"查找对象"对话框,如图 11-13 所示。选择一个或多个数据库用户(如 sql_rega_u),单击"确定"按钮,返回 SSMS,将数据库用户添加到角色成员中。

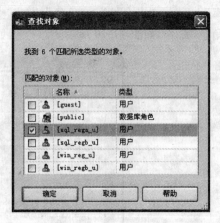

图 11-12　"选择数据库用户或角色"对话框　　　　图 11-13　"查找对象"对话框

2. 使用系统存储过程创建标准角色

格式: sp_addrole '用户自定义数据库角色'
说明: 创建一个新的用户自定义数据库角色。

3. 使用 T-SQL 语句创建自定义角色

1) 创建标准角色
格式: create role 角色名 authorization 固定数据库角色名
说明: 创建标准角色。
2) 创建应用程序角色
格式: create application role 角色名 with password＝'密码'
说明: 创建应用程序角色。

【例 11-13】　在数据库 jxgl 中创建应用程序角色 approle,并指定密码为 123456。

```
use jxgl
go
create application role approle with password = '123456'
```

【例 11-14】　激活 approle 应用程序角色,然后解除激活。

```
declare @cookie varbinary(8000);                         --定义一个应用程序
exec sp_setapprole 'approle','123456'
,@fcreatecookie = true,@cookie = @cookie output;         --激活应用程序角色
select user_name();                                      --返回角色 approle
exec sp_unsetapprole @cookie;                            --解除应用程序角色
go
select user_name();                                      --返回初始用户 dbo
```

11.4.4　删除数据库角色

1. 使用 SSMS 删除用户自定义数据库角色

右击需要删除的用户自定义数据库角色,在弹出的快捷菜单中选择"删除"命令,可以删除用户自定义数据库角色。

2. 使用存储过程删除用户自定义数据库角色

格式：sp_droprole '用户自定义数据库角色'
说明：删除指定的用户自定义数据库角色。

3. 使用 T-SQL 语句删除用户自定义数据库角色

1) 删除标准角色
格式：drop role 角色
说明：删除指定的标准角色。
2) 删除应用程序角色
格式：drop application role 角色
说明：删除指定的应用程序角色。

11.4.5　管理数据库角色成员

角色只有包含了数据库用户才有意义,数据库用户被添加到角色中去,数据库用户就拥有了角色所拥有的权限；将数据库用户从角色中删除后,数据库用户就失去了角色的权限。

1. 使用 SSMS 管理数据库角色成员

将一个数据库用户加入到一个数据库角色中有多种方法,常见的方法有两种：
(1) 选择数据库用户,为其授予或拒绝固定数据库角色(有关步骤参考新建数据库用户账户)。
(2) 选择固定数据库角色,为固定数据库角色添加或删除数据库用户账户。

2. 使用存储过程管理数据库角色成员

1) 使用系统存储过程 sp_addrolemember 添加角色成员
格式：sp_addrolemember '数据库角色','数据库用户名'
说明：将当前数据库的数据库用户添加到当前数据库的数据库角色中。
【例 11-15】　使用 sp_addrolemember 将数据库用户 win_regb_u 添加到当前数据库(jxgl)的数据库角色 db_accessadmin 中。

```
use jxgl
go
sp_addrolemember 'db_accessadmin','win_regb_u'
```

2) 使用系统存储过程 sp_droprolemember 删除角色成员

格式：sp_droprolemember '数据库角色','数据库用户名'

说明：将数据库用户名从数据库角色中删除。

11.5 权限

权限是指用户对数据库及其对象拥有访问和操作的权力，用户对数据库的访问和操作是由其拥有的权限决定的，而权限取决于两方面的因素：用户账号本身的许可权限；用户账号继承所属角色的权限。

SQL Server 对数据库的安全管理是通过用户的许可权限来实现的，前面所讨论的 SQL Server 登录、数据库用户及角色最终都是围绕许可权限来实现的。用户能够登录 SQL Server 服务器而不能够访问数据库对象，是因为没有获得访问数据库对象的许可权限。

11.5.1 权限类型

SQL Server 的权限包括 3 种类型：对象权限、语句权限和隐含权限。

1. 对象权限

对象权限是指用户对表、视图、存储过程等数据库对象（已经存在）的操作权限。不同对象支持不同的操作权限，对象及其拥有的权限如表 11-3 所示。

表 11-3 对象及其拥有的权限

对　象	权限描述	对　象	权限描述
表	select、insert、delete、update、reference	列	select、update、reference
视图	select、insert、delete、update	存储过程	execute

2. 语句权限

语句权限是指用户创建数据库和数据库中对象（如表、视图、自定义函数、存储过程等）的权限。语句权限针对的是某个 SQL 语句，而不是数据库中已存在的特定对象，因为在执行该语句之前，这些对象还不存在。语句权限及其含义如表 11-4 所示。

表 11-4 语句权限表

语　句	语句含义	语　句	语句含义
create database	创建数据库	create default	创建默认值对象
create table	创建表	create procedure	创建存储过程
create view	创建视图	backup database	备份数据库
create rule	创建规则对象	backup log	备份事务日志
create function	创建函数		

3. 隐含权限

隐含权限是指由 SQL Server 预定义的服务器角色、数据库所有者（dbo）和数据库对象所有者所拥有的权限,隐含的权限相当于内置权限,不能明确地授予和撤销。

如服务器角色 sysadmin 的成员可以在整个服务器范围内执行任何操作,而数据库对象所有者(dbo)可以对本地数据库执行任何操作。

11.5.2 权限管理

权限管理是指对数据库用户或数据库角色的语句权限和对象权限的赋予、拒绝和撤销。数据库用户和数据库角色的许可权限以记录形式存储在对应数据库的系统表 sysprotects 中。

对数据库用户或数据库角色的权限管理既可以通过 SSMS 实现,也可以通过 T-SQL 语句(grant、revoke 和 deny)实现。

(1) 授予权限:授予数据库用户或角色以语句权限和对象权限,使得数据库用户在当前数据库中具有执行活动和处理数据的权限。

(2) 拒绝权限:删除以前授予数据库用户或角色的语句权限和对象权限,停用从其他数据库角色继承的权限,确保数据库用户或角色将来不继承更高级别的数据库角色的权限。

(3) 废除权限:废除以前授予或拒绝的权限,但不妨碍数据库用户或角色从更高级别继承已授予的权限。

1. 使用 SSMS 管理对象权限

使用 SSMS 管理对象权限有两种途径:面向单一用户的对象权限管理;面向数据库对象中用户的对象权限管理。

1) 面向单一用户的对象权限管理

(1) 参照"11.3.3 查看数据库用户",打开 SSMS,右击一个用户(如 win_rega_u),在弹出的快捷菜单中,选择"属性"命令,如图 11-14 所示。

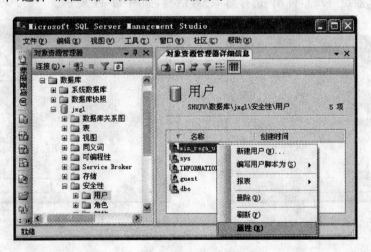

图 11-14 选择"属性"命令

(2) 单击释放后,打开"数据库用户"窗口,在"选择页"窗格中单击"安全对象"选项,进入相应界面,如图 11-15 所示。

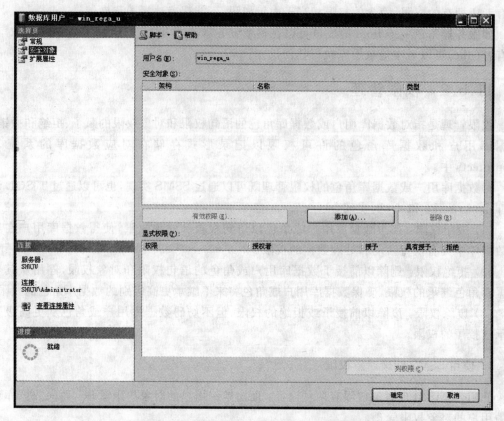

图 11-15　"数据库用户"窗口的"安全对象"界面

（3）单击"添加"按钮，弹出"添加对象"对话框，选择对象类别，如图 11-16 所示。

（4）单击"确定"按钮，弹出"选择对象"对话框，如图 11-17 所示。

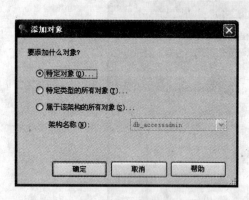

图 11-16　"添加对象"对话框

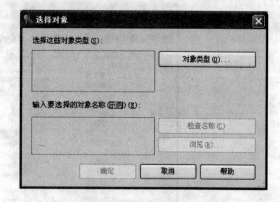

图 11-17　"选择对象"对话框 1

（5）单击"对象类型"按钮，弹出"选择对象类型"对话框，依次选择需要添加权限的对象类型（如表和视图），如图 11-18 所示。

（6）单击"确定"按钮，返回"选择对象"对话框，然后单击"浏览"按钮，弹出"查找对象"对话框，依次选择需要添加权限的对象（如学生），如图 11-19 所示。

图 11-18　"选择对象类型"对话框

图 11-19　"查找对象"对话框

（7）单击"确定"按钮，再次返回"选择对象"对话框，如图 11-20 所示。

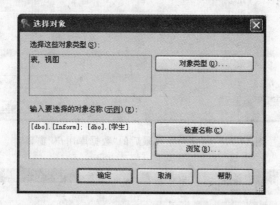

图 11-20　"选择对象"对话框 2

（8）单击"确定"按钮，返回"数据库用户"窗口，在"安全对象"区域中选择对象，并在"显式权限"区域中设置用户的对象权限（授予/拒绝），如图 11-21 所示。设置完该用户的所有对象权限后，单击"确定"按钮，返回 SSMS，完成给该用户添加对象权限的操作。

注意：更改、删除用户的对象权限是添加用户的对象权限的逆过程，本书不再赘述。

2）面向数据库对象的对象权限管理

在"对象资源管理器"窗格中展开"数据库"→目标数据库（jxgl）→目标对象（表），右击一表（如学生），在弹出的快捷菜单中选择"属性"命令，单击释放后，打开"表属性-学生"窗口。默认显示"常规"界面，单击"权限"选项，进入"权限"界面，其他步骤与"面向单一用户的对象权限管理"的设置基本相同，这里不再赘述，如图 11-22 所示。

2. 使用 SSMS 管理语句权限

参照例 4-7 打开"数据库属性-jxgl"窗口，在"选择页"窗格中单击"权限"选项，如图 11-23 所示。在"用户或角色"区域中选择用户或角色，并在"显式权限"区域中根据需要设置该用户或角色的语句权限（授予/拒绝）。设置完每一个用户或角色后，单击"确定"按钮，返回 SSMS，完成给用户或角色添加语句权限的操作。

注意：更改、删除用户的语句权限是添加用户的语句权限的逆过程，本书不再赘述。

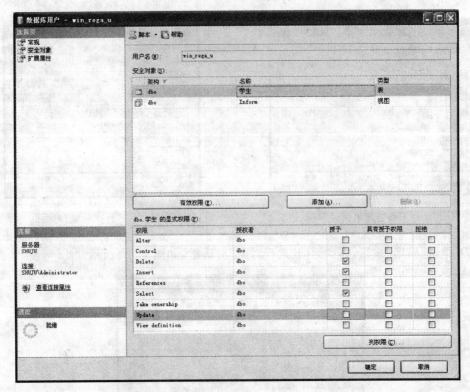

图 11-21　添加对象权限后的"数据库用户"窗口

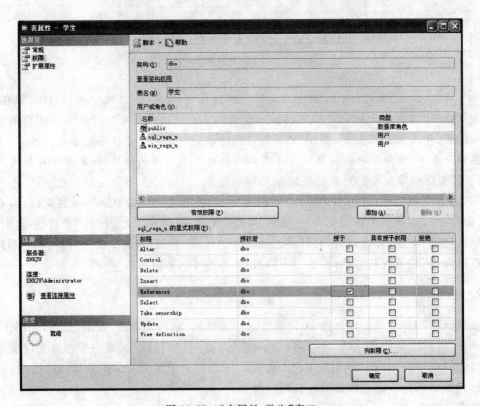

图 11-22　"表属性-学生"窗口

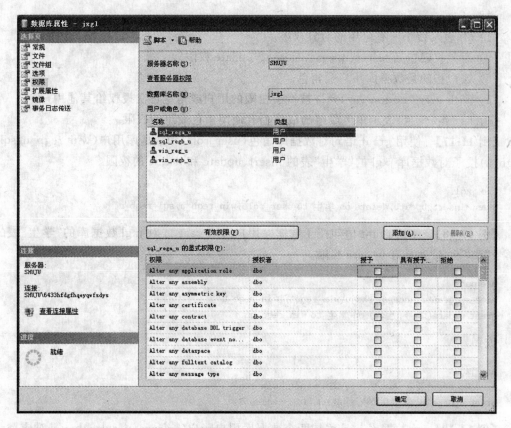

图 11-23 "权限"界面

3. 使用 grant 语句授予数据库用户(角色)语句权限和对象权限

1) 授予语句权限

格式:grant {all |语句权限[,…n]} to 账户[,…n]

说明:

(1) all 表示所有可用的语句权限。

(2) 账户表示当前数据库中的数据库用户(角色)。

(3) 若权限被授予数据库角色或数据库用户(Windows 组名),则可影响当前数据库中的该角色或该组中的成员。

【例 11-16】 使用 grant 语句对数据库用户 sql_rega_u 授予创建表和创建视图的语句权限。

```
use jxgl
grant create table, create view to sql_rega_u
```

2) 授予对象权限

格式:

grant {all|对象权限[,…n]}{[(列名[,…n])] on {表|视图}

|on {表|视图}[(列名[,…n])]| on 存储过程| on 用户自定义函数} to 账户[,…n]

[with grant option] [as{组|角色}]

说明：

（1）all 表示授予所有可用的对象权限。

（2）对象权限包括 select、insert、delete 或 update 权限。

（3）账户指的是数据库用户或角色。

（4）with grant option 表示允许被授予权限的用户或角色再次授权给其他用户。

（5）as〈组|角色〉表示角色或组的成员拥有使用角色或组的权限。

【例 11-17】 使用 grant 语句对数据库角色（user_role）和数据库用户（win_regb_u、sql_regb_u）授予对数据库 jxgl 的"学生"表的 insert、update 和 delete 的权限。

```
use jxgl
grant insert,update,delete on 学生 to user_role,win_regb_u,sql_regb_u
```

【例 11-18】 使用 grant 语句授予数据库用户 win_regc_u 对 jxgl 数据库的"学生"表的"学号"和"姓名"列具有 update 权限。

```
use pubs
exec sp_grantdbaccess 'shuju\win_regc','win_regc_u'
grant update(学号,姓名) on 学生 to win_regc_u
```

或：

```
use jxgl
exec sp_grantdbaccess 'shuju\win_regc','win_regc_u'
grant update on 学生(学号,姓名) to win_regc_u
```

【例 11-19】 为数据库 jxgl 添加两个数据库用户账户（sqlrega_u、sqlregb_u），对应登录账户为 sqlrega、sql_regb，然后添加一个数据库角色 jxgl_role，且 sqlrega_u 是其成员，通过指定 with grant option 授权 jxgl_role 允许查询"学生"表的"学号"和"姓名"列。

操作步骤如下：

（1）以 sa 或者等价 sa 的登录账户登录服务器，输入并执行以下代码：

```
use jxgl
-- 为登录账户 sqlrega 建立数据库用户账户 sqlrega_u
exec sp_grantdbaccess 'sqlrega','sqlrega_u'
-- 为数据库 jxgl 增加数据库角色'jxgl_role'
exec sp_addrole 'jxgl_role'
-- 将数据库用户'sqlrega_u'加入到数据库角色'jxgl_role'中
exec sp_addrolemember 'jxgl_role','sqlrega_u'
-- 为登录账户 sqlregb 建立数据库用户账户 sqlregb_u
exec sp_grantdbaccess 'sqlregb','sqlregb_u'
-- 指定 with grant option 并授予数据库角色权限
grant select on 学生(学号,姓名) to jxgl_role with grant option
```

（2）以登录账户 sqlrega 登录服务器，输入并执行以下代码：

```
use jxgl
select 学号,姓名 from 学生
-- 指定数据库用户账户'sqlregb_u'获取数据库角色 jxgl_role 的权限
grant select on 学生(学号,姓名) to sqlregb_u as jxgl_role
```

(3) 以登录账户 sqlregb 登录服务器,输入并执行以下代码:

```
use jxgl
select 学号,姓名 from 学生
```

注意:对"学生"表的 with grant option 权限是授予 jxgl_role 数据库角色的,而不是显式地授予 sqlregb_u(不是 jxgl_role 成员),sqlregb_u 需用 as 子句获得 jxgl_role 角色的权限。

4. 使用 deny 语句可以拒绝数据库用户(角色)的语句权限和对象权限

1) 拒绝语句权限

格式:deny {all|语句权限[,…n]} to 数据库用户(角色)[,…n]

【例 11-20】 使用 deny 语句拒绝数据库用户 sql_rega_u 创建表和创建视图的权限。

```
use jxgl
deny create table, create view to sql_rega_u
```

2) 拒绝对象权限

格式:
deny {all|对象权限[,…n]}{[(列名[,…n])] on {表|视图}
　　| on {表|视图}[(列名[,…n])]
　　| on {存储过程|用户自定义函数}}
　　to 账户[,…n]
　　[cascade]

说明:cascade 表示拒绝账户的权限时,也将拒绝由账户授权的任何其他账户的权限。

【例 11-21】 使用 deny 语句拒绝数据库角色 user_role 对"学生"表的 insert、update 和 delete 的权限。

```
use jxgl
deny insert, update, delete on 学生 to user_role
```

【例 11-22】 拒绝数据库用户 sqlrega_u 的权限,并拒绝 sq_rega_u 对 sqlrega_u 的授权。

```
use jxgl
deny select(学号,姓名) on 学生 to sqlrega_u cascade
```

5. 使用 revoke 语句废除数据库用户(角色)的语句权限和对象权限

1) 废除语句权限

格式:revoke {all|语句权限[,…n]} from 账户 [,…n]

【例 11-23】 使用 revoke 语句废除数据库用户 sql_rega_u 创建表和创建视图的权限。

```
use jxgl
revoke create table,create view from sql_rega_u
```

2) 废除对象权限

格式:
revoke [grant option for]{all|对象权限[,…n]}{[(列名[,…n])] on {表|视图}

|on{表|视图}[(列名[,…n])]|on {存储过程|用户自定义函数}}

{to|from}账户[,…n][cascade][as {组|角色}]

说明：

（1）grant option for：收回 with grant option 权限，即数据库用户不能将该权限授予其他数据库用户。

（2）cascade：收回数据库用户权限的同时，也收回由其授权给其他数据库用户的权限。

（3）收回 with grant option 设置的权限，需指定 cascade 和 grant option for 子句，否则会出错。

（4）as {组|角色}：说明数据库用户继承权限的来源角色或组。

【例 11-24】　使用 revoke 语句废除数据库角色 user_role 对"学生"表的 insert、update 和 delete 的权限。

```
revoke insert,update,delete on 学生 to user_role
```

【例 11-25】　废除数据库用户 sql_rega_u 对"学生"表的"学号"列的修改权限。

```
revoke update(学号) on 学生 from sql_rega_u
```

本章小结

本章主要探讨了 SQL Server 2005 的安全性问题，包括身份认证模式、登录账户、数据库用户账户、角色、权限等内容。尤其要注意的是：登录账户成功地连接到 SQL Server 2005 后，并不是就拥有了对所有数据库的访问权限，只有通过建立其相应的数据库用户账户才能访问该数据库，而使用角色可以简化对权限管理的操作。

习题 11

一、选择题

1. 下面（　　）不是用户对数据进行操作的基本条件。

　　A. 登录 SQL Server 服务器必须通过身份验证

　　B. 必须是数据库的用户或者是某一数据库角色的成员

　　C. 必须将 Windows 系统账户加入到 SQL Server 中

　　D. 必须具有执行操作的权限

2. 创建 Windows 身份验证模式登录账户的存储过程是（　　）。

　　A. sp_addlogin　　B. sp_adduser　　C. sp_grantlogin　　D. sp_grantuser

3. 授权权限的命令是（　　）。

　　A. revoke　　　　B. addprivilege　　C. grant　　　　　D. deny

4. 当 SQL Server 出现异常时，可以通知操作员，下列（　　）不能通知操作员。

　　A. 通过电子邮件　B. 呼叫程序　　　C. 网络程序　　　　D. 写入日志

5. 下列哪个角色或者用户拥有 SQL Server 服务器范围内的最高权限（　　）。

A. DBO　　　　　B. Sysadmin　　　C. Public　　　　　　D. guest

6. 在通常情况下,下列哪个角色的用户不能删除视图( )。

A. db_owner　　　B. db_dbladmin　　C. sysadmin　　　　　D. guest

7. 关于 SQL Server 账号的说明,下列错误的是( )。

A. SQL Server 有两类:登录账号和数据库用户账号

B. 如果使用 Windows NT,sa 就是其中的一个登录账号

C. 数据库用户的权限可以通过数据库角色继承而来,也可以通过授权获取

D. 对数据库用户撤销了某权限,即使通过角色获得了该权限,也无法使用

8. 下面关于数据库技术的说法中,不正确的是( )。

A. 数据库的完整性是指数据的正确性和一致性

B. 防止非法用户对数据库的存取,称为数据库的安全性保护

C. 采用数据库技术处理数据,数据冗余应完全消失

D. 不同用户可以使用同一数据库,称为数据共享

9. 在固定服务器角色中,( )角色的权限最大。

A. sysadmin　　　B. serveradmin　　B. setupadmin　　　D. securityadmin

10. 在 SQL Server 中,系统默认的登录账号有 3 个,下列( )不是系统默认账户。

A. BULTIN\Administrator　　　　B. db_owner

C. 域名\Administrator　　　　　　D. sa

11. SQL Server 2005 采用的身份验证模式有( )。

A. 仅 Windows 身份验证模式　　　B. 仅 SQL Server 身份验证模式

C. 仅混合模式　　　　　　　　　　D. Windows 身份验证模式和混合模式

12. 若希望用户 user1 具有数据库服务器上的全部权限,应将其加入( )角色中。

A. db_owner　　　B. public　　　　C. db_datawriter　　D. sysadmin

13. SQL Server 2005 数据库用户的来源是( )。

A. 所有 SQL Server 的登录用户

B. 只能是 Windows 身份验证的登录用户

C. 可以是其他数据库中的用户

D. 只能是 SQL Server 身份验证的登录用户

14. SQL Server 提供了很多预定义角色,关于 public 角色说法正确的是( )。

A. 它是系统提供的服务器级的角色,管理员可以在其中添加和删除成员

B. 它是系统提供的数据库级的角色,管理员可以在其中添加和删除成员

C. 它是系统提供的服务器级的角色,管理员可以对其进行授权

D. 它是系统提供的数据库级的角色,管理员可以对其进行授权

15. 授予数据库用户 u1 可以查询数据库 db1 中表 t1 的权限,其 SQL 语句是( )。

A. grant select on db1(t1) to u1　　B. grant select to u1 on db1(t1)

C. grant select to u1 on t1　　　　　D. grant select on t1 to u1

16. 在数据系统中,对存取权限的定义称为( )。

A. 命令　　　　　B. 授权　　　　　C. 定义　　　　　　D. 审计

17. 数据库管理系统通常提供授权功能来控制不同用户访问数据的权限,这主要是为

了实现数据库的(　　)。

    A. 可靠性　　　　　B. 一致性　　　　　C. 完整性　　　　　D. 安全性

18. 下列角色中,(　　)角色没有成员。

    A. 固定服务器　　　B. 数据库　　　　　C. 应用程序　　　　D. public

19. 对于撤销权限的不正确描述是(　　)。

    A. 可以撤销已授予权限　　　　　　　　B. 不能利用 revoke 语句撤销已拒绝权限

    C. 可以撤销已拒绝权限　　　　　　　　D. 可以利用 revoke 语句撤销已授予权限

20. 授予用户 jean 可以查询账户表的权限,使用的 SQL 语句是(　　)。

    A. grant select on 账户 to jean　　　　B. grant select to jean on 账户

    C. grant select to 账户 on jean　　　　D. grant select on jean to 账户

二、填空题

1. (　　)数据库角色中的成员才能执行所有数据库的任何操作。

2. 登录账户是系统信息,存储在系统数据库(　　)中的系统表 sysxlogins 中。

3. 系统数据库中除了(　　)之外,都拥有数据库用户 guest。

4. SQL Server 2005 的安全机制机制建立在(　　)验证和权限许可的基础上。

5. SQL Server 2005 提供以下两种身份验证模式:(　　)和混合模式。

6. SQL Server 2005 中,权限分为 3 类:对象权限、(　　)和隐含权限。

7. 与登录账户 sa 相对应的数据库用户是(　　)。

8. 无论是使用 Windows 身份验证模式还是混合验证模式,用户连接到 SQL Server 服务器的账户均称为(　　)。

9. 每个数据库用户都属于(　　)数据库角色。

10. 默认情况下,用户创建的数据库中只有一个用户,即(　　)。

三、实践题

1. 使用存储过程 sp_addlogin 创建一个 SQL Server 身份验证的登录名 stu_login1,并且不指定密码或默认数据库,然后以登录名 stu_login1 连接到 SQL Server 服务器。

2. 使用 T-SQL 语句创建一个 SQL Server 身份验证的登录名 stu_login2,并且指定密码 123 和默认数据库 library,然后以登录名 stu_login2 连接到 SQL Server 服务器。

3. 以 sa 登录账户连接服务器,使用存储过程在 library 数据库中为登录名 stu_login1 创建数据库用户名 stu_login1_u,为登录名 stu_login2 创建数据库用户名 stu_login2_u。

4. 使用 T-SQL 语句在 library 数据库中创建一个数据库角色 myrole,并将数据库用户名 stu_login1_u 添加到角色中。

5. 对已创建的数据库用户进行以下操作:

(1) 授予数据库用户 stu_login1_u 在 library 数据库上创建表的权限。

(2) 授予数据库用户 stu_login1_u 在 library 数据库上对“图书”表的查询和修改权限。

(3) 授予角色 myrole 在 library 数据库上对“图书”表的“图书编号”、“定价”、“出版日期”列查询,并指定 with grant option,然后授予 stu_login1_u 和 stu_login2_u 同样的权限。

(4) 在 library 中,查看语句: select * from 图书 和 select 图书编号,定价,出版日期 from 图书的执行结果并分析原因。

第12章* 并发控制

本章导读：

为了避免多用户并行存取数据库时破坏事务的完整性和数据的一致性，SQL Server 提供了并发控制机制。并发控制机制主要通过事务隔离级别和封锁机制来调度并发事务的执行，使一个事务的执行不受其他事务的干扰。

知识要点：

- 事务处理
- 并发访问
- 锁
- 事务隔离级别

12.1 事务处理

SQL Server 提供了一种事务处理的机制，用于确保数据的一致性和完整性。在事务处理过程中，所有操作序列都作为一个独立的逻辑单元被执行。只有所有操作序列都正确地执行完毕，事务处理才算成功提交，否则就回滚（撤销）到事务处理前的数据状态。

12.1.1 事务概述

事务（Transaction）是一组不可分割的、可执行的动作序列，是数据处理的逻辑单元，其包含的动作序列具有一定的偏序，即部分关键动作序列的顺序很重要，会影响事务运行结果。

1. 事务特性

事务可以是一条或一组 SQL 语句，也可以是整个应用程序，而一个应用程序也可能包含多个事务。事务有 4 个特性：原子性（Atomicity）、一致性（Consistency）、隔离性（Isolation）和持续性（Durability），它们统称为事务的 ACID 特性。

（1）原子性：是指事务中操作序列逻辑上作为一个工作单元整体考虑，要么全部执行，要么全部不执行。

（2）一致性：事务在完成时，必须使所有的数据都保持一致状态。在相关数据库中，所有规则都必须应用于事务的修改，以保持所有数据的完整性。事务结束时，所有的内部数据结构都必须是正确的。

（3）隔离性：是指一个事务的执行不能被其他事务干扰，即一个事务内部的操作及使用的数据对并发执行的其他事务是隔离的。一个事务能查看到另一个事务的数据状态，要么是修改它之前的状态，要么是修改它之后的状态，不会是中间状态的数据。

（4）持续性：也称永久性（Permanence），事务完成之后，它对于系统的影响是永久性的，无论发生何种操作，即使出现系统故障也一直在磁盘上。

2．事务和批的区别

一个事务中也可以拥有多个批，一个批里可以有多个 SQL 语句组成的事务，事务内批的多少不影响事务的提交或回滚操作。编写应用程序时，一定要区分事务和批的差别。

（1）批是一组整体编译的 SQL 语句，事务是一组作为逻辑工作单元执行的 SQL 语句。

（2）批语句的组合发生在编译时刻，事务中语句的组合发生在执行时刻。

（3）编译时，若批中某条语句存在语法错误，系统将终止批中所有语句；运行时，若事务中某个数据修改违反约束、规则等，系统默认只回退到产生该错误的语句。

12.1.2　事务模式

SQL Server 中的事务模式包括 3 种工作方式：自动提交事务、显式事务和隐式事务。

1．自动提交事务

自动提交事务是由 T-SQL 语句的特点自动划分的事务。它是 SQL Server 的默认模式，每条单独的 T-SQL 语句都是一个事务，自动提交或回滚，无须指定任何控制语句控制事务。

2．显式事务

显式事务是由用户显式定义的事务。在显式事务模式下，每个事务均用 begin transaction 语句定义事务开始，用 commit 或 rollback 语句定义事务结束。下面介绍几个主要的事务控制语句。

（1）begin transaction［事务名］：启动事务。

（2）commit transaction［事务名］：提交事务，提交的数据将变成数据库的永久部分。

（3）rollback transaction［事务名］：回滚事务，撤销全部操作，回滚到事务开始时的状态。

（4）save transaction <事务名>：可选语句，在事务内设置保存点，可以使事务回滚到保存点，而不是回滚到事务的起点。

【例 12-1】　定义一个事务，向"学生"表中插入一条只包含学号、姓名和性别的记录。

```
use jxgl
go
select 次数 = 0, * from 学生                -- 检查当前表的内容
go
begin transaction
```

```
   insert into 学生(学号,姓名,性别)values('11010101','司武长','男')
go
save transaction label
   insert into 学生(学号,姓名,性别)values('11010101','那佳佳','女')
   select 次数 = 1, * from 学生              -- 显示插入两条记录
rollback transaction label                  -- 回滚到事务保存点
   select 次数 = 2, * from 学生              -- 显示第 1 次插入的记录被撤销了
go
rollback transaction
   select 次数 = 3, * from 学生              -- 显示第 2 次插入的记录被撤销了
```

3. 隐式事务

隐式事务是用 set implicit transactions on 不明显地定义事务开始,用 commit 或 rollback 语句明显地定义事务结束的事务。在隐式事务模式下,在当前事务提交或回滚后,SQL Server 自动开始下一个事务。

1) 设置隐性事务开始模式

(1) set implicit_transactions on:启动隐性事务模式。

(2) set implicit_transactions off:关闭隐性事务模式。

2) 设置隐性事务回滚模式

(1) set xact_abort on:当事务中的任一条语句运行错误时,整个事务将终止并整体回滚。

(2) set xact_abort off:当事务中的语句运行错误时,将终止本条语句且只回滚本条语句。

12.2 并发访问

数据库是一个可以供多用户同时使用的共享资源,当多个事务并发访问(同时访问同一资源)时,若不加控制可能会彼此冲突,破坏数据的完整性和一致性,从而产生负面影响。

12.2.1 并发异常

并发访问带来的数据不一致性主要包括 4 类:丢失更新、不可重复读、脏读和幻读。

1. 丢失更新(Lost Update)

丢失更新是指当两个或两个以上的事务同时读取同一数据并进行修改时,其中一个事务提交的修改结果破坏了另一个事务提交的修改结果。丢失更新有两类,下面分别进行介绍。

(1) 第一类丢失更新:一个事务在撤销时,把其他事务提交的更新数据覆盖,如表 12-1 所示。

表 12-1　第一类丢失更新

时间	取款事务 a	转账事务 b
t1	开始事务	
t2		开始事务
t3	查询账户余额为 1000 元	
t4		查询账户余额为 1000 元
t5		汇入 100 元把余额改为 1100 元
t6		提交事务
t7	取出 100 元把余额改为 900 元	
t8	撤销事务	
t9	余额恢复为 1000 元(丢失更新)	

（2）第二类丢失更新：一个事务在提交时，把其他事务提交的更新数据覆盖，如表 12-2
所示。

表 12-2　第二类丢失更新

时间	转账事务 a	取款事务 b
t1		开始事务
t2	开始事务	
t3		查询账户余额为 1000 元
t4	查询账户余额为 1000 元	
t5		取出 100 元把余额改为 900 元
t6		提交事务
t7	汇入 100 元	
t8	提交事务	
t9	把余额改为 1100 元(丢失更新)	

2．脏读（Dirty Read）

脏读就是指一个事务读到另一事务尚未提交的更新数据（不正确的临时数据），如
表 12-3 所示。

表 12-3　脏读

时间	转账事务 a	取款事务 b
t1		开始事务
t2	开始事务	
t3		查询账户余额为 1000 元
t4		取出 500 元把余额改为 500 元
t5	查询账户余额为 500 元	
t6		撤销事务余额恢复为 1000 元
t7	汇入 100 元把余额改为 600 元	
t8	提交事务	

3. 不可重复读（NonRepeatable Read）

不可重复读是指一个事务在两次读取同一数据行的过程中，由于另一个事务的修改，导致了第一个事务两次查询的结果不一样，如表 12-4 所示。

表 12-4 不可重复读

时间	取款事务 a	转账事务 b
t1		开始事务
t2	开始事务	
t3		查询账户余额为 1000 元
t4	查询账户余额为 1000 元	
t5		取出 100 元把余额改为 900 元
t6		提交事务
t7	查询账户余额为 900 元（和 t4 读取的不一致）	

4. 幻读（Phantom Reads）

幻读是指一个事务在执行两次查询的过程中，由于另外一个事务插入或删除了数据行，导致第一个事务在第二次查询中发现了新增或丢失数据行的现象，如同幻觉一样，如表 12-5 所示。

表 12-5 幻读

时间	统计金额事务 a	转账事务 b
t1		开始事务
t2	开始事务	
t3	统计总存款数为 1000 元	
t4		新增一个存款账户，存款为 100 元
t5		提交事务
t6	再次统计总存款数为 1100 元（幻读）	

幻读和不可重复读的区别：幻读是指读到了其他事务已经提交的新增数据；不可重复读是指读到了已经提交事务的更改数据。添加行级锁锁定所操作的数据，可防止读取到更改数据，而添加表级锁锁定整个表，则可以防止新增数据。

12.2.2　并发调度

并发事务中各事务的执行顺序和执行时机一方面取决于事务自身的内部逻辑，另一方面也受到 DBMS 中事务调度机制的控制。并发访问时，必须采取合适的调度机制来安排各个事务动作流的执行顺序，以保证事务的 ACID 特性。

根据事务调度的方式，并发调度分为两种：串行调度和并行调度。

1. 串行调度

若多个事务按完成顺序依次执行，则称为事务的串行调度。

【例 12-2】 有甲、乙两个售票窗,各卖出某一车次的硬座车票两张、卧铺车票一张。设该车次的初始硬座车票数为 A＝50,卧铺车票数为 B＝30,read()表示读出数据,write()表示写入数据。现将事务甲和事务乙串行执行,则有表 12-6 和表 12-7 所示的两种调度方法。

表 12-6　串行化调度 1

时刻	事务甲	事务乙
t0	read(A)＝50	
t1	A＝A－2	
t2	write(A)＝48	
t3	read(B)＝30	
t4	B＝B－1	
t5	write(B)＝29	
t6		read(A)＝48
t7		A＝A－2
t8		write(A)＝46
t9		read(B)＝46
t11		B＝B－1
t12		write(B)＝28

表 12-7　串行化调度 2

时刻	事务甲	事务乙
t0	read(A)＝50	
t1	A＝A－2	
t2	write(A)＝48	
t3	read(B)＝48	
t4	B＝B－1	
t5	write(B)＝48	
t6		read(A)＝48
t7		A＝A－2
t8		write(A)＝46
t9		read(B)＝29
t11		B＝B－1
t12		write(B)＝28

注意:串行调度的结果总是正确的,但执行效率低。

2. 并行调度

若多个事务同时交叉(分时的方法)地并行进行,则称为事务的并行调度。

【例 12-3】 有甲、乙两个售票窗,各卖出某一车次的硬座车票两张、卧铺车票一张。设该车次的初始硬座车票数为 A＝50,卧铺车票数为 B＝30,read()表示读出数据,write()表示写入数据。现将事务甲和事务乙并行执行,则表 12-8 和表 12-9 列出了两种调度方法。

表 12-8　并行调度 1

时刻	事务甲	事务乙
t0	read(A)＝50	
t1	A＝A－2	
t2	write(A)＝48	
t3		read(A)＝48
t4		A＝A－2
t5		write(A)＝46
t6	read(B)＝30	
t7	B＝B－1	
t8	write(B)＝29	
t9		read(B)＝29
t11		B＝B－1
t12		write(B)＝28

表 12-9　并行调度 2

时刻	事务甲	事务乙
t0	read(A)＝50	
t1	A＝A－2	
t2	write(A)＝48	
t3	read(B)＝30	
t4		read(A)＝48
t5		A＝A－2
t6		write(A)＝46
t7		read(B)＝30
t8	B＝B－1	
t9	write(B)＝29	
t11		B＝B－1
t12		write(B)＝29

注意：在并行调度中，一个事务的执行可能会受到其他事务的干扰，调度的结果不一定正确。并行调度事务可以有效提高数据库的性能，增加系统的吞吐量。

3．可串行化调度

如果一个并行调度的执行结果与某一串行调度的执行结果等价，则称为事务的可串行化调度。可串行化是并发事务正确性的判别准则，一个给定的并发调度，当且仅当它是可串行化时，才认为是正确的调度。

12.3 锁

锁是防止其他事务访问指定资源、实现并发控制的一种主要手段，有利于确保多用户环境下的数据一致性。一个事务在对某个数据库对象（如表、记录等）操作之前，先向系统发出请求，封锁该对象，阻止其他事务更新此数据库对象，从而保证事务的完整性和一致性。

12.3.1 锁的模式

一个事务对资源对象加什么样的锁是由事务所执行的任务灵活决定的。SQL Server 2005 支持的锁模式有 22 种，常见的锁模式如表 12-10 所示。

表 12-10 SQL Server 2005 支持的锁模式

缩写	描　述
s	允许其他用户读取但不能修改被锁定资源
x	防止其他进程修改或者读取被锁定资源的数据（除非该进程设定为未提交读隔离级别）
u	防止其他进程获取更新锁或者排他锁；在搜索数据并修改时使用
is	表示该资源的一个组件被一个共享锁锁定住了。该类锁只能在表级或者分页级才能被获取
iu	表示该资源的一个组件被一个更新锁锁定住了。该类锁只能在表级或者分页级才能被获取
ix	表示该资源的一个组件被一个排他锁锁定住了。该类锁只能在表级或者分页级才能被获取
six	表示一个正持有共享锁的资源还有一个组件（一个分页或者一行记录）被一个排他锁锁定住
siu	表示一个正持有共享锁的资源还有一个组件（一个分页或者一行记录）被一个更新锁锁定住
uix	表示一个正持有更新锁的资源还有一个组件（一个分页或者一行记录）被一个排他锁锁定住
sch-s	表示一个使用该表的查询正在被编译
sch-m	表示表的结构正在被修改
bu	表示向表进行大容量数据复制并指定了 tablock 锁定提示时使用（手动或自动皆可）

根据锁定资源方式的不同，SQL Server 2005 的锁分为两种类型：基本锁和专用锁。

1．基本锁

基本锁有两种：共享锁（Share Locks）和排他锁（Exclusive Locks）。

（1）共享锁：又称为 S 锁或读锁，发生在查询数据时。如果事务 T 对数据对象 R 加上了 S 锁，则 T 只可以读取 R，不可以修改 R，同时允许其他事务继续加 S 锁，与 T 并行读取 R，但不能修改 R，直到 T 释放 R 上的 S 锁。换句话说，共享锁是非独占的，允许其他事务共享锁定,防止其他事务排他锁定。用户读取数据之后,立即释放共享锁。

　　注意：一般来说,共享锁的锁定时间与事务的隔离级别有关,如果隔离级别为 Read Committed 级别,只在读取(select)期间保持锁定,查询出数据后立即释放锁；如果隔离级别为 Repeatable read 或 Serializable 级别,直到事务结束才释放锁。另外,如果 select 语句中指定了 HoldLock 提示,则要等到事务结束才释放锁。

　　(2) 排他锁：又称为 X 锁或写锁,发生在增加、删除和更新数据时。如果事务 T 对数据对象 R 加上了 X 锁,则只允许 T 读/写 R,其他事务都不能对 R 加任何锁,直到 T 释放 R 上的 X 锁。换句话说,排他锁是独占的,与其他事务的共享锁或排他锁都不兼容。用户更改数据总是通过排他锁来锁定并持续到事务结束后。

2. 专用锁

　　专用锁主要有更新锁、意向锁、结构锁和批量更新锁。

　　(1) 更新锁：又称为 U 锁,是一种介于共享锁和排他锁之间的中继锁。如果两个以上事务同时将共享锁升级为排他锁,必然会出现彼此等待对方释放共享锁的情况,从而造成死锁。在修改数据事务开始时,如果直接申请更新锁,锁定可能要被修改的资源,就可以避免潜在的死锁。一次只有一个事务可以获得更新锁,若修改数据,则转换为排他锁,否则转换为共享锁。

　　(2) 意向锁：表示 SQL Server 有在资源的低层获得共享锁或排他锁的意向。例如放置在表上的共享意向锁,表示事务打算在表中的页或行上加共享锁。意向锁可以提高性能,因为系统仅在表级上检查意向锁而无须检查下层。意向锁又分为意向共享(IS)锁、意向排他(IX)锁和意向排他共享(SIX)锁。

　　① 意向共享锁：说明事务意图在它的低层资源上放置共享锁来读取数据。

　　② 意向排他锁：说明事务意图在它的低层资源上放置独占锁来修改数据。

　　③ 意向排他共享锁：说明事务意图在它的顶层资源放置共享锁来读取数据,并意图在它的低层资源上放置排他锁,也称共享式独占锁。

　　(3) 结构锁：用于保证有些进程需要结构保持一致时不会发生结构修改。结构锁分为结构修改锁(Sch-M)和结构稳定锁(Sch-S)。在执行表(结构)定义语言操作时,SQL Server 采用 Sch-M 锁；在编译查询时,SQL Server 采用 Sch-S 锁,Sch-S 锁不阻塞任何事务锁。

　　(4) 批量更新锁：批量复制数据并指定 tablock 锁定提示时使用批量更新锁。

12.3.2　封锁协议

　　运用 X 锁和 S 锁对数据对象加锁时遵循的规则(何时申请 X 锁或 S 锁,持锁时间和何时释放),称为封锁协议(Locking Protocol)。不同的封锁协议,为并发操作的正确调度提供不同程度的保证。

1. 一级封锁协议

　　事务 T 在更新数据对象之前,必须对其获准加 X 锁,并且直到事务 T 结束时才释放该锁。如果未获准加 X 锁,则该事务 T 进入等待状态,直到获准加 X 锁后该事务才继续执行。

　　一级协议可以防止丢失修改,并保证事务 T 是可恢复的。在一级封锁协议中,如果是读数据,不需要加锁,所以不能保证可重复读和不读"脏"数据,如表 12-11 所示。

表 12-11 一级协议与防止丢失修改

时刻	事务甲	事务乙	时刻	事务甲	事务乙
t0	获准 xlock(A)		t5	unlock(A)	wait
t1	read(A)=50		t6		获准 xlock(A)
t2		申请 xlock(A)	t7		read(A)=47
t3	A=A-3	wait	t8		A=A-2
t4	write(A)=47	wait	t9		write(A)=45

2. 二级封锁协议

二级封锁协议在一级封锁协议的基础上,加上事务 T 在读取数据对象 R 以前必须先对其加 S 锁,读完数据对象 R 后即可释放 S 锁。如果未获准加 S 锁,则该事务 T 进入等待状态,直到获准加 X 锁后该事务才继续执行。

二级封锁协议除了能防止丢失修改之外,还能解决读"脏"数据的问题,如表 12-12 所示。在二级封锁协议中,由于读完数据后即释放 S 锁,所以不能保证可重复读。

3. 三级封锁协议

三级封锁协议在二级封锁协议的基础上,规定 S 锁必须在事务 T 结束后才能释放。如果未获准加 S 锁,则该事务 T 进入等待状态,直到获准加 X 锁后该事务才继续执行。

三级封锁协议除了能防止丢失修改和读"脏"数据之外,还能解决不可重复读的问题,如表 12-13 所示。但是它带来了其他问题:死锁和活锁。

表 12-12 二级封锁协议与解决读"脏"数据

时刻	事务甲	事务乙
t0	获准 xlock(A)	
t1	read(A)=50	
t2	A=A-3	
t3	write(A)=47	申请 slock(A)
t4	rollback	wait
t5	unlock(A)	wait
t6		获准 slock(A)
t7		read(A)=50

表 12-13 三级封锁协议与解决重复读

时刻	事务甲	事务乙
t0	获准 xlock(A)	
t1	read(A)=50	
t2	A=A-3	
t3	write(A)=47	申请 slock(A)
t4	rollback	wait
t5	unlock(A)	wait
t6		获准 slock(A)
t7		read(A)=50

12.3.3 两段锁协议

为了保证并发调度的正确性,DBMS 普遍采用两段锁协议来实现并发调度的可串行化。所谓两段锁协议是指将每个事务的执行分为两个阶段:加锁阶段(扩展阶段)和解锁阶段(收缩阶段)。

(1)加锁阶段:在对任何数据进行读操作之前要申请并获得 S 锁,在进行写操作之前要申请并获得 X 锁。在这个阶段,事务可以申请加锁,但不能释放锁。

（2）解锁阶段：当事务释放了一个锁以后，事务进入解锁阶段。在这个阶段，事务只能解锁，不能再进行加锁。

若并发执行的事务均遵守两段锁协议，则对这些事务的任何并发调度策略都是可串行化的。两段锁协议是并发调度可串行化的充分条件，但不是必要条件。在实际应用中也有一些事务并不遵守两段锁协议，但它们却可能是可串行化调度。例如，表 12-14 和表 12-15 都是可串行化调度，不过只有表 12-14 遵守两段锁协议，而表 12-15 不遵守两段锁协议。

| | 表 12-14 遵守两段锁协议 | | | 表 12-15 不遵守两段锁协议 | |
时刻	事务 T1	事务 T2	时刻	事务 T1	事务 T2
t0	slock（A）		t0	slock（A）	
t1	read（A）=50		t1	read（A）=50	
t2	xlock（A）		t2	xlock（A）	
t3	A=A-2		t3	A=A-2	
t4	write（A）=48		t4	write（A）=48	
t5	slock（B）		t5	unlock（A）	
t6	read（B）=30		t6	slock（B）	
t7	xlock（B）		t7	read（B）=30	
t8		slock（B）	t8	xlock（B）	
t9	B=B-1	wait	t9		slock（B）
t10	write（B）=29	wait	t10	B=B-1	wait
t11	unlock（B）	wait	t11	write（B）=29	wait
t12		read（B）=29	t12	unlock（B）	wait
t13		xlock（B）	t13		read（B）=29
t14		B=B-1	t14		xlock（B）
t15		write（B）=28	t15		B=B-1
t16		slock（A）	t16		write（B）=28
t17	unlock（A）	wait	t17		unlock（B）
t18		read（A）=48	t18		slock（A）
t19		xlock（A）	t19		read（A）=48
t20		A=A-2	t20		xlock（A）
t21		write（A）=46	t21		A=A-2
t22		unlock（A）	t22		write（A）=46
t23		unlock（B）	t23		unlock（A）

12.3.4 锁的粒度

加锁对并发访问的影响体现在锁的粒度上，锁的粒度是指锁的生效范围（封锁对象）。

SQL Server 系统具有多粒度锁定，允许锁定不同层次的资源。为了使锁定成本减至最少，系统自动分析 SQL 语句请求，将资源锁定在适合任务的级别上，在锁的数目较多时，会自动进行锁升级。如更新某一行，用行级锁；而更新所有行，则升级为表级锁。

根据封锁的资源不同，锁分为行、页、范围、表或数据库级锁，如表 12-16 所示。

表 12-16 锁的粒度

资　　源	描　　述
数据行(RID)	用于锁定堆中的单个行的行标识符
索引行(Key)	索引中用于保护可序列化事务中的键范围的行锁
页(Page)	一个数据页或索引页,其大小为 8KB
范围(Extent)	由一组连续的 8 个页组成,如数据页或索引页
HOBT	堆或 B 树。保护索引或没有聚集索引的表中数据页堆的锁
表(Table)	整个表,包括所有数据和索引的整个表
文件(File)	数据库
应用程序(Application)	应用程序专用的资源
元数据(Metadata)	元数据锁
分配单元(Allocation_Unit)	分配单元
数据库(Database)	整个数据库

封锁粒度与系统的并发度和并发控制的开销密切相关。直观地看,封锁的粒度越大,数据库所能封锁的数据单元越少,并发度越低,系统开销也越小;反之,封锁的粒度越小,并发度越高,但系统开销越大。

注意:

(1) 行级锁是一种最优锁,因为行级锁不可能出现占用数据但不使用数据的现象。

(2) 锁升级是指调整锁的粒度,将多个低粒度的锁替换成少数的更高粒度的锁。

12.3.5 查看锁的信息

在 SQL Server 2005 中,查看锁的信息有多种方式,既可以通过 SSMS 查看锁信息,也可以通过存储过程查看信息。另外,通过 SQL Profiler 工具,还可以图形化的方式显示与分析死锁(Deadlock)事件,有关操作请参阅相关资料。

1. 锁的兼容性

在一个事务已经锁定某个对象的情况下,另一个事务也请求锁定该对象,则会出现锁定兼容与冲突。当两种锁定方式兼容时,允许第二个事务的锁定请求。反之,不允许第二个事务的锁定请求,直至等待第一个事务释放其现有的不兼容锁定为止。

资源锁模式有一个兼容性矩阵,列出了同一资源上可获取的兼容性的锁,如表 12-17 所示。

表 12-17 常见的锁模式兼容性矩阵

锁 A	锁 B					
	IS	**S**	**IX**	**SIX**	**U**	**X**
IS	是	是	是	是	是	否
S	是	是	否	否	是	否
IX	是	否	是	否	否	否
SIX	是	否	否	否	否	否
U	是	是	否	否	否	否
X	否	否	否	否	否	否

注意：

（1）意向排他（IX）锁与意向排他（IX）锁模式兼容，因为 IX 锁只打算更新一些行而不是所有行，还允许其他事务读取或更新部分行，只要这些行不是当前事务所更新的行即可。

（2）架构稳定性（Sch-S）锁与除了架构修改（Sch-M）锁模式之外的所有锁模式相兼容。

（3）架构修改（Sch-M）锁与所有锁模式都不兼容。

（4）大容量更新（BU）锁只与架构稳定性（Sch-S）锁及其他 BU 锁相兼容。

【例 12-4】 共享锁和更新锁兼容示例。

A 事务：

```
begin tran
select 时间 1 = getdate(), * from 学生 with(updlock) where 学号 = '08010101'
go
waitfor delay '00:00:06'                            -- 暂停 6 种
update 学生 set 总分 = 总分 - 10 where 学号 = '08010101'      updlock 升级为排他锁
waitfor delay '00:00:06'
rollback tran
go
select 时间 2 = getdate(), * from 学生 where 学号 = '08010101'
```

B 事务：

```
begin tran
select 时间 1 = getdate(), * from 学生 with(updlock) where 学号 = '08010101'
go
waitfor delay '00:00:06'
update 学生 set 总分 = 总分 + 10 where 学号 = '08010101'
select 时间 2 = getdate(), * from 学生 where 学号 = '08010101'
commit tran
```

先执行 A 事务，然后立即执行 B 事务，A、B 事务最终的运行结果如图 12-1 和图 12-2 所示。

时间1	学号	姓名	性别	出生日期	总分	籍贯	备注	照片
1	2012-01-27 21:23:00.967	08010101	储兆雯	女	1991-07...	540	安徽	NULL	NULL
时间2	学号	姓名	性别	出生日期	总分	籍贯	备注	照片
1	2012-01-27 21:23:13.030	08010101	储兆雯	女	1991-07...	540	安徽	NU...	NULL

查询已成功执行。　　SHUJU (9.0 SP4)　SHUJU\zt (51)　jxgl　00:00:12　1 行

图 12-1　A 事务运行结果

时间1	学号	姓名	性别	出生日期	总分	籍贯	备注	照片
1	2012-01-27 21:23:02.513	08010101	储兆雯	女	1991-07...	540	安徽	NULL	NULL
时间2	学号	姓名	性别	出生日期	总分	籍贯	备注	照片
1	2012-01-27 21:23:19.187	08010101	储兆雯	女	1991-07...	550	安徽	NULL	NULL

查询已成功执行。　　SHUJU (9.0 SP4)　SHUJU\zt (52)　jxgl　00:00:16　1 行

图 12-2　B 事务运行结果

注意：共享锁和更新锁可以同时在同一个资源上，同一时间不能在同一资源上有两个更新锁。一个事务只能有一个更新锁获此资格。

2. 通过 SSMS 查看锁的信息

（1）启动 SSMS，在"对象资源管理器"窗格中依次展开 SHUJU（服务器实例）→"管理"，右击"活动监视器"，在弹出的快捷菜单中选择"查看进程"命令，如图 12-3 所示。

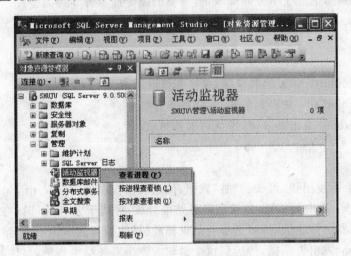

图 12-3　选择"查看进程"命令

（2）单击释放后，打开"活动监视器"窗口的"进程信息"界面，如图 12-4 所示。

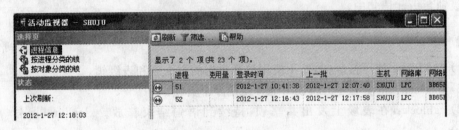

图 12-4　"活动监视器"窗口的"进程信息"界面

（3）单击"按进程分类的锁"或"按对象分类的锁"选项，可以看到锁的具体信息。

3. 使用存储过程查看锁的信息

使用系统存储过程 sp_lock 也可以列出当前的锁，其语法格式如下：

sp_lock [spid]

说明：spid 是 int 类型的进程 ID 号，如果不指定 spid，则显示所有进程的锁。

【例 12-5】　显示编号为 53 的锁的信息。

```
use jxgl
exec sp_lock 53
```

12.3.6　锁定提示

封锁及其升级是由系统动态管理的,然而,有时为了应用程序正确运行和保持数据的一致性,必须人为地对 SQL 语句进行特别指定(锁定提示、手工加锁),其语法格式如下:

select * from <表名>whith(锁) where <条件>

说明:锁定提示优先于事务隔离级别,常见的锁定提示有 3 种类型。

1. 类型 1

(1) read uncommitted:不发出锁。

(2) read committed:发出共享锁,保持到读取结束。

(3) repeatableread:发出共享锁,保持到事务结束。

(4) serializable:发出共享锁,保持到事务结束。

2. 类型 2

(1) nolock:不发出锁,可读到"脏"数据,该选项仅仅应用于 select 语句。

(2) holdlock:发出共享锁,持续到事务结束释放,等同于 serializable 在表级上的应用。

(3) xlock:发出排他锁,持续到事务结束释放(排他锁与共享锁不兼容)。

(4) updlock:发出更新锁,持续到这个语句或整个事务结束释放,允许其他事务读数据(更新锁与共享锁兼容),不允许更新和删除。

(5) readpast:发出共享锁,但跳过锁定行,它不会被阻塞。适用条件:提交读的隔离级别,行级锁,select 语句中。

3. 类型 3

(1) rowlock:使用行级锁,而不使用粒度更粗的页级锁和表级锁。

(2) paglock:在使用一个表锁的地方使用多个页锁。

(3) tablock:在表级上发出共享锁,持续到语句结束释放。xlock tablock 等价于 tablockx。

(4) tablockx:在表级上发出排他锁,持续到语句或事务结束,阻止其他事务读或更新数据。

【例 12-6】　系统自动加排他锁的情况。

A 事务:

```
begin tran
  update 学生 set 姓名 = '席同锁' where 学号 = '08010101'
  waitfor delay '00:00:10'                              -- 等待 10 秒
commit tran
```

B 事务:

```
begin tran
  select * from 学生 where 学号 = '08010101'            -- 等待 A 事务结束才能执行
commit tran
```

执行 A 事务后,立即执行 B 事务,则 B 事务(select 语句)必须等待 A 事务(执行 update 语句时,系统自动加排他锁)执行完毕才能执行,即 B 事务要等待 10 秒才能显示查询结果。

【例 12-7】 人为加 holdlock 锁的情况(比较 tablock 锁)。

A 事务:

```
begin tran
    select 时间 0 = getdate(), * from 学生 with (holdlock)        -- 人为加 holdlock 锁
    where 学号 = '08010101'
    go
    waitfor delay '00:00:10'                                      -- 延迟 10 秒后结束事务
commit tran
```

B 事务:

```
begin tran
    select 时间 1 = getdate(), * from 学生 where 学号 = '08010101'   -- 不等待,立即执行
    go
    update 学生 set 姓名 = '任伟锁' where 学号 = '08010101'           -- 伴随 A 事务延迟
    go
    select 时间 2 = getdate(), * from 学生 where 学号 = '08010101'
commit tran
```

执行 A 事务后,立即执行 B 事务,A、B 事务的最终运行结果如图 12-5 和图 12-6 所示。

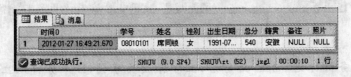

图 12-5 A 事务运行结果

图 12-6 B 事务运行结果

注意:B 事务连接中的 select 语句可以立即执行,而 update 语句必须等待 A 事务连接中的共享锁结束后才能执行,即 B 事务连接中的 update 语句要等待 10 秒才能执行。

【例 12-8】 人为加 tablock 锁的情况(比较 holdlock 锁)。

A 事务:

```
begin tran
    select 时间 0 = getdate(), * from 学生 with (tablock)          -- 人为加 tablock 锁
    where 学号 = '08010101'
    go
    waitfor delay '00:00:10'                                      -- 延迟 10 秒后结束事务
commit tran
```

B事务：

```
begin tran
    select 时间1 = getdate(), * from 学生 where 学号 = '08010101'    -- 不等待,立即执行
    go
    update 学生 set 姓名 = '龚巷锁' where 学号 = '08010101'           -- 不等待,立即执行
    go
    select 时间2 = getdate(), * from 学生 where 学号 = '08010101'
commit tran
```

执行 A 事务后,立即执行 B 事务,A、B 事务的最终运行结果如图 12-7 和图 12-8 所示。

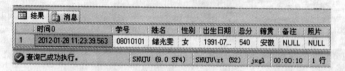

图 12-7　A 事务运行结果

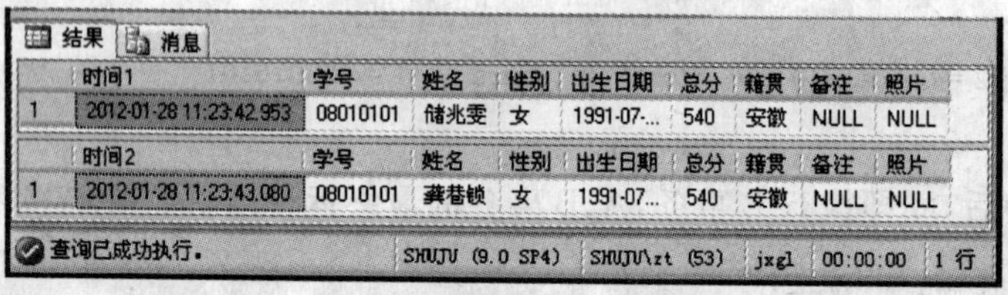

图 12-8　B 事务运行结果

注意：A 事务执行完 select 语句后,立即释放共享锁,B 事务得以立即执行 update 语句。

12.3.7　活锁与死锁

封锁可有效解决并行操作的不一致性问题,但因此产生了新的问题:活锁和死锁。

1. 活锁(Livelock)

当某个事务请求对某一数据的排他性封锁时,由于其他事务对该数据的操作而使这个事务处于永久等待状态,这种状态称为活锁。

【例 12-9】　如果事务 T1 封锁了数据 R,事务 T2 又请求封锁 R,于是 T2 等待。T3 也请求封锁 R,当 T1 释放了 R 上的封锁之后系统首先批准了 T3 的请求,T2 仍然等待。然后 T4 又请求封锁 R,当 T3 释放了 R 上的封锁之后系统又批准了 T4 的请求,……,T2 有可能永远等待,从而发生了活锁,如表 12-18 所示。

预防活锁的简单办法是采用"先来先服务"的策略。当多个事务请求封锁同一数据对象时,封锁子系统按请求封锁的先后次序对事务排队,数据对象的锁一旦释放,则按顺序批准申请队列中的事务获得锁。

表 12-18 活锁

时刻	事务 T1	事务 T2	事务 T3	事务 T4
t0	lock(R)			
t1	…	申请 lock(A)		
t2	…	wait	申请 lock(R)	
t3	unlock(R)	wait	wait	申请 lock(R)
t4		wait	获准 lock(R)	wait
t5		wait	…	wait
t6		wait	unlock(R)	wait
t7		wait		获准 lock(R)

2. 死锁（Deadlock）

在数据库系统中,死锁是指多个用户(进程)分别锁定了一个资源,并试图请求锁定对方已经锁定的资源,这就产生了一个锁定请求环,导致多个用户(进程)都处于等待对方释放锁定资源的状态。

死锁是所有事务都被无限长延迟的极端阻塞情况,导致死锁出现的情况主要有以下两种:

(1) 两个事务同时锁定两个单独的对象,又彼此要求封锁对方的锁定对象。

(2) 长时间执行不能控制处理顺序的并发事务,比如复杂查询中的连接查询。

【例 12-10】 如果事务 T1 封锁了数据 R1,T2 封锁了数据 R2,然后 T1 又请求封锁 R2,因 T2 已封锁了 R2,于是 T1 等待 T2 释放 R2 上的锁。接着 T2 又申请封锁 R1,因 T1 已封锁了 R1,T2 也只能等待 T1 释放 R1 上的锁。这样就出现了相互等待状态而不能结束,从而形成了死锁的局面,如表 12-19 所示。

表 12-19 死锁

时刻	事务 T1	事务 T2	时刻	事务 T1	事务 T2
t0	lock(R1)		t4	wait	wait
t1	…	lock(R2)	t5	wait	wait
t2	申请 lock(R2)	…	t6	wait	wait
t3	wait	申请 lock(R1)	t7	wait	wait

防止死锁的发生其实就是要破坏产生死锁的条件。预防死锁通常有两种方法:

1) 一次加锁法

要求每个事务一次就将要使用的数据全部加锁,否则不能继续执行下去。其存在以下缺点:

(1) 事务耗时锁定过多数据,延迟其他事务及时访问,降低了系统的并发程度。

(2) 无法预知事务需要加锁的数据,被迫扩大加锁范围,降低了系统的并发程度。

2) 顺序加锁法

预先规定一个访问数据的加锁顺序,要求所有事务都遵照执行这个加锁顺序。其存在以下缺点:

（1）需要加锁的数据过多，并且不断变化，维护加锁顺序很困难，代价非常大。

（2）无法预知事务访问的数据，难以统一要求事务遵照固定的加锁顺序。

在 DBMS 中，一般不采用预防死锁发生的措施，而普遍采用诊断并解除死锁的办法，即允许发生死锁，采用一定手段定期诊断系统中有无死锁，如有就解除之。

在 SQL Server 2005 中，系统自动定期搜索和处理死锁问题。当搜索检测到锁定请求环时，SQL Server 通过自动选择可以打破死锁的线程（死锁牺牲品）来结束死锁。此后，系统回滚该事务，并向该进程发出 1205 号错误信息。

【例 12-11】 死锁示例。

A 事务：

```
begin tran
select 时间1 = getdate(), * from 学生 with(holdlock) where 学号 = '08010101'
go
waitfor delay '00:00:06'
update 学生 set 总分 = 总分 - 10 where 学号 = '08010101'
waitfor delay '00:00:06'
rollback tran
go
select 时间2 = getdate(), * from 学生 where 学号 = '08010101'
```

B 事务：

```
begin tran
select 时间1 = getdate(), * from 学生 with(holdlock) where 学号 = '08010101'
go
waitfor delay '00:00:06'
update 学生 set 总分 = 总分 - 10 where 学号 = '08010101'
select 时间2 = getdate(), * from 学生 where 学号 = '08010101'
commit tran
```

执行 A 事务后，立即执行 B 事务，A、B 事务的最终运行结果如图 12-9 和图 12-10 所示。

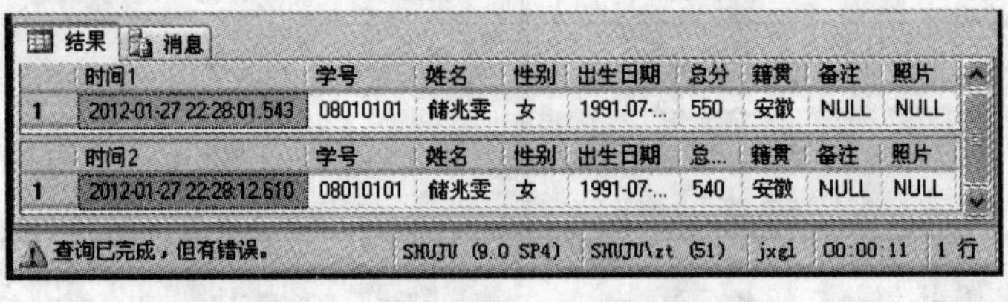

图 12-9　A 事务运行结果

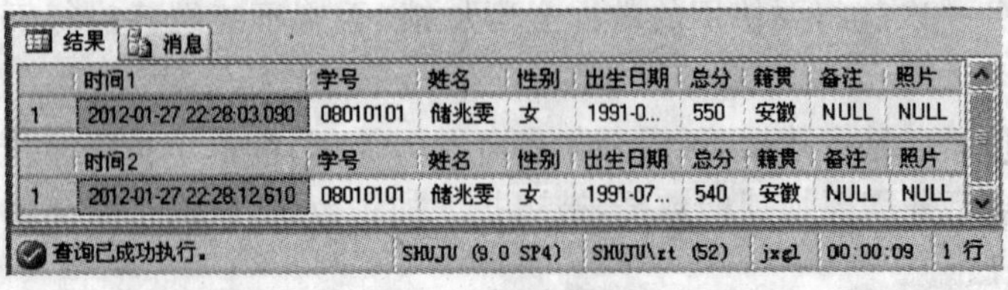

图 12-10　B 事务运行结果

注意：当 T1 执行 select 语句后，其共享锁需升级为排他锁才能继续执行 update 语句，在升级之前，需要 T2 释放其共享锁，但共享锁 holdlock 只有在事务结束后才释放，所以 T2 不释放共享锁而导致 T1 等待。同理，T1 不释放共享锁而导致 T2 等待，从而产生了死锁。

12.4 事务隔离级别

很多情况下，定义正确的隔离级别并不是简单的决定。作为一种通用的规则，使用较低的隔离级别（已提交读）比使用较高的隔离级别（可序列化）持有共享锁的时间更短，更有利于减少锁竞争，避免死锁，同时依然可以为事务提供所需的并发性能。

12.4.1 隔离级别概述

事务隔离级别用于控制一个事务与其他事务隔离的程度，是系统内置的一组加锁策略。对于编程人员来说，不是通过手工设置来控制锁的使用，而是通过设置事务的隔离级别来控制锁的使用，从而实现并发法访问控制。

1. 并发控制模型

为避免并发访问可能产生的不利影响，SQL Server 2005 提供了两种并发控制机制：悲观并发控制模式和乐观并发控制模式。

1）悲观并发控制模式

假定系统中存在足够多的数据修改操作，以至于任何确定的读操作都可能受到其他用户写操作的影响。在事务执行过程中，悲观并发控制将根据需要使用锁锁定资源。在悲观并发环境中，读（reader）和写（writer）之间是冲突的、互相阻塞的。

2）乐观并发控制模式

假定系统中存在非常少的数据修改操作，以至于任何单独的事务都不太可能影响其他事务正在修改的数据，乐观并发控制采用行版本查看事务，或查询当前进程一开始读取时的数据状态，并且不受当前进程或其他进程对数据进行修改的影响。在乐观并发环境中，读/写之间不会互相阻塞，但是写者之间会发生阻塞。

注意：乐观锁的缺点是发生冲突时，SQL Server 会抛出异常给应用程序处理，而应用程序一般会要求重新执行事务，因此会影响系统的性能和增加处理的复杂性。

2. 事务隔离级别

设置事务隔离级别的命令是 set transaction isolation level，其语法格式如下：

```
set transaction isolation level
{ read committed | read uncommitted | repeatable read | serializable | snapshot }
```

说明：系统按照设置的隔离级别自动控制并发事务处理。

12.4.2　悲观并发模型

SQL Server 2005 支持 ANSI/ISO SQL 92 标准定义的 4 个等级的事务隔离级别,不同事务隔离级别解决数据并发问题的能力是不同的,如表 12-20 所示。

表 12-20　事务隔离级别对并发问题的解决情况

隔离级别	脏读	不可重复读	幻读	第一类丢失更新	第二类丢失更新
未提交读	允许	允许	允许	不允许	允许
已提交读	不允许	允许	允许	不允许	允许
可重复读	不允许	不允许	允许	不允许	不允许
可串行化读	不允许	不允许	不允许	不允许	不允许

隔离级别越高,越能保证数据的完整性和一致性,但也意味着并发性能降低。通常情况下,隔离级别设为 Read Committed,既能避免脏读取,又能保持较好的并发性能。

1. 未提交读

未提交读(Read Uncommitted):最低的事务隔离级别,仅仅保证读取过程中不会读取非法数据,读事务不会阻塞读事务和写事务,因而读事务可以读取写事务尚未提交的数据,写事务也不会阻塞读事务,只会阻塞写事务而已。

【例 12-12】　使用未提交隔离级别的脏读示例。

A 事务:

```
use jxgl
go
set transaction isolation level read uncommitted
begin tran
 update 学生 set 总分 = 总分 + 5 where 籍贯 = '山东'
 select 次数 = 1, * from 学生 where 籍贯 = '山东'
 waitfor delay '00:00:10'              -- 暂停 10 秒
 rollback transaction                  -- 回滚事务
 select 次数 = 2, * from 学生 where 籍贯 = '山东'
```

B 事务:

```
set transaction isolation level read uncommitted
begin transaction
select * from 学生 where 籍贯 = '山东'
commit transaction
```

执行 A 事务后,立即运行 B 事务,A、B 事务的最终运行结果如图 12-11 和图 12-12 所示。

2. 已提交读

已提交读(Read Committed):采用此种隔离级别的时候,读事务不会阻塞读事务和写事务,不过写事务会阻塞读事务和写事务,因而只解决了脏读问题,没有解决不可重复读和

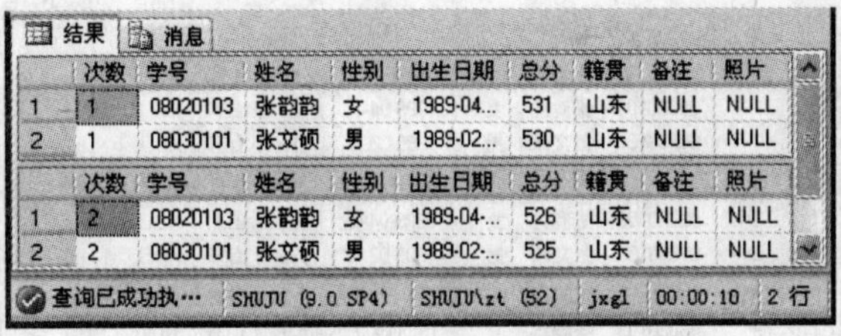

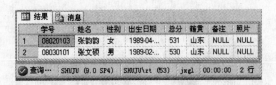

	次数	学号	姓名	性别	出生日期	总分	籍贯	备注	照片
1	1	08020103	张韵韵	女	1989-04-...	531	山东	NULL	NULL
2	1	08030101	张文硕	男	1989-02-...	530	山东	NULL	NULL

	次数	学号	姓名	性别	出生日期	总分	籍贯	备注	照片
1	2	08020103	张韵韵	女	1989-04-...	526	山东	NULL	NULL
2	2	08030101	张文硕	男	1989-02-...	525	山东	NULL	NULL

图 12-11 A 事务运行结果

	学号	姓名	性别	出生日期	总分	籍贯	备注	照片
1	08020103	张韵韵	女	1989-04-...	531	山东	NULL	NULL
2	08030101	张文硕	男	1989-02-...	530	山东	NULL	NULL

图 12-12 B 事务运行结果

幻读问题。此选项是 SQL Server 2005 默认的隔离级别。

【例 12-13】 使用已提交隔离级别的不可重复读示例。

A 事务：

```
use jxgl
go
set tran isolation level read committed
begin transaction
select 次数 = 1, * from 学生 where 籍贯 = '山东'
go
waitfor delay '00:00:10'
select 次数 = 2, * from 学生 where 籍贯 = '山东'
go
waitfor delay '00:00:10'
select 次数 = 3, * from 学生 where 籍贯 = '山东'
go
commit transaction
```

B 事务：

```
use jxgl
go
set tran isolation level read committed
begin transaction
update 学生 set 总分 = 总分 - 5 where 籍贯 = '山东'
go
select * from 学生 where 籍贯 = '山东'
go
waitfor delay '00:00:10'
commit transaction
```

执行 A 事务后，立即运行 B 事务，A、B 事务的最终运行结果如图 12-13 和图 12-14 所示。

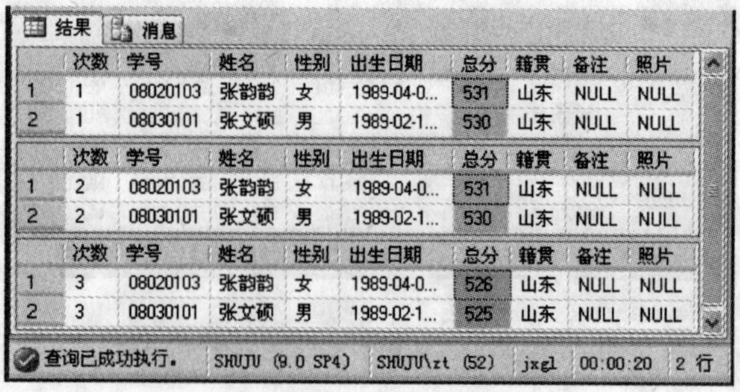

结果 消息

	次数	学号	姓名	性别	出生日期	总分	籍贯	备注	照片
1	1	08020103	张韵韵	女	1989-04-0...	531	山东	NULL	NULL
2	1	08030101	张文硕	男	1989-02-1...	530	山东	NULL	NULL

	次数	学号	姓名	性别	出生日期	总分	籍贯	备注	照片
1	2	08020103	张韵韵	女	1989-04-0...	531	山东	NULL	NULL
2	2	08030101	张文硕	男	1989-02-1...	530	山东	NULL	NULL

	次数	学号	姓名	性别	出生日期	总分	籍贯	备注	照片
1	3	08020103	张韵韵	女	1989-04-0...	526	山东	NULL	NULL
2	3	08030101	张文硕	男	1989-02-1...	525	山东	NULL	NULL

查询已成功执行。 | SHUJU (9.0 SP4) | SHUJU\zt (52) | jxgl | 00:00:20 | 2 行

图 12-13　A 事务运行结果

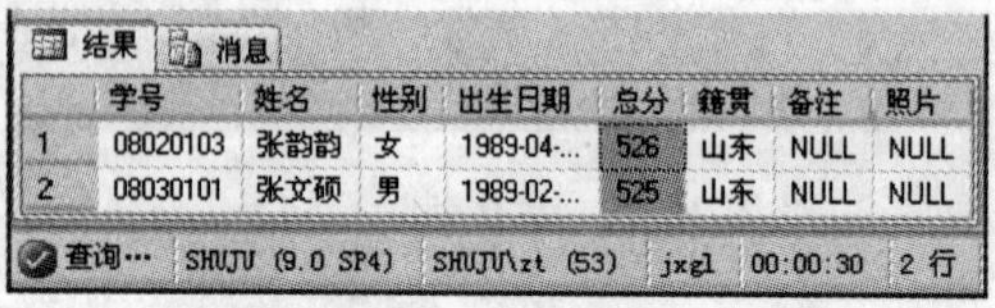

结果 消息

	学号	姓名	性别	出生日期	总分	籍贯	备注	照片
1	08020103	张韵韵	女	1989-04-...	526	山东	NULL	NULL
2	08030101	张文硕	男	1989-02-...	525	山东	NULL	NULL

查询… | SHUJU (9.0 SP4) | SHUJU\zt (53) | jxgl | 00:00:30 | 2 行

图 12-14　B 事务运行结果

3. 可重复读

可重复读(Repeatable Read)：采用此种隔离级别，读事务只阻塞写事务中的 update 和 delete 操作，不阻塞读事务和写事务中的 insert 操作，因而只解决了脏读和不可重复读的问题，没有解决幻读问题。此选项会影响系统的效能，如非必要，最好不用此隔离级别。

【例 12-14】 使用可重复读隔离级别的幻读示例。

A 事务：

```
use jxgl
go
set tran isolation level repeatable read
begin transaction
select * from 学生 where 籍贯 = '山东'
go
waitfor delay '00:00:10'
select * from 学生 where 籍贯 = '山东'
commit transaction
waitfor delay '00:00:10'
set tran isolation level read committed
go
```

B 事务：

```
use jxgl
go
set tran isolation level repeatable read
begin transaction
insert into 学生(学号,姓名,性别,总分,籍贯)
 values('11010101','柯崇福','男',550,'山东')
```

```
commit transaction
```

执行 A 事务后，立即运行 B 事务，A 事务的最终运行结果如图 12-15 所示。

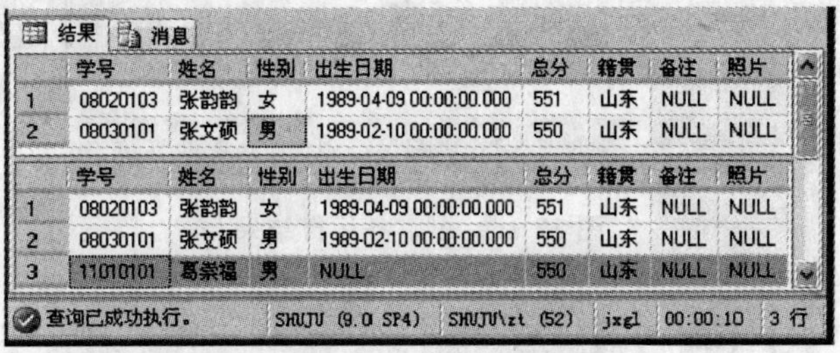
结果　消息

	学号	姓名	性别	出生日期	总分	籍贯	备注	照片
1	08020103	张韵韵	女	1989-04-09 00:00:00.000	551	山东	NULL	NULL
2	08030101	张文硕	男	1989-02-10 00:00:00.000	550	山东	NULL	NULL

	学号	姓名	性别	出生日期	总分	籍贯	备注	照片
1	08020103	张韵韵	女	1989-04-09 00:00:00.000	551	山东	NULL	NULL
2	08030101	张文硕	男	1989-02-10 00:00:00.000	550	山东	NULL	NULL
3	11010101	葛崇福	男	NULL	550	山东	NULL	NULL

查询已成功执行。　SHUJU (9.0 SP4)　SHUJU\zt (52)　jxgl　00:00:10　3 行

图 12-15　A 事务运行结果

4. 可串行化读

可串行化读(Serializable)：此种隔离级别是最严格的隔离级别，和 X 锁类似，要求事务序列化执行，读事务阻塞了写事务的任何操作，解决了并发异常问题(脏读、不可重复读、幻读)。此选项会极大地影响系统的性能，如非必要，应该避免设置此隔离级别。

【例 12-15】 使用可串行化读隔离级别。

A 事务：

```
use jxgl
go
set tran isolation level serializable
begin transaction
select * from 学生 where 籍贯 = '山西'
go
waitfor delay '00:00:30'
select * from 学生 where 籍贯 = '山西'
go
commit transaction
set tran isolation level read committed
go
```

B 事务：

```
begin transaction
insert into 学生(学号,姓名,性别,总分,籍贯)
values('11010104','徐列华','男',550,'山西')
select * from 学生 where 籍贯 = '山西'
go
update 学生 set 性别 = '女' where 学号 = '11010104'
select * from 学生 where 籍贯 = '山西'
go
commit transaction
```

执行 A 事务后，立即运行 B 事务，A、B 事务的最终运行结果如图 12-16 和图 12-17 所示。

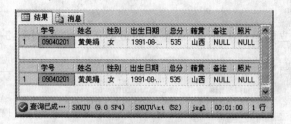

图 12-16　A 事务运行结果

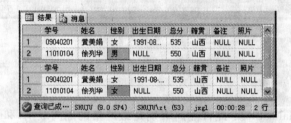

图 12-17　B 事务运行结果

12.4.3　乐观并发模型

SQL Server 2005 支持两种基于行版本的事务隔离级别：已提交读快照和快照。行版本控制允许一个事务在排他锁定数据后读取数据的最后提交版本，读取数据时不再请求共享锁，而且永远不会与修改进程的数据发生冲突，如果请求的行被锁定（如正被更新），SQL Server 2005 系统会从行版本存储区返回最早的关于该行的记录。由于不必等待到锁释放就可以进行读操作，可以降低读/写操作之间发生死锁的几率，因此查询性能得以大大增强。这两种隔离级别如表 12-21 所示。

表 12-21　SQL Server 2005 的事务隔离级别

隔离级别	脏读	不可重复读	幻读	并发控制模型
已提交读快照	不允许	允许	允许	乐观
快照	不允许	不允许	不允许	乐观

1. 已提交读快照

已提交读快照（Read_Committed_Snapshot）：已提交读隔离级别的一种实现方法。和已提交读级别相比，相同的是两者只能避免脏读，无更新冲突检测；不同的是，已提交读快照读数据时无须共享锁，因而读/写之间不会阻塞。

【例 12-16】　使用已提交读快照隔离级别。

A 事务：

```
alter database jxgl set allow_snapshot_isolation on
use jxgl
go
```

```
alter database jxgl set read_committed_snapshot on
go
set transaction isolation level read committed
go
begin transaction
select * from 学生 where 籍贯 = '山东'
go
waitfor delay '00:00:10'
select * from 学生 where 籍贯 = '山东'
go
commit transaction
```

B 事务：

```
use jxgl
go
begin transaction
update 学生 set 总分 = 总分 - 5 where 籍贯 = '山东'
go
select * from 学生 where 籍贯 = '山东'
go
commit transaction
```

执行 A 事务后，立即运行 B 事务，A、B 事务的最终运行结果如图 12-18 和图 12-19 所示。

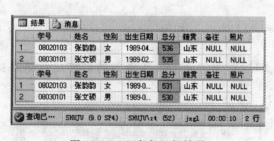

图 12-18　A 事务运行结果

图 12-19　B 事务运行结果

2. 快照

快照（Snapshot）：所有读取操作不再受其他锁定影响，读取的数据是读取事务开始前逻辑确定并符合一致性的数据行版本。快照可以避免脏读、丢失更新、不可重复读、幻读，而且有更新冲突检测的特点。

【例 12-17】　使用快照隔离级别。

A 事务：

```
use jxgl
go
alter database jxgl set allow_snapshot_isolation on
go
set tran isolation level snapshot
begin transaction
select * from 学生 where 籍贯 = '山东'
go
waitfor delay '00:00:10'
select * from 学生 where 籍贯 = '山东'
commit transaction
go
alter database jxgl set allow_snapshot_isolation off
go
```

B 事务：

```
use jxgl
go
begin transaction
update 学生 set 总分 = 总分 + 5 where 籍贯 = '山东'
go
select * from 学生 where 籍贯 = '山东'
go
commit transaction
go
```

执行 A 事务后，立即运行 B 事务，A、B 事务的最终运行结果如图 12-20 和图 12-21 所示。

图 12-20　A 事务运行结果

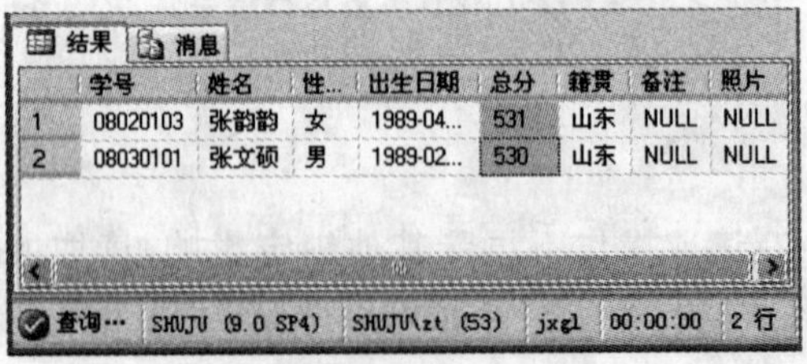

图 12-21　B 事务运行结果

本章小结

事务和锁是两个紧密联系的概念。对于多用户系统来说,事务使用锁来防止其他用户修改另一个还没有完成的事务中的数据,解决了数据库的并发性问题。SQL Server 2005 具有多粒度锁定,允许一个事务锁定不同类型的资源。为了使锁定的成本减至最少,SQL Server 自动将资源对象锁定在适合任务的级别上。

习题 12

一、选择题

1. 如果事务 T 获得了数据项 Q 上的排他锁,则 T 对 Q(　　)。
   A. 只能写不能读　　　　　　　　B. 只能读不能写
   C. 不能读不能写　　　　　　　　D. 既可读又可写

2. 一级封锁协议解决了事务的并发操作带来的(　　)不一致性问题。
   A. 读脏数据　　　　　　　　　　B. 数据重复修改
   C. 数据丢失修改　　　　　　　　D. 不可重复读

3. 事务 T 对数据对象 A 加上(　　),其他事务只能对 A 加上 S 锁,不能加 X 锁,直到事务 T 释放 A 上的 S 锁为止。
   A. 共享锁　　　　B. 排他锁　　　　C. 独占锁　　　　D. 写锁

4. 不仅能防止丢失修改,还可防止读脏数据,但不防止不可重复读的封锁协议是(　　)。
   A. 一级封锁协议　　　　　　　　B. 二级封锁协议
   C. 三级封锁协议　　　　　　　　D. 四级封锁协议

5. 不仅防止丢失修改和不读脏数据,而且防止不可重复读的封锁协议是(　　)。
   A. 一级封锁协议　　　　　　　　B. 二级封锁协议
   C. 三级封锁协议　　　　　　　　D. 四级封锁协议

6. 在多个事务请求对同一数据加锁时,总是使某一用户等待的情况称为(　　)。
   A. 活锁　　　　　B. 死锁　　　　　C. 排他锁　　　　D. 共享锁

7. 只允许事务 T 读取和修改数据对象 A,其他任何事务既不能读取也不能修改 A,也不能再对 A 加任何类型的锁,直到 T 释放 A 上的锁为止,需要事务 T 对 A 加上(　　)。
   A. 共享锁　　　　B. 排他锁　　　　C. 读锁　　　　D. S 锁

8. 以下关于顺序加锁法及其缺点的叙述,错误的是(　　)。
   A. 该方法对数据库中事务访问的所有数据项规定一个加锁顺序
   B. 每个事务在执行过程中必须按顺序对所需的数据项加锁
   C. 维护对这些数据项的加锁顺序很困难,代价非常大
   D. 事务按照固定的顺序对这些数据项进行加锁,比较方便

9. 数据库系统中部分或全部事务由于无法获得对需要访问的数据项的控制权而处于等待状态,并且将一直等待下去的这种系统状态称为(　　)。

　　　A. 活锁　　　　　B. 死锁　　　　　C. 排他锁　　　　D. 共享锁

10. 若系统中存在 4 个等待事务 T0、T1、T2、T3,其中,T0 正等待被 T1 锁住的数据项 A1,T1 正等待被 T2 锁住的数据项 A2,T2 正等待被 T3 锁住的数据项 A3,T3 正等待被 T0 锁住的数据项 A0。根据上述描述,系统所处的状态是(　　)。

　　　A. 活锁　　　　　B. 死锁　　　　　C. 封锁　　　　　D. 正常

11. 数据库管理系统采用三级加锁协议来防止并发操作可能导致的数据错误。在三级加锁协议中,一级加锁协议能够解决的问题是(　　)。

　　　A. 丢失修改　　　B. 不可重复读　　　C. 读脏数据　　　D. 死锁

12. 某系统中事务 T1 从账户 A 转出资金到账户 B 中,在此事务执行过程中,另一事务 T2 要进行所有账户余额统计。在 T1 和 T2 事务成功提交后,数据库服务器突然掉电重启。为了保证事务 T2 统计结果及重启后 A、B 两账户余额正确,需利用到的事务性质分别是(　　)。

　　　A. 丢失修改一致性和隔离性　　　　B. 隔离性和持久性
　　　C. 原子性和一致性　　　　　　　　D. 原子性和持久性

13. 保持事务的原子性是数据库管理系统中(　　)的责任。

　　　A. 事务管理　　　B. 性能管理　　　C. 存取管理　　　D. 安全管理

14. DBMS 通过加锁机制允许多用户并发访问数据库,这属于 DBMS 提供的(　　)。

　　　A. 数据定义功能　　　　　　　　　B. 数据操纵功能
　　　C. 数据库运行管理与控制功能　　　D. 数据库建立于维护功能

15. 事务 T0、T1 和 T2 并发访问数据项 A、B 和 C,下列属于冲突操作的是(　　)。

　　　A. T0 中的 read(A)和 T0 中的 write(A)
　　　B. T0 中的 read(B)和 T2 中的 read (C)
　　　C. T0 中的 write (A)和 T2 中的 write(C)
　　　D. T1 中的 read(C)和 T2 中的 write(C)

16. 死锁是系统中可能的一种状态,下列说法错误的是(　　)。

　　　A. 当事务由于无法得到对需要访问的数据项的控制操作权的并发而处于等待状态时,称为数据库中产生了死锁
　　　B. 死锁是由于系统中各事务间存在冲突操作且冲突操作的并发执行顺序不当而产生的
　　　C. 死锁预防有一次加锁和顺序加锁两种方法,其中一次加锁可能降低系统并发程度
　　　D. 解除死锁的方法是选择一个或几个造成死锁的事务,撤销这些事务并释放其持有的锁

17. 在数据库管理系统中,为保证并发事务的正确执行,需采用一定的并发控制技术。下列关于基于锁的并发控制技术的说法,错误的是(　　)。

　　　A. 锁是一种特殊的二元信号量,用来控制多个并发事务对共享资源的使用
　　　B. 锁主要有排他锁和共享锁,当某数据项上已有多个共享锁时,只能再加一个排他锁
　　　C. 数据库管理系统可以采用"先来先服务"的方式防止出现活锁现象
　　　D. 当数据库管理系统检测到死锁后,可以采用"撤销死锁事务"的方式解除死锁

18. 为了避免数据库出现事务活锁,可以采用的措施是(　　)。

A. 使用"先来先服务"策略处理事务请求

B. 使用两阶段锁协议

C. 对事务进行并发调度

D. 使用小粒度锁

19. 以下关于一次性加锁及其缺点的叙述,错误的是( )。

A. 该方法要求每个事务在开始执行时不必将需要访问的数据项全部加锁

B. 要求事务必须一次性获得对需要访问的所有数据项的访问权

C. 多个数据项会被一个事务长期锁定独占,降低了系统的并发程度

D. 将事务执行时可能访问的所有数据项全部加锁,进一步降低了系统的并发程度

20. 关于意向锁(Intent Lock),以下陈述正确的是( )。

A. 意向锁指出:SQL Server 要获得某个资源的共享锁或互斥锁

B. 意向锁指出:SQL Server 要获得某个资源的共享锁

C. 意向锁指出:SQL Server 要获得某个资源的互斥锁

D. 意向锁指出:SQL Server 要对某个资源实施意向锁

二、填空题

1. ( )是 DBMS 的基本单位,是用户定义的一组逻辑一致的程序序列。

2. 事务的( )是指事务中包括的所有操作要么都做,要么都不做。

3. 事务的( )是指事务必须使数据库从一个一致性状态变到另一个一致性状态。

4. 事务的( )是指一个事务内部的操作及使用的数据对并发的其他事务是隔离的。

5. 事务的( )是指事务一旦提交,对数据库的改变是永久的。

6. 解决并发操作带来的数据不一致性问题普遍采用( )。

7. 数据库中的封锁机制是( )的主要方法。

8. 数据库满足全部完整性约束,并始终处于正确的状态,这是指事务的( )特性。

9. 若数据库中只包含成功事务提交的结果,则此数据库称为处于( )状态。

10. 不允许任何其他事务对这个锁定目标再加任何类型锁的键是( )。

11. DBMS 的加锁协议规定了事务的加锁时间、持锁时间和释放锁时间,其中,( )协议可以完全保证并发事务数据的一致性。

12. ( )是默认的事务管理模式,每个 T-SQL 语句完成时都被提交或回滚。

13. 开启一个事务连接时,全局变量( )自动递增 1。

14. 锁主要分为共享锁、排他锁和更新锁,其中,( )被用在只读操作中。

15. 锁主要分为共享锁、排他锁和更新锁,当在表上执行插入语句时,使用( )锁。

16. ( )的锁定时间与事务的隔离级别有关,默认级别下,查询出数据后立即释放。

17. 批量复制数据并指定了( )锁定提示时使用批量修改锁。

18. SQL Server 2005 提供了两种行版本控制的乐观并发控制模型:( )和快照。

19. 一般情况下,封锁由系统动态管理,当然也可以通过( )来实现。

20. 查看锁的信息系统存储过程命令是( )。

三、简答题

有定义在事务集{T1,T2,T3}上的调度 S1 和 S2,如表 12-22 和表 12-23 所示,考虑 S1 与 S2 是否冲突等价,为什么?

表 12-22	S1 调度	
	S1	
T1	T2	T3
	read(P)	
read(Q)		
	write(Q)	
write(Q)		
		write(Q)
	write(P)	
write(P)		
		read(P)

表 12-23	S2 调度	
	S2	
T1	T2	T3
read(Q)		
	read(P)	
write(Q)		
	write(Q)	
	write(P)	
		write(Q)
write(P)		
		read(P)

四、实践题

在银行数据库 bank 中包含银行账户(count)表,表结构及其基本数据如表 12-24 所示,试编写一个程序完成张三转 800 元到李四账户上的事务处理过程。

表 12-24　count 表中的数据内容

账号	姓名	借方	贷方	余额
001	张三	0	1000	1000
002	李四	0	100	100

第13章

数据库应用系统

本章导读：

SQL Server 作为一种数据库管理系统，具有识别、组织、存储和管理数据库的功能，但其要求操作者具备一定的专业知识，因而普通用户无法直接操作数据库。在实际应用中，SQL Server 更多地作为后台数据库存在，前台更多地采用某种开发工具（如 Visual Basic、Visual C♯、Delphi、ASP 等）编写出界面友好的应用程序。

知识要点：

- VB 开发工具概述
- ADO Data 控件
- ADO 对象

13.1 VB 开发工具概述

在数据库应用系统的设计过程中，Visual Basic 6.0(VB)是一款不错的开发工具。VB 不仅具有强大的程序设计能力，还具有强大的数据库应用系统开发能力。它通过两种方法存取数据：特殊控件和程序代码。

13.1.1 数据库应用系统组成

通常情况下，在数据库应用系统的开发过程中，VB 主要用来开发用户界面和提供支持数据库引擎的连接技术。数据库应用系统通常由用户界面、数据库引擎和数据库三部分组成，如图 13-1 所示。

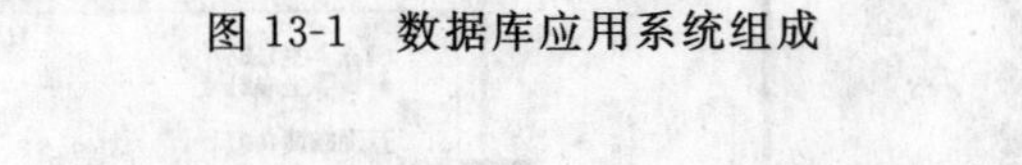

用户界面 ◀- - -▶ 数据库引擎 ◀- - -▶ 数据库

图 13-1 数据库应用系统组成

1. 用户界面

用户界面是数据库与用户直接交互的部分，用户通过用户界面可以执行查询、插入、删除和更新等操作。Visual Basic 为开发用户界面提供了窗体以及数据感知控件，并为驱动数据库提供了特殊控件及其对象，如 Data 控件和 ADO Data 控件及其 Recordset(记录集)

对象。

2．数据库引擎

数据库引擎(Database Engine)负责数据库的管理和维护工作。VB默认的数据库引擎是 Microsoft Jet，Microsoft Jet 并不是可执行文件，而是由一群 DLL(Dynamic Linking Library，动态链接库)构成。数据库应用系统运行时，动态链接库连接到 VB 程序，将应用程序的请求转换为数据库的物理操作。

数据库引擎存在于用户界面(前台)和数据库(后台)之间，起着中介作用，用户界面和应用程序通过数据库引擎实现数据信息的双向交流和互动。

3．数据库

Visual Basic 6.0 支持访问 3 种存储类型的数据库：本地数据库、外部数据库和远程数据库。

(1) 本地数据库：是指能由"数据库引擎"直接生成和操作的数据库，即默认数据库 Microsoft Access，VB 只支持 Access 95 或 Access 97，高版本需转换为低版本。

(2) 外部数据库：是指采用"索引顺序访问方法"的数据库，包括 Dbase、Foxpro 及 Paradox 等数据库。

(3) 远程数据库：一般指大型数据库，该类数据库通常是遵守 ODBC(Open Database Connectivity，开放式数据库连接)标准的客户/服务器模式的数据库，包括 Oracle、Sysbase、Db2 及 Microsoft Server 等。

【例 13-1】 在 VB 中建立一个工程，利用窗体和菜单编辑器建立一个带有菜单的主界面。主界面的运行界面如图 13-2 所示。

操作步骤如下：

(1) 选择"工具"→"菜单编辑器"命令，弹出如图 13-3 所示的"菜单编辑器"对话框，设置主菜单的标题及名称，如表 13-1 所示。

图 13-2 例 13-1 的运行界面

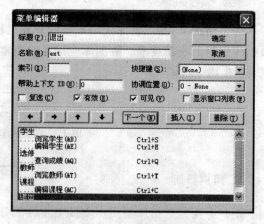

图 13-3 "菜单编辑器"对话框

表 13-1 主菜单标题及其名称

标 题	名称	标 题	名称
学生	stu	教师	tea
……浏览学生(&B)	bros	……浏览教师(&T)	brot
……编辑学生(&E)	bjst	课程	cou
选修	sco	……编辑课程(&C)	bjco
……查询成绩(&Q)	cxsc	退出	ext

（2）输入各菜单项的程序代码。

```
'"编辑课程"菜单项的程序代码
Private Sub bjco_Click()
Unload Me
Form7.Show '打开窗体 Form7
End Sub
'"编辑学生"菜单项的程序代码
Private Sub bjst_Click()
Unload Me
Form5.Show '打开窗体 Form5
End Sub
Private Sub bros_Click()
Unload Me
Form4.Show   '打开窗体 Form4
End Sub
'"浏览教师"菜单项的程序代码
Private Sub brot_Click()
Unload Me
Form2.Show   '打开窗体 Form2
End Sub
'"查询成绩"菜单项的程序代码
Private Sub cxsc_Click()
Unload Me
Form3.Show '打开窗体 Form3
End Sub
'"退出"菜单项的程序代码
Private Sub ext_Click()
End          '退出
End Sub
```

13.1.2 数据库连接技术

为了实现数据库应用程序操作数据库中的数据，首先必须确保数据库应用程序能够连接数据库。目前，常用的数据库连接技术有 3 种：ODBC、OLE DB 和 JDBC。

1. ODBC 连接技术

ODBC 是基于 SQL 语言的数据库访问界面标准，统一了不同格式的数据库访问方法。在开发一个基于 ODBC 技术的应用程序时，用户不必考虑数据库文件名、路径等信息，只要给出数据库在 ODBC 中注册的数据源名(DSN)即可。

所谓数据源,就是用数据源名标识一个数据库或文件。在 ODBC 中,DSN 有 3 种类型。

(1) 系统 DSN:登录到系统的用户均可以访问。

(2) 用户 DSN:只有建立该 DSN 的用户才可以访问。

(3) 文件 DSN:用于文件的 DSN。

作为一种数据库访问接口,ODBC 的最大优点是使用相同的代码,可以访问不同格式的数据,为应用程序的跨平台开发、移植提供了极大的方便。

注意:Data 控件利用 ODBC 连接到 SQL Server 数据库,一些功能并不能很好地实现,如记录指针移动到记录集文件尾部(eof)处或文件头部(bof)处,系统会发出警告。

2. OLE DB 连接技术

OLE DB(对象连接和嵌入数据库)是一种与语言无关的底层数据访问接口,用它也可以访问各种格式的数据,包括关系型数据库、电子邮件和文件系统。OLE DB 的数据提供者是用 ActiveX 实现的,非常适合于服务器端数据库访问技术。但其不能直接在 VB 或 ASP 等应用程序中使用,一般情况下,需要通过数据访问对象 ADO 来引用。

3. JDBC 连接技术

JDBC(Java 数据库连接)是一种与 Java 语言相关的数据库连接技术。

13.1.3　数据库访问对象

VB 提供了 3 种数据库访问的对象模型,即 DAO(Data Access Object,数据访问对象)、RDO(Remote Data Object,远程数据访问对象)和 ADO(ActiveX Data Object,ActiveX 数据对象)。它们是 VB 发展过程中不同阶段的产物,其中,ADO 是目前流行的最新技术。

1. DAO 对象模型

DAO 是数据库引擎 Microsoft Jet 面向对象的接口,它允许访问 Jet 和 ISAM 数据库(如 Access、Foxpro、Dbase、Paradox 等),也允许访问各种基于 ODBC 类型的数据库,但不是很稳定。DAO 对象模型适合使用单系统的本地数据库 Access 的数据库应用程序。

2. RDO 对象模型

RDO 是针对 ODBC 数据源、面向对象的数据访问接口,它可通过 ODBC 底层存取功能,灵活地存取数据库中的数据。RDO 是 SQL Server、Oracle 等大型关系型数据库应用程序开发的首选对象模型。

3. ADO 对象模型

ADO 是建立在 OLE DB 之上的、面向对象的高层数据访问对象模型。它与 OLE DB Provider 一起协同工作,以提供通用数据访问。由于微软提供了 ODBC/OLE DB 桥,允许在 OLE DB 中使用一个 ODBC 驱动器,因而 ADO 对象通过 ODBC 驱动程序可以访问各种数据库系统。

13.1.4　数据库控件

VB 为数据库应用程序开发提供了专门控件,包括 Data 控件(支持 DAO)和 ADO Data 控件(支持 ADO)。Data 控件和 ADO Data 控件相当于记录指针,只能定位于当前记录,但不能显示记录。要显示和修改数据库中的数据,必须使用数据感知控件,并与 Data 控件或 ADO Data 控件绑定。下面分别介绍数据感知控件、Data 控件和 ADO Data 控件。

1. 数据感知控件

数据感知控件又称为数据绑定控件,是一类与 Data 控件或 ADO Data 控件进行连接的控件。也只有将 Data 控件或 ADO Data 控件与数据感知控件绑定后,才能在数据感知控件中显示数据库中的数据。

在 VB 中,数据感知控件分为两类: 标准控件和 ActiveX 控件。

(1) 标准控件是 VB 的通用控件,伴随 VB 的启动自动列于工具箱中,主要包括文本框、标签、列表框、组合框、复选框、图像框和图片框。

(2) ActiveX 控件不是 VB 的通用控件,在使用之前,需加载到 VB 的工具箱中,主要包括数据列表(DBlist)、数据组合(DBcombo)、数据网格(DataGrid)和数据表格(Msflexgrid)等。

要使数据感知控件能被数据库约束,一般需要设定数据感知控件的 dataSource 属性和 datafield 属性。而对于 DBlist 和 DBcombo 控件,需要设定 rowsource 属性和 listfields 属性来指定数据源和绑定的字段名。

(1) datasource 属性: 指定数据感知控件所绑定的 Data 控件或 ADO Data 控件的名称,从而实现与 Data 控件或 ADO Data 控件的绑定。

(2) datafield 属性: 指定数据感知控件被绑定的 Data 控件或 ADO Data 控件的字段名,并显示相应字段的当前数据。

2. Data 控件

Data 控件(数据控件)是连接数据库内数据源的对象,它使用数据库引擎 Microsoft Jet 实现数据库的访问,是数据库和数据感知控件连接起来的"桥梁"。在 VB 数据库应用系统的设计中,使用 Data 控件来访问数据库是一种简单、直观的方法。它使用户不需要进行代码设计,而直接生成数据库应用程序。

Data 控件是 VB 的内部控件,相当于一个记录指针,定位于表中的当前记录,通过控件左右的箭头按钮可以快速地转换当前记录。

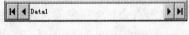

图 13-4　Data 控件

Data 控件加载到窗体上的形状如图 13-4 所示。

如果将 Data 控件的 recordtype 和 readonly 属性设置为合适的值,修改后的数据也会在移动记录指针后自动写入数据库中。

1) Data 控件的属性

Data 控件的属性及其功能如表 13-2 所示。

表 13-2　Data 控件的属性

属　性　名	功　　　能
connect	设置数据控件连接的字符串,不同数据库的连接参数不一样,如 SQL Server 数据库 jxgl,connect="odbc;driver={sql server};server=shuju;uid=sa;pwd=123;database=jxgl"
databasename	设置数据库的名称及其完整路径,为自由表时,指定其目录
recordsetsource	设置或返回记录集的来源,可以是表名、查询名或一条 SQL 语句
recordtype	设置记录集类型,取值 0-table(单表),1-dynaset(多表),2-snapshot(只读)
bofaction	设置或返回记录指针定位第一条记录时 Data 控件的行为
eofaction	设置或返回记录指针在最后一条记录时 Data 控件的行为

2) Data 控件方法

Data 控件的主要事件如表 13-3 所示。

表 13-3　Data 控件方法及其含义

方　法　名	含　　义
refresh	重读数据库,刷新记录集
updaterecord	用感知控件中的数据更新数据库中的数据,确认修改
updatecontrol	用记录集中的数据更新感知控件中的数据,用于取消或放弃修改

3) Data 控件中的 recordset 对象

在 VB 开发的数据库应用程序中,数据库中的表是不允许直接访问的,通过 Data 控件的记录集对象(recordset)的方法和属性可以对其进行浏览和操作。

(1) recordset 对象的常用方法及其含义如表 13-4 所示。

表 13-4　recordset 对象的方法及其含义

方　法　名	含　　义
addnew	在记录集中追加记录
delete	删除当前记录
edit	修改当前记录
update	确认用户所做的修改(addnew、delete、edit、update)
move	移到指定记录上,包括 movefirst、movelast、movenext、moveprevious 和 move [n]
find <条件>	顺序查找与条件符合的一条记录,包括 findfirst、findlast、findnext、findprevious
close	关闭记录集

(2) recordset 对象的常用属性及其含义如表 13-5 所示。

表 13-5　recordset 对象的属性及其含义

属　性　名	含　　义
bof 和 eof	第一条记录之前和最后一条记录之后
absoluteposition	只读属性,返回当前记录指针,0 表示当前记录
bookmark	返回或设置当前记录的书签
nomatch	查找记录集中匹配的记录,若找不到,返回 true,否则返回 false

3. ADO Data 控件

相对 Data 控件而言，ADO Data 控件更适用于设计复杂的数据库应用系统。ADO Data 控件访问 OLE DB 所支持的数据库，ADO Data 控件与 Data 控件的外形和功能基本相似。

ADO Data 控件加载到窗体上的形状如图 13-5 所示。

图 13-5 ADO Data 控件

1）添加 ADO Data 控件

ADO Data 控件不是 VB 的通用控件，而是一个 ActiveX 控件，在使用之前，必须将其添加到工具箱中，然后才能引用。

操作步骤如下：在 VB 中选择"工程"→"部件"命令，弹出"部件"对话框，如图 13-6 所示。选中 Microsoft ADO Data Control 6.0（SP6）（OLE DB）复选框，单击"确定"按钮即可将 ADO Data 数据控件（Adodc）添加到工具箱中。

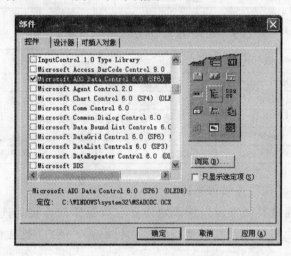

图 13-6 "部件"对话框

2）ADO Data 控件的属性

ADO Data 控件的属性及其功能如表 13-6 所示。

表 13-6 ADO Data 控件的属性及其功能

属 性 名	说 明
connectionstring	设置与数据源连接的相关信息，附带 6 个参数，各参数含义如表 13-7 所示
recordsource	设置记录集的来源及其类型，可以是表名和视图名、SQL 语句、存在的存储过程
commandtype	设置 recordsource 的类型，取值及其含义如表 13-8 所示
connectiontimeout	设置连接的等待时间
bofaction	设置或返回 bof 为 true 时 adodc 控件的行为，取值如表 13-9 所示
eofaction	设置或返回 eof 为 true 时 adodc 控件的行为，取值如表 13-9 所示

表 13-7   connectionstring 属性

属 性 名	说　明
provider	指定数据连接提供的名称,取值 sql oledb. 1 表示 SQL Server 类型
datasource	指定数据源名称,即数据库服务器的名称
initial catalog	连接数据库的名称
user id= ; password=	数据库的合法用户名和密码
persist security info	安全信息,其值为布尔值

表 13-8   commandtype 的取值及其含义

取　值	含　义
8-adCmdUnknown	未知类型
1-adCmdText	命令文本,通常是指 SQL 语句
2-adCmdTable	表和视图
4-adCmdStoredProc	存在的存储过程

表 13-9   bofaction 和 eofaction 的取值及其含义

属 性 名	值	含　义
bofaction	0-adDoMovefirst	将第一条记录作为当前记录
	1-adstaybof	在当前记录定位第一条记录之前,禁止 move preview
eofaction	0-admovelast	保持最后一个记录为当前记录
	1-adstayeof	在当前记录定位最后一个记录之后,禁止 move next
	2-adDoAddnew	移动一个记录后自动添加一个新记录

3）利用 ADO Data 控件连接数据库

ADO Data 控件通过其属性可以快速地建立与数据库的连接。连接既可以在设计时通过“属性页”设置,也可以在运行时通过程序代码设置。通过“属性页”设置的操作步骤如下：

（1）右击窗体上的 ADO Data 控件,弹出快捷菜单,选择“ADODC 属性”命令,如图 13-7 所示。单击释放后,弹出“属性页”对话框的“通用”界面,如图 13-8 所示。

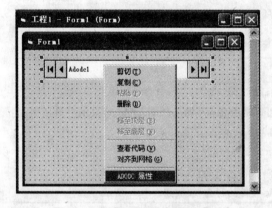

图 13-7　“ADODC 属性”快捷菜单

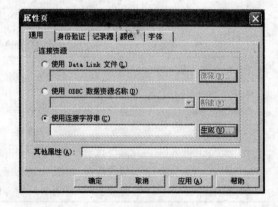

图 13-8　“通用”界面

在"通用"界面中,连接资源(对应于 connectionstring 属性)提供了 3 种方式。

① 使用 Data Link 文件:表示通过一个链接文件(* . udl)连接数据库。

② 使用 ODBC 数据资源名称:表示选择或新建一个数据源名(DSN)连接远程数据库。

③ 使用连接字符串:表示通过"生成"按钮连接数据库。

(2) 选择"使用连接字符串"单选按钮,单击"生成"按钮,弹出"数据链接属性"对话框的"提供程序"界面,如图 13-9 所示。

(3) 在"OLE DB 提供程序"列表框中选择 Microsoft OLE DB Provider for SQL Server 选项,然后单击"下一步"按钮,显示"数据链接属性"对话框的"连接"界面,如图 13-10 所示。

图 13-9 "提供程序"界面

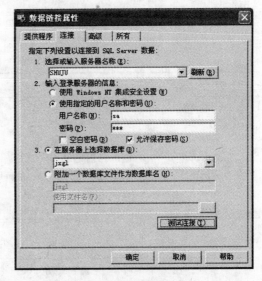

图 13-10 "连接"界面

(4) 在"连接"界面中选择或输入服务器的名称(SHUJU),并输入登录数据库信息:用户名称(sa)和密码(123),在服务器上选择数据库(jxgl),然后单击"测试连接"按钮测试连接信息配置成功与否,如果成功,单击"确定"按钮,返回"属性页"对话框的"通用"界面,如图 13-11 所示,否则重新配置。

注意:"通用"界面设置完毕后,在"使用连接字符串"文本框中会自动输入信息 Provider＝ SQLOLEDB. 1;Persist Security InFo＝true;user ID＝sa;Password＝123;Initial catalog＝jxgl; Data source＝SHUJU。

(5) 单击"属性页"对话框的"记录源"选项卡,弹出"记录源"界面,如图 13-12 所示。在"记录源"界面中,设置记录源(对应于 recordsource 属性)的命令类型(对应于 commandtype 属性)等信息。

有关命令类型的取值及含义请参照表 13-8 所示的 commandtype 属性。

4) ADO Data 控件中的 recordset 对象

ADO Data 控件连接数据库后会产生一个记录集 recordset,recordset 提供了一些方法和属性。常见方法和属性如表 13-10 和表 13-11 所示。

图 13-11 "通用"界面

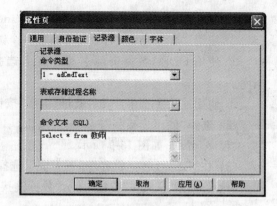

图 13-12 "记录源"界面

表 13-10 recordset 方法

方　法	说　明
addnew	添加一条空白记录
update	更新当前记录
refresh	重新打开记录集
delete	删除当前记录
move	移动记录指针,包括 movefist、movelast、movenext、moveprevious、move n
open	打开游标
close	关闭游标

表 13-11 recordset 属性

属　性	说　明	属　性	说　明
bof	第一条记录之前	bookmark	返回或设置当前记录的书签
eof	最后一条记录之后	recordcount	当前记录集中的绝对位置
absoluteposition	记录指针的绝对位置	fields("列名")	表示列的值

【例 13-2】　在前面创建的工程中新建一个窗体 Form2,使用 ADO Data 控件和数据感知控件 DataGrid 设计教师基本信息适用查询系统。

1. 设计界面和运行界面

设计界面和运行界面分别如图 13-13 和图 13-14 所示。

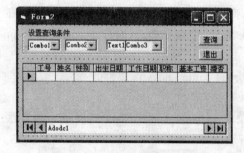

图 13-13 例 13-2 的设计界面

图 13-14 例 13-2 的运行界面

2. 主要功能

（1）运行初始时，显示所有教师的基本信息。

（2）Combo1 组合框提供下列选项：工号，职称，姓名。

（3）Combo2 组合框提供下列选项：是，不是，包含。

（4）当在 Combo1 中选择"职称"选项时，文本框 Text1 不可见，Combo3 组合框可见且提供下列选项：助教，讲师，教授，副教授，[副]教授。

（5）当在 Combo1 中选择"工号"或"姓名"时，Combo3 不可见，Text1 可见。

（6）单击"查询"按钮可以查询特定条件的教师的信息。

（7）单击"退出"按钮可以退出窗体。

3. 设计步骤

（1）设计主窗体，其主要控件及属性如表 13-12 所示。

表 13-12　主要控件及属性

控 件 名	属 性	设 置 值
框架控件	name	Frame1
	caption	设置查询条件
组合框控件（共 3 个）	name	Combo1、Combo2、Combo3
	style	2-Dropdown List
文本框控件	name	Text1
命令按钮（共两个）	name	Command1、Command2
	caption	查询、退出
ADO Data	name	Adodc1
	commandtype	1-Adcmdtext
	connectionstring	provider=sqloledb. 1；integrated security=sspi；persist security info = false；initial catalog = jxgl；data source=shuju
	recordsource	select * from 教师
DataGrid	name	DataGrid1
	datasource	Adodc1
	allowaddnew	False
	allowdelete	False
	allowdupdate	False

注意：DataGrid 不是 VB 的通用控件，在使用之前需添加到工具箱中，操作方法同 ADO Data 控件；在建立 DataGrid 并设置 DataSource 属性后，可右击 DataGrid 控件，弹出快捷菜单，从中选择"检索字段"命令，则记录集中的所有字段会自动出现在 DataGrid 控件上；选择"编辑"菜单可在编辑状态下进行增/减字段、调整列宽等操作。

（2）输入程序代码。

```
' --------------------------------------------------------------
'"窗体"Form2 的加载事件代码
```

```
Private Sub form_load()
  Combo1.Clear
  Combo1.AddItem "姓名"
  Combo1.AddItem "职称"
  Combo1.AddItem "工号"
  Combo2.Clear
  Combo2.AddItem "是"
  Combo2.AddItem "不是"
  Combo2.AddItem "包含"
  Text1.Text = ""
  Text1.Visible = False
  Combo3.Clear
End Sub
'-------------------------------------------------------------
'"组合框"Combo1 的单击事件代码
Private Sub combo1_click()
  If Combo1.Text = "姓名" Then
    Text1.Visible = True
    Combo3.Visible = False
  ElseIf Combo1.Text = "职称" Then
    Text1.Visible = False
    Combo3.Visible = True
    Combo3.AddItem "助教"
    Combo3.AddItem "讲师"
    Combo3.AddItem "副教授"
    Combo3.AddItem "教授"
    Combo3.AddItem "[副]教授"                '表示教授或副教授
  ElseIf Combo1.Text = "工号" Then
    Text1.Visible = True
    Text1.Text = ""
    Combo3.Visible = False
  End If
End Sub
'-------------------------------------------------------------
'"查询"按钮 Command1 的单击事件代码
Private Sub command1_click()
  Dim opt As String
  If Combo1.Text = "" Then                   '判断有没有选择字段
    MsgBox "必须选择字段名!"
    Exit Sub
  ElseIf Combo2.Text = "" Then               '判断有没有选择比较方法
    MsgBox "必须选配比较方式!"
    Exit Sub
  ElseIf Text1.Text = "" And Combo3.Text = "" Then    '判断有没有输入值
    MsgBox "必须选择或输入比较的值!"
    Exit Sub
  End If
  If Combo1.Text = "姓名" Then
    Select Case Combo2.Text
      Case "是" : opt = " = "
      Case "不是":opt = "<>"
```

```
          Case "包含":opt = "like"
      End Select
      sqlstr = "select * from 教师"
      If opt = "like" Then
        sqlstr = sqlstr & " where 姓名 " & opt & " ' % " & Text1.Text & " % '"
      Else
        sqlstr = sqlstr & " where 姓名   " & opt & " ' " & Text1.Text & " ' "
      End If
    ElseIf Combo1.Text = "职称" Then
      If Combo3.Text = "[副]教授" Then
        sqlstr = "select * from 教师"
        sqlstr = sqlstr & " where 职称 like" & " ' % 教授 % '"
      Else
        sqlstr = "select * from 教师"
        sqlstr = sqlstr & " where 职称 = " & " ' " & Combo3.Text & " ' "
      End If
    ElseIf Combo1.Text = "工号" Then
      sqlstr = "select * from 教师"
      sqlstr = sqlstr & " where 工号 = " & " ' " & Combo3.Text & " ' "
    End If
    Adodc1.RecordSource = sqlstr
    Adodc1.Refresh
    Set DataGrid1.DataSource = Adodc1
    DataGrid1.Refresh
End Sub
'----------------------------------------------------------------
'"退出"按钮 Command2 的单击事件代码
Private Sub command2_click()
    Unload Me: Form1.show
End Sub
```

【例 13-3】 在前面创建的工程中新建一个窗体 Form3，使用 ADO Data 控件、DataGrid 控件及其他数据感知控件设计学生选修成绩信息查询系统。

1. 主要功能

（1）运行初始时，上下网格分别显示学生信息和选修成绩信息。

（2）可以按照学号、姓名查询特定学生的信息。

（3）单击上网格特定学生记录时，下网格显示对应学生的选修成绩信息。

（4）运行时，两个 ADO Data 控件不可见。

2. 设计界面和运行界面

设计界面和运行界面分别如图 13-15 和图 13-16 所示。

3. 设计步骤

（1）设计主窗体，其主要控件及属性如表 13-13 所示。

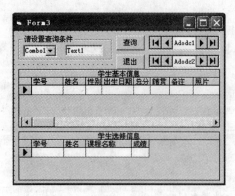

图 13-15 例 13-3 的设计界面

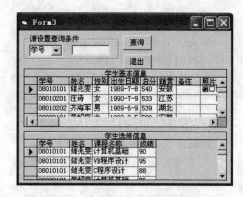

图 13-16 例 13-3 的运行界面

表 13-13 主要控件及属性

控 件 名	属 性	设 置 值
框架控件	name	Frame1
	caption	设置查询条件
组合框控件	name	Combo1
	style	2-Dropdown List
文本框控件	name	Text1
命令按钮	name	Command1、Command2
	caption	查询、退出
ADO Data(共两个)	name	Adodc1、Adodc2
	visible	False
	commandtype	1-Adcmdtext
	connectionstring	provider＝sqloledb. 1；integrated security＝sspi；persist security info＝false；initial catalog＝jxgl；data source＝shuju
	recordsource	Adodc1：select ＊ from 学生 Adodc2：select 学生.学号,姓名,课程名称,成绩 from 学生,课程,选修 where 学生.学号＝选修.学号 and 选修.课程号＝课程.课程号
DataGrid (共两个)	name	DataGrid1、DataGrid2
	datasource	DataGrid1：Adodc1、DataGrid2：Adodc2
	allowaddnew	False
	allowdelete	False
	allowdupdate	False

(2) 输入程序代码。

```
' ----------------------------------------------------------
'"窗体"Form3 的加载事件代码
Private Sub Form_Load()
Combo1. Clear
Combo1. AddItem "学号"
```

```
Combo1.AddItem "姓名"
Text1.Text = ""
End Sub
'----------------------------------------------------------------
'"查询"按钮的单击事件代码
Private Sub Command1_Click()
If Trim(Text1.Text) <> "" Then
Select Case Combo1.Text
Case "学号"
SqlStr = " where 学号 like '%" + Trim(Text1.Text) + "%'"
Case "姓名"
SqlStr = " where 姓名 like '%" + Trim(Text1.Text) + "%'"
Case Else
SqlStr = ""
End Select
End If
Adodc1.RecordSource = "select * from 学生" + SqlStr
Adodc1.Refresh
Set DataGrid1.DataSource = Adodc1
DataGrid1.ReBind
End Sub
'----------------------------------------------------------------
'"网格"DataGrid1 的单击事件代码
Private Sub DataGrid1_Click()
Adodc2.RecordSource = "select 学生.学号,姓名,课程名称,成绩 from 学生,课程,选修" & _
" where 学生.学号=选修.学号" & _
" and 选修.课程号=课程.课程号" & _
" and 学生.学号='" + Adodc1.Recordset("学号") + "'"
Adodc2.Refresh
Set DataGrid2.DataSource = Adodc2
DataGrid2.ReBind
End Sub
'----------------------------------------------------------------
'"退出"按钮的单击事件代码
Private Sub Command2_Click()
Unload Me
form1.Show
End Sub
```

13.2　ADO 对象模型

ADO 对象模型定义了 7 个子对象和 4 个数据集合,它们是一个可编程的分层对象和数据集合,利用这些子对象和数据集合可实现对数据库的访问和控制,其中,connection、command 和 recordset 是其 3 个核心对象。

13.2.1　ADO 对象模型概述

ADO 各子对象在处理整个数据库的过程中,既分工明确又协调合作,同时功能上既有相对独立,也有相互交叉,实际运行时各对象之间关系错综复杂。

一般来说,connection 对象主要负责与数据库的连接,形象地比喻成数据通道的维护者;command 对象负责数据的查询,形象地比喻成数据的挖掘者;recordset 对象负责数据的收集整理发布,形象地比喻成数据的发布者。

不考虑程序内部处理的机制时,在将数据从后台数据库传到前台界面的过程中,它们的逻辑关系可以简化成一种直观的线性关系,如图 13-17 所示。

图 13-17　ADO 对象模型

1．ADO 对象的子对象功能及其含义

ADO 包含 7 个子对象,各对象及其功能如表 13-14 所示。

表 13-14　ADO 对象的子对象

对　象	功　能
connection	连接对象,建立与数据库的连接
command	命令对象,执行对数据库的操作,如查询、添加、删除、修改记录等
recordset	记录集对象,表示从数据源返回的结果集
field	字段对象,用来取得一个记录集(recordset)内所有字段的值
parameter	参数对象,SQL 存储过程或者有参数查询命令中的一个参数
property	属性对象,指明一个 ADO 对象的属性
error	错误对象,用来返回一个数据库连接(connection)上的错误

2．ADO 对象的数据集合

ADO 对象提供了 4 个数据集合,各数据集合及其功能如表 13-15 所示。

表 13-15　ADO 组件的数据集合

数 据 集 合	功　能
errors	响应一个连接(connection 对象)上的详细错误信息
parameters	与一个 command 对象关联
fields	与一个 recordset 对象的所有字段关联
properties	与 connection、recordset、command 等对象关联

3. 加载 ADO 对象

在使用 ADO 对象之前，首先要向当前工程添加 ADO 的对象库，加载 ADO 对象的操作步骤如下：

在 VB 中选择"工程"→"引用"命令，弹出"引用"对话框，如图 13-18 所示。选中 Microsoft ActiveX Data Object 2.8 Library 复选框，单击"确定"按钮，即可将 ADO 对象加载到当前工程中。

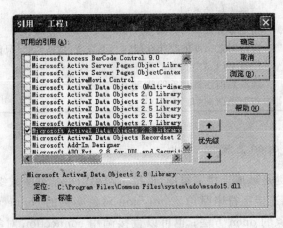

图 13-18　加载 ADO 对象

13.2.2　connection 对象

connection 对象主要用于建立与数据库的连接，一般通过其属性（connectionstring）和方法（open）实现与数据库的连接。利用 connection 对象的其他方法和属性，还可以实现对数据库进一步执行查询、删除、更新和添加等操作。

1. 建立 connection 对象实例

在使用 connection 对象之前，首先要建立其对象实例。建立 connection 对象实例的命令主要有 dim、private、public。

格式：dim con as new adodb. connection

说明：在建立 connection 对象实例后，才能使用其方法、属性和集合，使用时要注意以下几点。

（1）con：表示创建的 connection 对象实例名。

（2）connection 对象主要提供了 6 种方法，如表 13-16 所示。

表 13-16　connection 对象的方法

方　　法	功　　能	方　　法	功　　能
open	建立与数据库的连接	begintrans	开始事务处理
close	关闭与数据库的连接	committrans	提交事务处理
execute	执行数据库查询	rollbacktrans	取消事务处理

（3）connection 对象主要提供了 8 种属性，如表 13-17 所示。

表 13-17　connection 对象的属性

属　性	功　能
connectionstring	数据库连接的字符串信息
connectiontimeout	返回或设置 open 方法连接数据库的最长等待时间，默认值为 15 秒
commandtimeout	返回或设置 execute 方法执行命令的最长等待时间，默认值为 30 秒
defaultdatabase	定义连接的默认数据库
cursorlocation	控制光标的类型
isolactionlevel	指定事务处理的时机
mode	设定对数据库的操作权限，0—不设定（默认）、1—只读、2—只写、3—读/写
provider	设置 OLE DB 提供的程序名称，默认值是 msdasq
state	读取当前连接对象的状态，0—关闭，1—打开
version	获取 ADO 的版本

2. 数据库连接和 open 方法

数据库连接的关键是形成连接字符串，连接字符串由一系列参数组成，各参数之间建立数据库连接时，可以将连接字符串赋给 connection 对象实例的 connectionstring 属性，然后再调用 connection 对象的 open 方法；也可以直接调用 connection 对象的 open 方法，把连接字符串作为它的参数值。

connection 对象的 open 方法提供了很多参数，各参数之间没有先后顺序之分，多个参数之间用分号";"分隔，不同的数据库连接有不同的连接方式。针对 SQL Server 数据库的连接方法通常有以下 3 种形式。

1）通过 OLE DB 建立连接

格式：con. open "provider＝sqloledb. 1；uid＝sa；pwd＝123；initial catalog＝jxgl；data source＝shuju"

说明：

（1）provider：指定连接数据库的类型，取值 sqloledb. l 表示 SQL Server 2005 类型的数据库。

（2）uid：指定访问数据库的登录名，通常取值 sa，uid 也可以写成 uer id。

（3）pwd：是指与登录名 userid 相对应的密码，pwd 也可以写成 password。

（4）initial catalog：根据连接数据库的不同，该参数也有不同的含义，在 SQL Server 2005 中是指默认打开的数据库名称。

（5）datasource：指定连接的数据库服务器名称。取值可以是数据库服务器的名称或 IP 地址，若是本机可以指定为 127.0.0.1 或 local。

2）通过 ODBC 建立连接

格式：con. open "driver＝{sql server}；server＝shuju；database＝jxgl；uid＝sa；pwd＝123"

说明："shuju"是服务器名，"jxgl"是数据库名，"sa"是用户名，"123"是用户密码。

3）通过 ODBC 的 DSN 建立连接

格式：con. open"dsn＝dns_jxgl；uid＝sa；pwd＝123"

说明："dns_jxgl"是已经创建好的 SQL Server 数据库的 DSN，"sa"是用户名（系统管理员），"123"是用户（系统管理员）密码。

注意：在使用 ODBC 的 DSN（数据源）方法连接时，必须先建立 ODBC 的 DSN（数据源），如果数据库应用程序移植到其他服务器上，还必须重新设置 DSN（数据源）。

3. 数据库查询和 execute 方法

利用 connection 对象的 execute 方法执行 SQL 命令或存储过程，实现对数据库的查询。

格式 1：set rs＝con. execute(SQL 查询字符串)

格式 2：con. execute(SQL 查询字符串)

格式 3：con. execute SQL 字符串 [，number [，option]]

说明：

(1) 前者打开一个 recordset 记录集，后两者不打开 recordset 记录集。

(2) number 是可选参数，用于获取受影响的记录数。

(3) option 是可选参数，说明对数据库请求执行命令的 commandtext 类型，option 取值及其含义如表 13-18 所示。

表 13-18　option 参数的取值及其意义

参 数 常 数	参 数 值	说　　明
adcmdunknown	−1	不确定类型，默认值
adcmdtext	1	一般命令，SQL 查询字符串
adcmdtable	2	一个存在的表名
adcmdstoreproc	3	一个存在的存储过程

4. 数据库连接断开和 close 方法

利用 connection 对象的 close 方法可以断开 connection 对象与数据库的连接，以释放所有关联的资源。

格式：con. close

说明：断开并非删除，因而可以更改它的属性设置，可以再次打开。要将 con 对象从内存中完全删除，可以将 con 设置为 nothing，相应的语句为 set con ＝ nothing。

5. 事务处理

事务处理主要依赖 begintrans、committrans 和 rollbacktrans 方法。

格式：con. begintrans

说明：启动新的事务。

格式：con. committrans

说明：保存所有更改并结束当前事务，也可以启动新的事务。

格式：con. rollbacktrans

说明：取消当前事务中所做的任何更改并结束事务，也可以启动新的事务。

13.2.3 command 对象

command 对象又称为命令对象,主要功能是对数据库执行 SQL 查询,就是完成对数据库执行查询、添加、删除、修改记录等操作。

(1) command 对象提供了很多属性,常用属性如表 13-19 所示。

表 13-19 command 对象的常用属性

属 性	功 能
activeconnection	必选属性,用于指定 command 对象关联 connection 对象的字符串
commandtext	必选属性,指定数据库查询字符串,包括 SQL 语句、表名、查询名和存储过程名
commandtpye	指定数据查询信息字符串的类型,其类型取值及含义如表 13-20 所示

表 13-20 commandtpye 属性的取值及含义

类 型 值	数值	说 明
adcmdunknow	-1	未定义,由程序分析确认,系统默认值
adcmdtext	1	SQL 语句
adcmdtable	2	数据表名
adcmdstoreproc	4	查询名或存储过程名

(2) command 对象提供了两种方法,如表 13-21 所示。

表 13-21 command 对象的常用方法

方 法	功 能
execute()	运行 commandtext 属性指定的操作
cancel()	取消 execute 方法的调用

13.2.4 recordset 对象

recordset(记录集)对象是 ADO 组件中最重要的对象,可理解为数据库表中部分或全部记录的集合。recordset 对象负责浏览和操作从数据库中取出来的数据,并具有 connection 对象和 command 对象不可比的控制灵活性。

所有 recordset 对象均使用记录(行)和字段(列)进行构造,该对象就像一个二维表,表中的每一行表示数据库中的一个数据记录,同时每一行包含多个字段,每个数据字段就表示一个 field 对象。

1. 建立 recordset 对象实例

在使用 recordset 对象之前,首先要建立其对象实例。建立 recordset 对象实例的命令主要有 dim、private、public。

格式:dim rs as new adodb. recordset

说明:建立 recordset 对象实例后,才能使用其方法、属性和集合。在使用时要注意以下几点。

（1）rs 表示创建的 recordset 对象实例名。

（2）recordset 对象用来操作记录集，常用的属性如表 13-22 所示。

表 13-22　recordset 对象的属性

属　　性	意 义 描 述
source	指示数据的来源，可以是一个 command 对象名、SQL 语句、表名或存储过程
activeconnection	指定当前的记录集对象属于哪个 connection 对象
cursortype	指定 recordset 对象所使用的指针类型
locktype	表示编辑时记录的锁定类型
bof	判断记录指针是否到了第一条记录之前
eof	判断记录指针是否到了最后一条记录之后
pagesize	指定 recordset 对象每一页显示的记录数，默认值为 10
pagecount	显示 recordset 对象包括多少"页"的数据
absolutepage	设定当前记录的位置位于哪一页第一条记录上

（3）recordset 对象提供了丰富的方法，常见的方法如表 13-23 所示。

表 13-23　recordset 对象的方法

方　　法	功　　能
open	必选方法，打开记录集
close	关闭记录集
movefirst	定位到第一条记录
movelast	定位到最后一条记录
moveprevious	移动到上一条记录
movenext	最重要的方法，移动到下一条记录
move n [,start]	向前/向后移过 n 条记录，n 为正值向前移动，n 为负值向后移动，start 取 0 从当前记录开始，取 1 从表头开始，取 2 从表尾开始
find(查询条件,[跳过记录行数,查询方向,开始位置])	查询满足条件的单记录，找到记录指针定位到该记录，查询条件是逻辑表达式，可包括模糊运算符，查询方向是指向前/向后搜索
addnew [字段名数组,字段值数组]	在表尾添加一条新记录，缺省参数时，表示添加一条空白记录
delete	删除当前记录
update[字段名数组,字段值数组]	保存对当前记录所做的修改，执行 addnew 和 delete 方法后，除非执行移动记录指针命令，否则一般要求执行 update 才能更新数据库
cancelupdate	取消 addnew 和 delete 对当前记录所做的修改
save 文件名	将记录集保存到文件中

2. 记录集打开和 open 方法

当使用 recordset 对象显式建立记录集后，还必须利用 recordset 对象的 open 方法打开记录集 recordset 对象。

格式：rs. open[source],[activeconnection],[cursortype],[locktype],[options]

说明：open 方法提供了很多参数，一般可以省略后面的 3 个参数，省略中间的参数时，逗号要保留。下面介绍各参数的含义。

（1）source：数据来源，表示打开记录集后要执行的命令，可以是一个 command 对象名、SQL 语句、数据库表或存储过程。

（2）activeconnection：数据库连接字符串，指定记录集对象属于哪个 connection 对象。

（3）cursortype：指针类型，表示 recordset 对象在打开数据库时使用的记录指针类型，选择不同的类型会影响 recordset 对象的属性和方法。其取值及含义如表 13-24 所示。

表 13-24　cursortype（指针）类型

类　型	数值	功　能　描　述
adopenforwardonly	0	向前指针（默认值），只能利用 movenext 和 getrows 方法
adopenkeyset	1	键盘指针，可以向前或向后移动。删除或更新的记录会显示在他人客户端，插入的新记录不会在他人客户端显示
adopendynamic	2	动态指针，可以向前或向后移动。所有改变（删除、更新、插入）的数据都会显示在他人客户端
adopenstatic	3	静态指针，可以向前或向后移动。所有改变（删除、更新、插入）的数据都不会显示在他人客户端

（4）locktype：锁定方式，用于设置 recordset 对象的并发事件的控制处理方式，确定是以只读的方式打开还是允许其他用户变更记录内容。另外，还可以确定更新记录是以单条方式更新还是以成批方式更新。其取值及含义如表 13-25 所示。

表 13-25　locktype（锁定）方式

类　型	数值	功　能　描　述
adlockreadonly	1	只读（默认值），不能改变数据
adlockpessimistic	2	悲观锁定，编辑修改记录时立即加锁，同一时刻只能被一个用户编辑，编辑完解锁
adlockoptimistic	3	乐观锁定，编辑修改记录时并未加锁，只在调用 update 方法时才锁定记录
adlockbatchoptimistic	4	成批乐观锁定，编辑修改记录时并未加锁，用于 updatebatch 方法，数据处理位置必须设置 aduserclientbatch 模式时才允许做数据删除、更新、插入操作

（5）options：限定 open 方法中第一个参数 source（数据来源）的类型，其取值及含义如表 13-26 所示。

表 13-26　options

类　型	数值	功　能　描　述
adcmdunknown	−1	类型不确定（默认值），不能改变数据记录
adcmdtext	1	一般命令，如 SQL 查询字符串
adcmdtable	2	一个存在的表名称
adcmdstoreproc	3	一个存在的存储过程（SQL Server）

13.2.5　ADO 对象模型的应用

【例 13-4】　在前面创建的工程中新建一个窗体 Form4，使用 ADO 对象和 DataGrid 控件设计浏览学生基本信息的系统。

1．主要功能

（1）初始运行时，显示所有学生的基本信息，不含图片信息。

（2）关闭窗体时，自动切换首界面。

2．设计界面和运行界面

设计界面和运行界面分别如图 13-19 和图 13-20 所示。

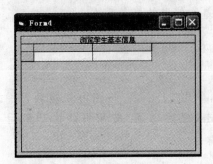

图 13-19　例 13-4 的设计界面

图 13-20　例 13-4 的运行界面

3．设计步骤

（1）设计主窗体（Form4），其主要控件及属性如表 13-27 所示。

表 13-27　主窗体的主要控件

控 件 名	属 性	设 置 值
窗体	name	Form4
	name	Datagrid1
	caption	浏览学生基本信息
DataGrid	allowaddnew	False
	allowdelete	False
	allowdupdate	False

（2）输入主窗体的程序代码。

```
'-------------------------------------------------------------------------
'"窗体"装载事件代码
Private Sub Form_Load()
 Dim Mycon As New ADODB.Connection      '定义 Mycon 为 connection 对象
 Dim Myrs As New ADODB.Recordset        '定义 MyRS 为 recordset 对象
 Mycon.ConnectionString = "Driver = {SQL Server}; Server = shuju; UID = sa; pwd = 123;
Database = jxgl"
 Mycon.Open                             '按指定的连接属性连接数据库
 '打开学生基本信息表
 Myrs.Open "select * from 学生",Mycon,adOpenStatic,adLockOptimistic,adCmdText
 Set DataGrid1.DataSource = Myrs        '用 DataGrid1 控件显示记录集
```

```
End Sub
'-----------------------------------------------------------------------
'"窗体"卸载事件代码
Private Sub Form_Unload(Cancel As Integer)
 Unload Me
 form1.Show
End Sub
```

【例 13-5】　在前面创建的工程中新建两个窗体 Form5 和 Form6,在 VB 中建立一个工程,使用 ADO Data 控件和数据感知控件设计学生基本信息的录入系统。

1. 主要功能

(1) 初始运行时,显示第一条记录(包括图片)。

(2) 单击"第一条"按钮可切换到第一条记录,单击"上一条"按钮可切换到上一条记录,单击"下一条"按钮可切换到下一条记录,单击"最后一条"按钮可切换到最后一条记录。

(3) 单击"退出"按钮可退出当前界面。

(4) 双击图像框控件可以弹出"通用"对话框更换图片,单击"图片更新"按钮可以更新图片。

(5) 单击"添加"按钮可添加新记录,弹出"添加学生信息"对话框;单击"删除"按钮可删除当前记录;单击"更新"按钮可更新当前记录(学号不能更新);单击"退出"按钮可退出运行。

2. 设计界面和运行界面

(1) 主窗体(Form5)的设计界面和运行界面分别如图 13-21 和图 13-22 所示。

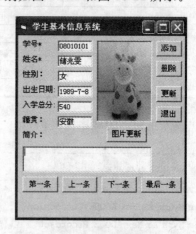

图 13-21　例 13-5 的设计界面　　　　　图 13-22　例 13-5 的运行界面

(2) "添加学生信息"的窗体(Form6)的设计界面和运行界面分别如图 13-23 和图 13-24 所示。

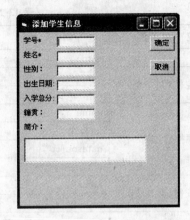

图 13-23 "添加学生信息"设计界面   图 13-24 "添加学生信息"运行界面

3. 设计步骤

(1) 设计主窗体(Form5),其主要控件及属性如表 13-28 所示。

表 13-28 主窗体的主要控件

控件名	属性	设置值
窗体	name	Form5
标签控件(共 8 个)	name	Label1、Label 2、Label3、…、Label8
	caption	学号、姓名、性别、…、照片
文本框控件(共 7 个)	name	Text1
	index	0、1、2、…、6
	locked	True
	datasource	ADO Data 控件(Adodc1)
	datafield	学号、姓名、入学日期、…、备注
命令按钮组(共一个)	name	Command1
	index	0、1、2、3
	caption	第一条、上一条、下一条、最后一条
命令按钮(共 5 个)	name	Cndadd、Cnddel、Cndupd、Cndext、Picupd
	caption	第一条、上一条、下一条、最后一条、图片更新
"通用"对话框	name	Cdlg
ADO Data	name	Adodc1
	visible	False
	commandtype	1-Adcmdtext
	connectionstring	provider＝sqloledb. 1; integrated security＝sspi; persist security info＝false; initial catalog＝jxgl; data source＝shuju
	Recordsource	select ＊ from 学生

(2) 设计"添加信息"窗体(Form6),其主要控件及属性如表 13-29 所示。

表 13-29 主窗体的主要属性

控 件 名	属 性	设 置 值
窗体	name	Form6
标签控件(共7个)	name	Label1、Label 2、Label3、…、Label7
	caption	学号、姓名、性别、…、简介
文本框控件(共7个)	name	Text1、Text 2、…、Text7
	locked	False
	datasource	ado data 控件(Adodc1)
	datafield	学号、姓名、入学日期、…、备注
命令按钮(共两个)	name	Cmdok、Cmdcl
	caption	确定、取消
ADO Data	name	Adodc1
	visible	False
	commandtype	1-Adcmdtext
	connectionstring	provider＝sqloledb. 1；integrated security＝sspi；persist security info＝false；initial catalog＝jxgl；data source＝shuju
	Recordsource	select ＊ from 学生

（3）输入主窗体的程序代码。

```
'------------------------------------------------------------------
'通用声明代码
Private imgfile As String
Private con As New ADODB.Connection
Private rs As New ADODB.Recordset
'------------------------------------------------------------------
'存储图片的通用过程代码
Private Sub picsavetoDB(ByRef fld As ADODB.Field, dskfile As String)
Const blocksize = 4096
Dim byteData() As Byte                      '定义数据块数组
Dim NumBlocks As Long                       '定义数据块个数
Dim FileLength As Long                      '标识文件长度
Dim LeftOver As Long                        '定义剩余字节长度
Dim SourceFile As Long                      '定义自由文件号
Dim i As Long                               '定义循环变量
SourceFile = FreeFile                       '提供一个尚未使用的文件号
Open dskfile For Binary Access Read As SourceFile   '打开文件
FileLength = LOF(SourceFile)                '得到文件长度
If FileLength = 0 Then                      '判断文件是否存在
    Close SourceFile
    MsgBox dskfile & "无内容或不存在!"
Else
    NumBlocks = FileLength \ blocksize      '得到数据块的个数
    LeftOver = FileLength Mod blocksize     '得到剩余字节数
    fld.Value = Null
    ReDim byteData(blocksize)               '重新定义数据块的大小
    For i = 1 To NumBlocks
```

```
        Get SourceFile, , byteData()              '读到内存块中
        fld.AppendChunk byteData()                '写入 FLD
    Next i
    ReDim byteData(LeftOver)                       '重新定义数据块的大小
    Get SourceFile, , byteData()                  '读到内存块中
    fld.AppendChunk byteData()                    '写入 FLD
    Close SourceFile                              '关闭源文件
End If
End Sub
'--------------------------------------------------------------------
'记录指针移动事件代码
Private Sub Command1_Click(Index As Integer)
n = Index
Select Case n
Case 0: Adodc1.Recordset.MoveFirst               '第一条
Case 1
 Adodc1.Recordset.MovePrevious                   '上一条
 If Adodc1.Recordset.BOF Then
   Adodc1.Recordset.MoveFirst                    '第一条
   MsgBox "已到第一条记录",,"注意"
   Exit Sub
 End If
Case 2
 Adodc1.Recordset.MoveNext                       '下一条
 If Adodc1.Recordset.EOF Then
   Adodc1.Recordset.MoveLast                     '最后一条
   MsgBox "已到最后一条记录",,"注意"
   Exit Sub
 End If
Case 3: Adodc1.Recordset.MoveLast                '最后一条
End Select
End Sub
'--------------------------------------------------------------------
'"添加"按钮事件代码
Private Sub Cndadd_Click()
 Unload Me
 Form6.Show
End Sub
'--------------------------------------------------------------------
'"删除"按钮事件代码
Private Sub Cnddel_Click()
 Dim yn As String * 1
 On Error Resume Next
 yn = MsgBox("您真的要删除吗", vbYesNo, "注意")
 If yn = vbYes Then
   Adodc1.Recordset.Delete
   Adodc1.Recordset.MoveNext
   If Adodc1.Recordset.EOF Then
     Adodc1.Recordset.MoveLast
   End If
 End If
```

```
End Sub
'-------------------------------------------------------------------
'"更新"按钮事件代码
Private Sub Cndupd_Click()
 For i = 1 To 6
  Text1(i).Locked = False
 Next
 If Cndupd.Caption = "更新" Then
  Cndupd.Caption = "确认"
  Text1(1).SetFocus
 Else
  Adodc1.Recordset.Update
  Cndupd.Caption = "更新"
 End If
 For i = 1 To 6
  Text1(i).Locked = True
 Next
End Sub
'-------------------------------------------------------------------
'"退出"按钮事件代码
Private Sub Cndext_Click()
 Unload Me
 form1.Show
End Sub
'-------------------------------------------------------------------
'"窗体"装载事件代码
Private Sub Form_Load()
 con.ConnectionString = "provider = sqloledb.1;" & _
 "uid = sa;pwd = 123;initial catalog = jxgl;data source = shuju"
 con.Open
End Sub
Private Sub Form_Unload(Cancel As Integer)
 con.Close
End Sub
'-------------------------------------------------------------------
'"通用"对话框双击事件代码
Private Sub Image1_DblClick()
 cdlg.DialogTitle = "请选择图像文件"
 cdlg.InitDir = ".\image"                          '设置文件的起始目录
 cdlg.Filter = "所有文件( * . * )| * . * |位图( * .bmp)| * .bmp|图像( * .jpg)| * .jpg|动画( * .
gif)| * gif"
 cdlg.ShowOpen                                     '将"通用"对话框显示为"打开文件"对话框
 imgfile = cdlg.FileName
 Image1.Picture = LoadPicture(imgfile)
End Sub
'-------------------------------------------------------------------
'"图片更新"按钮事件代码
Private Sub picupd_Click()
'看是否有此学生记录,有就修改,没有则添加
Dim SqlStr As String
Dim byteData() As Byte
```

```
Dim ADOFld As ADODB.Field
SqlStr = "select * from 学生 where 学号 = '" + Trim(Text1(0).Text) + "'"
rs.Open SqlStr, con, adOpenDynamic, adLockPessimistic
If Not rs.EOF Then
    '保存图片到 ADODB.Field 对象中去
    Set ADOFld = rs("照片")
    If imgfile < > "" Then
      Call picsavetoDB(ADOFld, imgfile)
    End If
    rs.Update
Else
  MsgBox "请输入合法的学号"
End If
imgfile = ""
rs.Close
Adodc1.RecordSource = "select * from 学生"
Adodc1.Refresh
End Sub
```

(4) 输入"添加信息"窗体的程序代码。

```
' -----------------------------------------------------------------------
'通用声明代码
Private Sub cmdOK_Click()
  If Len(Trim(Text1.Text)) < 8 Then
  MsgBox "请输入 8 位的学号和合法姓名",,"注意"
  Text1.SetFocus
  Exit Sub
  End If
  Adodc1.RecordSource = "select * from 学生 where 学号 = '" + Trim(Text1.Text) + "'"
  If Adodc1.Recordset.EOF = False Then
  MsgBox "已存在该学号,请重新输人"
  Text1.SetFocus
  Exit Sub
  End If
  If Len(Trim(Text2.Text)) = 0 Then
  MsgBox "请输入姓名",,"注意"
  Text2.SetFocus
  Exit Sub
  End If
  Adodc1.Recordset.AddNew
  Adodc1.Recordset.Fields(0) = Trim(Text1.Text)
  Adodc1.Recordset.Fields(1) = Trim(Text2.Text)
  Adodc1.Recordset.Fields(2) = Trim(Text3.Text)
  If Len(Trim(Text4.Text)) < > 0 Then
  Adodc1.Recordset.Fields(3) = Text4.Text
  End If
  If Len(Trim(Text5.Text)) < > 0 Then
  Adodc1.Recordset.Fields(4) = Text5.Text
  End If
  Adodc1.Recordset.Fields(5) = Trim(Text6.Text)
```

```
    Adodc1.Recordset.Fields(6) = Trim(Text7.Text)
    Adodc1.Recordset.Update
    Adodc1.RecordSource = "select * from 学生 where 学号 = '" + Trim(Text1.Text) + "'"
    Adodc1.Refresh
    MsgBox "添加成功"
    Unload Me
    Form5.Show
End Sub
'------------------------------------------------------------
'单击"退出"按钮事件代码
Private Sub Cmdcl_Click()
Unload Me
Form5.Show
End Sub
```

注意：为了保证数据的参照完整性，可以建立一个触发器，在删除"学生"表中某个学生时，检查"选修"表中该学生的记录，有就一同删除。触发器代码如下：

```
create trigger check_选修 on 学生
for delete
as
delete from 选修
    where 学号 in (select 学号 from deleted)
```

习题 13

一、选择题

1. 目前最新流行的数据库访问接口技术是（　　）。

    A. ADO   B. ODBC   C. RDO   D. DAO

2. Visual Basic 6.0 支持的本地数据库默认是（　　）。

    A. Access   B. Paradox   C. Oracle   D. SQL Server

3. 使用 connection 对象连接数据库时，需要将连接字符串赋值给（　　）属性。

    A. connectionstring   B. commandtimeout

    C. connectiontimeout   D. provider

4. 对于数据感知控件，要让它与某个数据控件形成的记录集中的某个字段相绑定，需要设置它的（　　）属性。

    A. connect 和 datafield   B. datasource 和 datafield

    C. databsename 和 datafield   D. connect 和 datasource

5. 在 ODBC 中，数据源分为 3 种，不含（　　）。

    A. 用户 dsn   B. 系统 dsn   C. 驱动 dsn   D. 文件 dsn

6. 要使文本框 Text1 中显示 Data 控件 Data1 连接数据库表中"学号"字段的值，需要设置文本框 Text1（　　）属性绑定到 Data1 上。

    A. DataField   B. RecordSource   C. Connect   D. Database

7. 当记录集为空时，下列说法正确的是（　　）。

A. 记录集的 eof 属性值为 true,bof 属性值为 false

B. 记录集的 eof 属性值为 false,bof 属性值为 true

C. 记录集的 eof 属性值和 bof 属性值均为 true

D. 记录集的 eof 属性值和 bof 属性值均为 false

8. 调用 recordset 对象的( )属性可以设置游标类型。

  A. cachesize   B. cursortype   C. locktype   D. source

9. 执行 ADO Data 控件的( )方法,可以刷新当前记录的修改。

  A. Refresh   B. Update   C. Addnew   D. Requery

10. DBCombo 控件用( )属性来指定数据库要复制的字段名。

  A. RowSource   B. DataSource   C. DataField   D. RecordSource

11. VB 6.0 中,RecordSet 对象的 Update 方法的作用是( )。

  A. 在内存中开辟一个新记录的缓冲区

  B. 将数据缓冲区中的内容保存到数据库中

  C. 更改用户屏幕上显示的数据

  D. 更改数据缓冲区中当前行指针的位置

12. 数据库的访问接口包括 ODBC、OLEDB 等,其中 ODBC 接口是( )。

  A. 访问 SQL Server 数据库的专用接口

  B. 一种开放的、访问数据库的接口

  C. 访问任何类型的数据的通用接口

  D. 一种访问关系数据库的控件

13. 在 VB 6.0 ADO 对象模型中,recordset 对象的 AddNew 方法的功能是( )。

  A. 在对应的表中增加一条新记录   B. 在记录集中增加一个新列

  C. 在内存中开辟一个新记录的空间   D. 增加一个新的记录集

14. 关于 ADO 对象模型中的 recordset 对象,下述说法正确的是( )。

  A. 用于定义连接的数据库名

  B. 用于定义数据的来源

  C. 在客户端内存中存放数据查询的结果

  D. 在服务器端内存中存放数据查询的结果

15. 关于 ADO 对象模型,下述说法正确的是( )。

  A. 是与 OLE DB 同层的独立的接口集

  B. 是与 ODBC 同层的独立的接口集

  C. 是建立在 OLE DB 接口之上的高层接口集

  D. OLE DB 是建立在 ADO 对象模型之上的高层接口集

二、填空题

1. 数据库应用系统是在( )的支持下运行的计算机应用软件。

2. 开发数据库应用系统不仅要进行数据库的设计,还要进行( )的设计。

3. 目前常用的接口主要有 3 种:开放式数据库连接( )、对象链接和嵌入数据库 (OLE DB)和 Java 数据库连接(JDBC)。

4. 在 Visual Basic 6.0 中,数据库访问对象有 3 种:数据访问对象(DAO)、远程数据访问对象（RDO）、ActiveX 数据对象（　　），其中最后一种也是最新流行的对象模型。

5. ADO 是一种面向对象的、与语言无关的应用程序编程接口，其中包含了三大核心对象，分别是（　　）、command 对象和 recordset 对象。

6. 在 VB 中，控件有两种：标准控件和 ActiveX 控件，其中，（　　）必须通过"工程"→"部件"命令方式添加到工具箱中。

7. 用 ADODC 控件作为数据源时，需要设置数据绑定控件的（　　）属性来指定记录集。

8. 使用 Addnew 方法在记录集中添加一条记录时，需要经过（　　）方法操作才能真正将数据保存到数据库中。

9. 为 ADODC 控件设置数据源通常分为两步：先设置 connectionstring；然后设置（　　）属性。

10. 装载 VB 窗体界面的方法是用 show，而卸载 VB 窗体的界面是用（　　）方法。

三、实践题

在 VB 中建立一个工程，使用 ADO Data 控件和 DataGrid 等数据绑定控件设计数据库（jxgl）中的"课程"信息录入系统，其设计界面如图 13-25 所示。

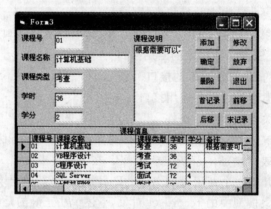

图 13-25　ADO 对象模型

部分代码如下：

```
'表单 Activate 事件代码
Private Sub Form_Activate()
Adodc1.Refresh
Text1.SetFocus
Text1.SelStart = Len(Text1)
End Sub
'"添加"按钮事件代码
Private Sub Cmdadd_Click()
Adodc1.Recordset.AddNew
End Sub
'"退出"按钮事件代码
Private Sub Cmdext_Click()
Unload Me
End Sub
```

参 考 文 献

[1] 叶潮流. SQL Server 2000 实用教程. 大连：大连理工大学出版社，2010.
[2] 王珊，萨师煊. 数据库系统概论. 4 版. 北京：高等教育出版社，2006.
[3] 王霓虹，宋淑芝，李禾. 新编数据库实用教程. 北京：中国水利水电出版社，2006.
[4] 俞海英，李建东，童爱红，刘凯. 数据库应用教程（Visual Basic＋SQL Server）. 北京：清华大学出版社，2008.
[5] 刘芳. 数据库原理与应用. 北京：北京理工大学出版社，2006.
[6] 邱李华，李晓黎，张玉花. 数据库应用教程. 北京：人民邮电出版社，2007.
[7] 龚小勇. 关系数据库与 SQL Server 2005. 北京：机械工业出版社，2004.
[8] 唐学忠. SQL Server 2005 数据库教程. 北京：电子工业出版社，2005.
[9] 王俊伟，史创明. SQL Server 2005 数据库管理与应用标准教程. 北京：清华大学出版社，2006.
[10] 赵杰，李涛，余江，王浩全. 数据库原理与应用. 北京：人民邮电出版社，2006.
[11] 赵致格. 数据库系统与应用（SQL Server 2005）. 北京：清华大学出版社，2005.
[12] 王恩波，张露，刘炳兴. 网络数据库实用教程——SQL Server 2005. 北京：高等教育出版社，2004.
[13] 孟彩霞，张荣，乔平安. 数据库系统原理与应用. 北京：人民邮电出版社，2008.
[14] 黄维通. SQL Server 2005 简明教程. 北京：清华大学出版社，2002.
[15] 付立平，青巴图，郎彦. 数据库原理与应用. 2 版. 北京：高等教育出版社，2004.
[16] 马晓梅. SQL Server 2005 实验指导. 2 版. 北京：清华大学出版社，2008.
[17] 郑阿奇，刘启芬，顾韵华. SQL Server 应用教程. 北京：人民邮电出版社，2008.
[18] 吴春胤，曹咏，张建桃. SQL Server 应用教程. 2 版. 北京：机械工业出版社，2009.
[19] 邱李华，曹青，郭志强. Visual Basic 程序设计教程. 北京：机械工业出版社，2009.
[20] 邹晓. Visual Basic 程序设计教程. 北京：机械工业出版社，2009.
[21] 叶潮流. ASP 程序设计. 北京：中国水利水电出版社，2008.
[22] http://www.cnblogs.com/haiyang1985/archive/2009/02/27/1399641.html.
[23] 王成，杨铭，王世波. 数据库系统应用教程. 北京：清华大学出版社，2008.